现代铁路客站建设与管理

张乃明　蓝燕强　周　渝　韩永伟　编著

中国铁道出版社有限公司
CHINA RAILWAY PUBLISHING HOUSE CO., LTD.

图书在版编目(CIP)数据

现代铁路客站建设与管理/张乃明等编著. —北京:中国铁道出版社有限公司,2021.5
 ISBN 978-7-113-27855-7

Ⅰ.①现… Ⅱ.①张… Ⅲ.①铁路车站-客运站-建筑设计-研究②铁路车站-客运站-管理-研究 Ⅳ.①TU248.1②U291.6

中国版本图书馆CIP数据核字(2021)第059308号

书　　名:	现代铁路客站建设与管理
作　　者:	张乃明　蓝燕强　周　渝　韩永伟

责任编辑:	许士杰	编辑部电话:	(010)51873204	电子信箱:	syxu99@163.com
封面设计:	崔丽芳				
责任校对:	苗　丹				
责任印制:	赵星辰				

出版发行:中国铁道出版社有限公司(100054,北京市西城区右安门西街8号)
网　　址:http://www.tdpress.com
印　　刷:北京盛通印刷股份有限公司
版　　次:2021年5月第1版　2021年5月第1次印刷
开　　本:880 mm×1 230 mm　1/16　印张:13.5　字数:408千
书　　号:ISBN 978-7-113-27855-7
定　　价:88.00元

版权所有　侵权必究

凡购买铁道版图书,如有印制质量问题,请与本社读者服务部联系调换。电话:(010)51873174
打击盗版举报电话:(010)63549461

前　言

铁路客站是发达完善铁路网的重要组成部分。进入21世纪以来，中国铁路客站建设充分借鉴发达国家的先进理念和成功经验，立足国内客站建设的实际，以理念创新为先导，以技术创新为突破，以管理创新为保障，取得了辉煌的成就。截至2020年7月底，全国铁路营业里程达到14.14万km，其中，高速铁路里程达到3.6万km，共建成铁路客站约1530座，其中高铁客站近1000座，省会级城市客站约74座，站房总规模近1660万m^2，雨棚规模近1920万m^2。涌现出如北京南站、上海虹桥站、武汉站、广州南站、清河站、张家口站、北京朝阳站等一大批能力充足、功能完善、换乘便捷的代表性高铁客站，为旅客提供了宽敞、舒适、优美的候车环境和人性化的服务设施，推动了铁路客站由管理型向服务型直至"智能型"转变，赢得了社会各界的广泛赞誉。

现代铁路客站具有建设理念新、建设规模大、技术难度高、专业接口多、协调难度大、施工组织难、运营管理细等突出特点，许多新技术、新工艺、新标准不断在铁路客站建设和管理中得到推广应用。回顾近二十年来中国铁路客站创新发展的历程，有很多经验值得总结，其中最核心、最关键的是在客站规划、设计、施工等各建设环节中以创新为引领和驱动，以精心设计、精心施工、精心管理为基础和保障。

本书立足新时期铁路客站的发展历程，充分吸收国内外已建客站的先进理念、先进技术和先进管理方法，力求形成现代客站建设和管理的系统性技术体系，以进一步推动中国铁路客站的建造技术水平，为中国高铁走向世界提供客站领域的技术支撑。

全书共7章。第一章论述铁路客站的发展历史、铁路客站在城市中的功能以及铁路客站现代化的主要特征。第二章论述客站规划的主要影响因素、客站规模与建筑体量的匹配、铁路客站规划要求、铁路客站总体布局以及铁路客站规划典型案例。第三章论述铁路客站的建筑设计、铁路客站的主体结构设计、铁路客站的采暖通风设计、铁路客站的给排水设计以及铁路客站的其他设计内容。第四章论述深大基坑施工、大跨度与大空间钢结构施工、室内外装饰装修技术以及客站过渡施工技术。第五章论述铁路客站的BIM应用、清水混凝土技术、双曲金属屋面施工技术以及老站房平移技术。第六章论述客站建设信息化管理平台、旅客服务与生产管控平台、结构健康监测管理平台、地下站应急疏散救援管理平台。第七章论述铁路客站建设管理难题、建设管理体系、质量控制、安全控制、进度控制、投资控制以及一体化管理。

在编著本书的过程中，作者参考和借鉴了国内外铁路客站及相关领域的技术文献和建设项目资料,在此对文献作者表示敬意与感谢。同时,国家铁路局、中国国家铁路集团有限公司工程管理中心、中国铁路北京局集团有限公司、中国铁路设计集团有限公司、中铁设计咨询集团有限公司、西南交通大学、北京交通大学、石家庄铁道大学、中国中铁建工集团有限公司等单位的专家参加了本书的审稿工作,在此深表感谢!

本书由中国铁路北京局集团有限公司张乃明、蓝燕强、周渝、韩永伟编著。其中,张乃明负责第一章、第二章和第三章,蓝燕强负责第四章和第五章,周渝负责第六章,韩永伟负责第七章,张乃明负责全书统稿。

由于全书涉及内容较广,编著者水平有限,难免存在不妥之处,欢迎广大读者批评指正。

编著者
2021 年 2 月

目 录

第一章 绪 论 ·········· 1
- 第一节 铁路客站的发展历程 ·········· 1
- 第二节 铁路客站在城市中的功能 ·········· 12
- 第三节 现代铁路客站的主要特征 ·········· 15
- 本章参考文献 ·········· 20

第二章 铁路客站规划与布局 ·········· 21
- 第一节 客站规划的主要影响因素 ·········· 21
- 第二节 客站规模与建筑体量的匹配 ·········· 22
- 第三节 铁路客站规划要求 ·········· 26
- 第四节 铁路客站总体布局 ·········· 29
- 第五节 铁路客站规划典型案例 ·········· 32
- 本章参考文献 ·········· 39

第三章 铁路客站设计 ·········· 41
- 第一节 铁路客站的建筑设计 ·········· 41
- 第二节 铁路客站的结构设计 ·········· 59
- 第三节 铁路客站的节能环保设计 ·········· 64
- 第四节 铁路客站的管线综合设计 ·········· 68
- 第五节 铁路客站绿色设计 ·········· 70
- 本章参考文献 ·········· 72

第四章 铁路客站施工技术 ·········· 73
- 第一节 深大基坑施工 ·········· 73
- 第二节 大跨度与大空间钢结构施工 ·········· 87
- 第三节 室内外装饰装修技术 ·········· 97
- 第四节 客站过渡施工技术 ·········· 107
- 本章参考文献 ·········· 124

第五章 铁路客站新技术应用 ·········· 125
- 第一节 铁路客站的 BIM 技术应用 ·········· 125
- 第二节 清水混凝土技术 ·········· 135
- 第三节 双曲金属屋面施工技术 ·········· 143

第四节　老站房平移技术 ··· 145
　　本章参考文献 ··· 149

第六章　铁路客站智能管控平台 ·· 151
　　第一节　客站建设信息化管理平台 ··· 151
　　第二节　旅客服务与生产管控平台 ··· 160
　　第三节　结构健康监测管理平台 ·· 168
　　第四节　地下站应急疏散救援管理平台 ··· 174
　　本章参考文献 ··· 180

第七章　铁路客站建设管理 ·· 181
　　第一节　铁路客站建设管理难题剖析 ·· 181
　　第二节　建设管理体系 ·· 184
　　第三节　质量控制 ·· 191
　　第四节　安全控制 ·· 193
　　第五节　进度控制 ·· 196
　　第六节　投资控制 ·· 201
　　第七节　一体化管理 ··· 205
　　本章参考文献 ··· 208

第一章 绪　　论

从 1825 年世界上第一条铁路在英国的斯托克顿和达灵顿之间建成通车以来,铁路运输迄今已有近 200 年的历史。建造铁路是为了运输货物,运送乘客是后来才有的想法。早期的铁路主要被用来运送散装货物,如将煤和建筑用的石头运到海边或最近的航道,偶尔才用无顶的装煤车厢运送一些乘客。19 世纪 40 年代,铁路运输乘客的潜能才开始被发掘出来,由于乘客们需要一个可以等车、能躲避风雨的休息之处,这时铁路客站的建设才逐渐得以发展。随着铁路客运的不断发展,铁路客站也日趋成熟和完善。近些年来,随着空中、地面、地下综合交通网络的形成,以及航空港、铁路、地铁、公共汽车等多种交通方式一体化的发展趋势,铁路客站的内涵与形式不断变化,铁路客站的规模、内部空间结构、信息服务水平及与其他市内交通衔接方式等诸多方面都发生了深刻变化。铁路客站从最初功能简单的公共建筑逐步发展成为涉及专业面广、庞大复杂的系统工程。

第一节　铁路客站的发展历程

一、国外铁路客站的产生和发展

1. 19 世纪 30 年代至 40 年代

早期铁路客站的形式非常简单,大多只是在铁路边上搭一个站棚,使旅客免受风雨侵袭和烈日暴晒之苦。如 1830 年英国利物浦的格劳恩站和 1840 年德国的卡斯尔站就是如此。由于当时铁路运输刚刚起步,列车车次极少,到站停车时间也很长,所谓车站也只有单一的等候功能。车站规模很小,仅仅提供一个售票和上车的缓冲空间,类似于出入口的功能,基本不存在交通流线组织等相关问题。这一时期的车站以站台为主体,具有原始通过式的性质,基本上没有特定的空间形式和艺术特征可言,这一性质使之成为区别于其他公共建筑的最大特征。

随后,为满足不同层次旅客的各种需要,伦敦站、波士顿站(1837 年)、帕丁顿站(1838 年)、滑铁卢站(1848 年)及国王十字站等一些重要铁路客站中增设了储藏货物的设施并提供餐饮服务。铁路客站的选址也因城市发展背景和规模而有所不同,伦敦、巴黎等欧洲城市,均把车站建在城市的周边。总之,以站台为主体是 19 世纪 30~40 年代铁路客站的最大特征。在欧洲,像伦敦、巴黎等一些重要城市,由于不断有新的铁路线路从不同方向引入,故在市区周围新建了一系列尽头式车站。如 1835 年建成的伦敦桥车站,它是伦敦地区第一条铁路线的起点站;爱乌斯通车站始建于 1836 年,是伦敦至伯明翰之间铁路线的起点站;还有于 1840 年建成的利物浦街车站以及 1848 年建成的滑铁卢车站,等等。这些车站之间相互独立,也没有用联络线将它们连接起来,因此在当时,私人马车或马拉公共班车等成为旅客在不同车站之间进行转乘以及在出发地(或目的地)与车站之间进行衔接的主要交通工具。

美国当时是一个新兴国家,其铁路车站的发展模式与欧洲有所不同。美国当年很多地方是在火车站周围发展城市,而不是在城市周围修建火车站。早期许多重要城市的车站都是较矮小的建筑,主要利用马车提供与城市内部的交通联系。

2. 19 世纪 50 年代至 20 世纪初

这一时期铁路客站的建设逐渐成熟,站房与站场、站台与路轨之间分区明确,站房的室内功能亦划分详细、等级有序;由于城市中新的交通方式及交通工具的出现和不断发展,铁路客站与城市内部的交通联系变得更便捷和紧密,客站在城市内外交通接触点位置上起着越来越重要的作用,并逐渐发展成城市交通的中心。那时的铁路客站极力追求纪念性,一般都拥有宏伟华丽的主站房、豪华的候车厅以及跨度极大的月台大厅,其"城市大门"的形象也普遍为人们所接受。这一时期,随着铁路客运量的不断增长,铁路客站逐渐发展成为旅客心目中具有"城市门户"作用的标志性建筑。一些先进的建筑思潮和方法,以及代表当时先进技术的钢铁和玻璃等新兴材料被广泛应用于铁路客站的建设中,客站也随之蓬勃发展成为体态宏伟、功能复杂的建筑类型。这种客站的主体往往是巨大钢铁桁架,带有透光的玻璃屋顶,在许多铁制构件上采用的适度曲线装饰,用来反映出"新艺术"运动的影响。这一时期除了车站建筑极具豪华气派外,另一个重要特征就是铁路客站作为城市交通中心地位的逐渐确立。

在当时的美国,随着社会经济的快速发展,人们希望通过车站来展示他们的城市形象,于是早期那些矮小的建筑逐渐被高楼大厦所取代。纽约大中央车站(图1—1)可能是那一时期美国所有车站中最华丽和最有气势的。位于纽约曼哈顿第42街和公园大道交汇处的纽约大中央车站最早于1871年建成并投入使用,1903年又通过新的规划设计将该车站进行地下化改造,并于1913年正式开放,这是一个拥有44个站台和67股轨道的大型铁路车站。纽约大中央车站经过长期发展成为集地铁7号线、莱辛顿大道线(4号线、5号线、6号线)、短途列车S线(Shuttle)、长途列车、市郊列车、地铁和公交等多种交通方式于一体的大型综合换乘枢纽。除交通功能外,纽约中央车站内还有饭店、快餐店、熟食店、面包店、报摊、美食和新鲜食品市场、纽约公交博物馆以及零售商店等基础设施,为乘客提供便利和丰富的设施和服务,进一步增强了大中央车站的吸引力。

巴黎东站(图1—2)是一个重要的铁路枢纽,曾经非常有名的"东方快车"就是于1883年10月4日从这里首发的,当时这个车站叫斯特拉斯堡站。目前,巴黎东站是通往阿尔萨斯方向的终点站,它包含了多种铁路运输服务和城市轨道交通服务,如巴黎地铁、远郊铁路(Transilien)、省际列车(TER)、TGV、ICE等。它还连接市内地铁M4、M5及M7线,从该站出发可前往法国东部的大部分地区,其中包括兰斯、梅斯、南锡、贝尔福等地,以及相邻的卢森堡和德国南部的部分城市。

图1—1 纽约大中央车站

图1—2 巴黎东站

从内部结构及旅客流线组织来看,这一时期铁路客站以等候空间为主体,候车厅成为车站的主体,不仅占用最多的建筑面积,而且功能分区详细而等级有序。当然,在铁路客站的发展过程中,也形成了一些以等候式为主同时具有初步通过式特征的车站。1879年建成的法兰克福总站最具有代表性,其候车厅分上下行两组再各分4等,尽端式站场兼候车;同时大厅已有通过式特点,厅前段左右设有票柜台,后段左右两侧紧接"检票口"办理行李托运。

3. 20世纪20年代至60年代

20世纪50年代以后,以日本为代表的一些发达国家开始发展高速铁路,同时对城市中原有的铁路客站进行了大规模的改造和更新,这一措施使得铁路客站与城市公共交通的衔接更加方便快捷,其客运功能也日趋丰富。由于铁路旅客列车接发频率及正点率的普遍提高,候车厅日渐萎缩,取而代之的是一个多功能大厅,旅客需要的大部分服务都能在这个空间内获得。这种复合的多功能空间,减少不必要的空间和分隔,平面更加紧凑,使得客站内部的流线组织进一步简化,缩短了旅客的滞留时间,同时也极大地提高了客站空间的使用效率。与此同时,现代主义建筑运动对铁路客站设计产生了巨大影响,建筑一改过去规模庞大、装饰繁琐的风格,逐渐追求简化、紧凑和高效,带来一股清新简洁的风气。

铁路客站在这一个阶段的另一个重要特征是城市交通工具之间以及城市交通与铁路客站之间的相互协调,通过提高交通方式之间的衔接性和方便性来振兴城市公共交通事业以及铁路客站在城市中的地位。从20世纪30年代开始,各种城市交通联合会相继出现。法国巴黎的交通联合会(RATP)、美国旧金山的都市交通委员会(MTC)、英国伦敦的公共交通执行委员会(LTE)等,都致力于将不同的客运公司组织起来,协调运营线路,形成公共客运交通网络。很多城市更是将地铁、高架铁路与市内的公共电汽车联网,构成地面、地上、地下三维立体的交通系统。为减少各种车辆之间换乘所带来的不便,除了尽量使各公共交通线路与铁路客站进行衔接外,交通联合会还采取统一票价、实行联运的方法,加强市内交通之间以及市内交通与铁路客运之间的连续性。加拿大多伦多市的联合交通委员会(TTC)于1954年地铁开通之际,在原有4家市内电车公司合并的基础上,与地铁与公共汽车实行联运。地铁、公共汽车以及市内电车之间相互换乘时,不必重新买票,去市内任何地方,无论是否换乘不同的交通工具,都只需一次购票即可。

4. 20世纪70年代至今

20世纪70年代以后,由于能源危机、铁路技术的更新和城市交通结构的改变等原因,铁路运输出现转机,以低能耗、高效率、环保、安全等优势再一次迎来新的发展机遇。铁路客站尤其是大型铁路客站再次被关注,担当起城市振兴的角色,并作为复兴的引擎。这一阶段的铁路客站逐渐向城市内外大型综合换乘枢纽发展,成为集交通换乘、商业及大型人流集散型建筑的综合体,表现出三个方面的特点:集多种交通方式于一体、功能多元化、"以人为本"设计理念的充分体现。

伴随着高速铁路的发展建设,城市各种交通运输方式既有分工又相互合作,逐步形成了综合交通运输体系。铁路客站的内涵进一步扩展,一方面是铁路运输网络与旅客联系的界面,另一方面也是城市综合交通网络中客流集散的场所,具有运输组织与管理、中转换乘和辅助服务等多项功能。铁路客站在选址上更加注重与城市道路、城市轨道交通、公路、航空、水路等交通方式的结合,设计上通过立体化布局实现客站与站外交通的有机衔接,以及内部各种交通方式之间便捷有效的换乘。

西方当代铁路客站已不仅局限于解决交通问题,同时开始兼顾城市开发的需求,依托铁路客站本身功能促进城市开发。铁路客站的区位在宏观上与城市空间发展战略相协调,客站建设引导城市功能空间的合理分布,城市发展反过来又为客站带来商机,从而推动客站周边地区的发展建设,使之成为新的具有吸引力的城市区域,这也使得铁路客站的城市属性更加鲜明。

在建筑功能和空间设计上更加注重旅客的使用效率和心理感受,管理上以方便旅客为主。建筑形式日趋简洁,站内空间开敞通透,尽可能引入天然光源和自然通风;采用立体化的组织模式,千方百计地缩短旅客进出客站的步行距离,创造出便捷、通畅、高效的换乘条件;客站设计更加注重细节和人性化要求,综合考虑周到的服务设施,使旅客出行更加便利。

客站建造及设备大量采用新科技成果,采用先进结构技术及材料及大跨度结构代替了原来规模宏大、装饰浓重的巨型结构。同时,先进的节能技术及环保措施提升了客站的经济效益与社会效益,完善的售票体系以及现代化的旅客服务信息系统提高了铁路客站的服务质量和水平。

法国的里昂机场站、里尔站、艾维纽站、普罗旺斯站,德国的柏林中央车站(图1—3)、斯潘道站、法兰克福机场站,奥地利的林兹站都是属于这个时期的典型作品。国外有代表性的铁路客站情况见表1—1。

图1—3　柏林中央车站

表1—1　国外有代表性的铁路客站

具有代表性的铁路客站	修建时间	空间模式	铁路与站房的关系	其他交通模式的集成	其他功能的集成	站台数和日客流量	发展特点
伦敦国王十字站	1852年	简单通过式+初期等候式	站房在铁路的尽端	无	小餐饮、行李储藏		简单通过式:设置简单等候空间、站台设简单雨棚
意大利米兰中央火车站	1864年	等候式	站房在铁路的尽端	无	小商业	24个,约343万人次	等候式:候车厅增多、面积增大。火车站明确划分三部分:站前广场、站房、站台。水平方向展开布局,站房与城市只有一个接触口
汉诺威总站	1876年	等候式	线侧式	无	小商业	12个,约25万人次	
汉堡总站	1903年	等候式向通过式过渡	线上式	无	小商业、餐饮		等候式向通过式过渡;客向通过式过渡但仍保留候车空间,站房架空在铁路上或铁路下沉入地下,实现站房站台一体化,站房与城市有两个接触口
宾夕法尼亚车站	1910年	等候式向通过式过渡	线上式(地下月台)	无	小商业、餐饮	300万人次	
纽约中央车站	1903年	成熟通过式	线上式(两层地下铁路)	火车、地铁	餐厅、书店、超市	44个,50万人次	成熟通过式,集成其他公共交通体系,形成综合交通枢纽;客站实现成熟通过式,不再设置候车厅而用综合大厅囊括购票、候车进站等一系列功能,此时铁路客站与城市公共交通、公路、码头、机场等其他交通方式集成形成大型交通枢纽,实现站内换乘
拉德芳斯综合换成枢纽		成熟通过式	线上式	火车、公交	商业、餐饮	40万人次	
荷兰鹿特丹站	2010年	成熟通过式	线下式(铁路架空)	火车、有轨电车	商业、餐饮	11万人次	
日本京都火车站	1997年7月竣工	成熟通过式	线上式	火车、地铁、轻轨、电车	商业综合体、办公、博物馆、酒店、百货、购物中心、电影院、展览厅、停车场	11万人次	由交通建筑演变成城市综合性建筑;铁路客站的交通功能空间因高效而缩小,开始集成办公、商业、博物馆、展览、电影院等各种城市功能,由单纯的交通建筑演变为城市综合体建筑
德国柏林中央火车站	2006年	成熟通过式	线上式	火车、地铁、公交	购物世界,购物面积达15 000 m²的邮局、旅游服务中心、餐厅、图书、停车场	16个,30万人次	
伯明翰新街火车站	2015年	成熟通过式	线上式	火车、地铁、公交	百货公司、商业、办公、餐饮		

续上表

具有代表性的铁路客站	修建时间	空间模式	铁路与站房的关系	其他交通模式的集成	其他功能的集成	站台数和日客流量	发展特点
卢森会展中心基希贝格车站	2010年	成熟通过式	线上式且站房在铁路尽端	城际铁路枢纽,国际及区域交通	会展及会议中心、电车及汽车站宾馆、停车场		进一步融入城市,消除对城市的割裂;铁路客站通过屋顶联结城市公园和其他重要的城市建筑,激活城市区域,铁路客站不再成为割裂城市的"孤岛"
奥斯陆新中央车站	2008年	成熟通过式	线上式且站房在铁路尽端	火车,人行景观道	商业、酒店、办公、会议、餐饮和一个举办活动的空间	18个	
旧金山港湾交通枢纽中心	2008年	成熟通过式	线上式	旧金山九大交通系统	花园屋顶、零售街、童游乐场、咖啡厅、餐厅、公共艺术品	12个	
德国斯图加特火车站	2010年	成熟通过式	线上式	城际铁路枢纽	城市景观公园		

二、我国铁路客站的发展历程

国内外铁路客站在不断发展演进过程中,表现出了一些共同的发展趋势和特征:第一,从车站选址看,国外城市多数将铁路客站尤其是大型铁路客站保留在城市中心,并通过必要的地下化方式来解决与城市交通相互干扰的问题。我国的车站选址最初也是尽可能靠近城市中心,近些年来为了推动城市化发展,较多采取在城市边缘新建车站的办法。第二,从与市内交通衔接看,铁路客站尤其是大型铁路客站经历了从最初只是作为铁路运输的节点,逐渐发展成集多种交通方式于一体的大型综合交通枢纽。第三,铁路客站的规模随着衔接的交通方式种类的增加以及线路等级和能力的提而逐渐扩大。第四,铁路客站在内部结构设计上越来越朝着人性化的方向发展。第五,与换乘及运营有关的信息、与列车班次及时刻表衔接有关的运营组织、票制的一体化程度等随着铁路客站的不断发展受到越来越高的重视。

国外铁路客站的发展是一个不断完善的过程。我国铁路客站的发展历程也是随着时代的发展而不断前行,概括起来可以分为四个阶段。

1. 旧中国的铁路客站

这一阶段从清朝末年至新中国成立前。这一时期我国铁路客站的基本特点是设备规模小、标准低,运输组织的基本形式是客货混合运输,只有旅客乘降作业,没有相应配套的客运服务设施。虽然这一时期我国铁路建设数量少、质量低,但铁路对社会经济的影响巨大,因而火车站在城市中也具有非常重要的地位。

我国第一条铁路1876年由英商怡和洋行在上海至吴淞间修建的。清朝政府赎回后,即下令将它拆除,中国的第一条铁路就这样毁掉了。光绪六年(1880),中国修建了第一条实用性铁路——唐山至胥各庄的唐胥铁路,后来这条铁路最终延长到北京城南永定门外的马家堡村,并修建了北京第一座火车站——马家堡火车站(图1—4)。从1876~1911年,清政府时期总共建成铁路9 100 km。进入,孙中山先生在1912年提出要修建16万km铁路的规划,这是中国最早的铁路网布局设想。从1911~1949年,共建成铁路17 100 km,连同清政府时

图1—4 马家堡站

期,中国大陆共有铁路 26 200 km。但由于战争破坏或其他原因拆去 3 600 km,截至中华人民共和国成立时,中国大陆仅留下铁路 22 600 km。

19世纪末至20世纪20年代,我国的铁路客站多为国外建筑师设计,基本上以沿袭和照搬西方国家模式为特征。客站规模小,内部功能简单,外观为具有西方列强各国特色的古典主义风格的大杂烩,坡顶、钟楼和拱券是其主要构图元素。其中颇具代表性的客站包括京汉铁路汉口大智门站(图1—5)、京奉铁路正阳门东站(图1—6)及京张铁路西直门站(图1—7)。20世纪30~40年代,铁路客站的建筑形式中西合璧,有的甚至完全模仿中国传统建筑式样,如天津西站(图1—8)。总体而言,旧中国铁路建设客站数量少、功能简单、质量低,建筑形式多为线侧平式,外观、空间上多侧重装饰,实用性低。

图1—5 京汉铁路汉口大智门站

图1—6 京奉铁路正阳门东站

图1—7 京张铁路西直门站

图1—8 天津西站

这一时期内铁路客站设备规模小、标准低,运输组织的基本形式是客货混合运输,只有旅客乘降作业,没有相应配套的客运衍生服务设施。如1888年建成天津站(当时称旺道庄站),是一栋仅有数百平方米的瓦顶平房,站舍用火炉取暖。1892年迁址到老龙头,在新中国成立前的大约60年间,逐渐残破衰败。再如1905年建的无锡站,站房只有 275 m²;1908年建成的上海北站,是个四层楼房的站舍,仅首层供运营作业使用,二层以上为铁路办公用房,直至新中国成立前无大的变化,站房十分拥挤。

虽然这一时期,我国铁路建设数量少、质量低,但铁路对社会经济的影响巨大,因而火车站在城市中同样具有非常重要的地位。例如,北京正阳门火车站(即前门火车站),是国内数条铁路干线(京奉线、京汉线、京张线)的交会点,是当时中国最大的铁路交通枢纽,由于车站位于北京城的中心,市民乘车出行、货物运输都很方便,对北京城的建设、经济的发展、人民生活以及与对外的交流都有着积极的意义。

值得一提的是,不论运输业处于何种发展阶段,交通线路的网络化以及运营管理的一体化,对于提高运输效率都是非常重要的。北京正阳门火车站分为东站和西站两部分,东站于1906年竣工,归京绥铁路局管辖,由天津、张家口方向来的车都在东站上下;西站归京汉铁路局管辖,从汉口、保定来的车在西站上下。当时由京绥线来的火车过了南口要经过清华园、西直门、德胜门、安定门、东直门、东便门、崇文门,再到东站。如果能从西北方向直接在西站停靠本来是很方便的,但由于当时的铁路基本上是各自修建且各行其政,没有一个统一的机构进行统属,两个车站虽然隔街相望,其间却没有铁路相连,因此京绥线上的火车不能到由京汉铁路局管辖的西站停靠,只能绕个圈子停到东站去。20世纪初期的北京铁路线路如图1—9所示。

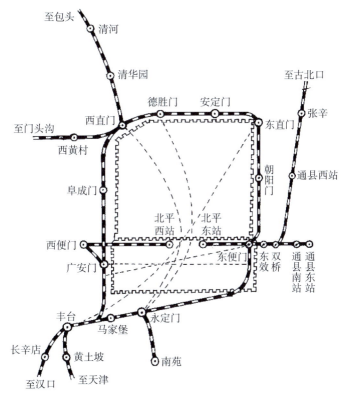

图1—9　1919年北京铁路线路示意图

2. 建国初期的铁路客站

第二阶段从新中国成立后至改革开放前。这一时期我国铁路客站在外形上多体现出对称、庄严、高大等特点,注重追求一定的纪念性意义,强调城市大门的象征性。在客站内部流线和空间组织上,采用了以候车和广厅为核心、若干辅助空间围绕布置的形式。在与市内交通衔接方面,主要是通过站前广场内所布置的各种市内交通设施完成。新中国成立后,我国铁路取得了长足发展,开创了铁路客站建设的新纪元。这一时期,我国新建和改建了北京站(图1—10)、广州站(图1—11)、韶山站、长沙站(图1—12)和南京站(图1—13)等一大批铁路客站。这时期的铁路客站内基本没有商业空间,站房候车厅的设计借鉴了苏联铁路客站模式,适应当时的客运状况,更重要的是在当时能源、设备相对有限的情况下,这样的候车厅空间,基本满足了采光和换气的要求。

图1—10　北京站

图1—11　广州站

图1—12　长沙站

图1—13　南京站

大型客站在空间形态上追求纪念性,多采用对称、高大、庄严的形象,以体现新中国的形象,其杰出的代表当属1959年9月建成的北京站。作为新中国客站开山之作的北京站,其功能流线、空间组织及具有民族色彩的建筑形象,在此后很长一个时期内对我国铁路站房设计产生了深远影响。

在这一时期,除少量特大型客站外,多数客站规模较小、功能简单,客站设计呈形式化和程式化的特点。在建筑造型方面,由于铁路客站一般都是所在城市为数不多的重要公共建筑,因此在厉行节约的前提下,也十分强调其作为城市门户的形象功能。

新中国成立后,铁路客货运量迅速发展,在客运量大或政治地位突出的大城市,将客货运设备分开,建设了专门用于旅客运输的独立旅客车站。旅客车站的各项设备布置,充分考虑了旅客、行包、邮件等运输的特点和人车分流的需要,在我国铁路发展史上树立了一个里程碑——确立了独立旅客车站的形象。

在客站内部流线和空间组织上,采用了以候车和广厅为核心、若干辅助空间围绕布置的形式。在与市内交通衔接方面,主要是通过站前广场内布置的各种市内交通设施完成,其中常规公交是站前广场上客流集散最重要的交通方式。北京站是这一时期的典型代表,并开创了"上进下出"(高架进站、地道出站)的站房模式。北京站的功能流线和空间组织在很长一个时期内被视为成功的典范,许多后来的大型铁路客站采用了这样的空间组织模式。

应该指出,虽然这种模式与当时我国铁路列车发车频率低、误点现象严重以及客站以管理为中心等国情基本吻合,但也存在旅客进站流线冗长迂回、流线交叉干扰大、候车环境差等弊端。同时,站场的构造基本上是地面一层,故而存在公交站布局较分散、旅客换乘距离过长,人流与车流、车流与车流交叉,以及城市道路横穿广场等诸多问题。

3. 20世纪80~90年代

第三阶段从改革开放后至大规模铁路建设前。这一时期我国铁路客站的建设逐步开始参考发达国家的设计,引进国外客站的理念与形式,因而较第二阶段有明显的变化。首先,在功能上逐步向城市交通枢纽、综合旅行服务等多功能方向发展。其次，在观念上，人们认为建设铁路客站是社会共管的大事，因而客站建设也逐渐由国家投资向包括地方政府、企业在内的多家集资方向迈进。伴随着我国国民经济的快速发展，学术界汲取国外先进成果创造具备了更有利的条件，因此这一时期的客站建设，借鉴了发达国家的设计，并引进了不少国外设计理念和建筑形式。

这一时期大型客站的显著特征是高架候车室，综合服务建筑前后相连、紧密结合，重视商业服务。高架候车厅的出现，使得铁路两侧双向进站成为可能。候车厅的修建不需要另外占用站前广场或城市用地，候车厅容量扩大并简化。

铁路客站在选址、规划、设计方面开始从城市的长远发展进行考虑，统一布局、统筹安排。客站一改过去单一的上下车功能，开始向满足旅客多种需求的多功能综合型方向发展，站内设有餐厅、旅馆、文化娱乐、商业以及各种服务配套设施，与20世纪60~70年代相比，具有了明显的市场经济特征。

1988年建成的上海新客站，不仅在运输功能开创了"高架候车，南北开口"的新站型，还配合车站的综合旅行服务设施，一并建成了宾馆、商业网点及海陆空联合售票大楼、邮政枢纽等。这一时期相继建成的还有天津站、石家庄站、沈阳北站、汉口站、深圳站、北京西站等。其中，北京西站主站房筑面积达41万 m^2，相当于7.5个北京站，是当时亚洲最大的火车站。在理念上，规划者期望将北京西站建成集干线铁路、地铁、常规公交、出租车、小汽车等多种交通方式于一体的"大型化综合化立体化的城市内外交通枢纽"。

建筑材料和技术得到更新，客站建筑具有美观先进的特点。另外，自动扶梯、电梯等高效快捷的运输工具以及自动化管理系统的运用将流线组织得更加快捷合理。1998年落成的杭州站，第一次把铁路客站建筑放在铁路、城市和城市交通这个综合大系统内进行思考，从方便旅客换乘的角度出发，真正做到将站场、站房和站前广场统筹规划、一体设计，杭州站的建成使该时期铁路客站的水平达到了一个新高度。

图1—14　上海站

图1—15　天津站

图1—16　成都站

图1—17　深圳站

图1—18 北京西站

图1—19 杭州站

4. 新型铁路客站

第四阶段从大规模铁路建设开始至今。2004年1月国务院审议通过了《中长期铁路网规划》。2008年根据国民经济发展新形势、新需求,国家及时调整了中长期铁路网规划,提出到2020年全国铁路营业里程达到12万km以上,其中客运专线1.6万km以上。铁路部门提出客站设计建设要以人为本,综合体现"功能性、系统性、先进性、文化性和经济性"的指导性原则,明确了铁路客站的发展方向是城市内外的大型综合换乘枢纽。在这一原则的指导下,先后建成了北京南站、上海虹桥站、武汉站、广州南站等一批大中型现代铁路客站。

图1—20 北京南站

图1—21 上海虹桥站

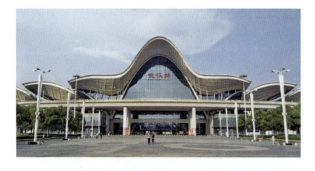
图1—22 武汉站

图1—23 广州南站

国内有代表性的铁路客站情况见表1—2。

表1—2 国内有代表性的铁路客站

具有代表性的铁路客站	修建时间	空间模式	铁路与站房的关系	其他交通模式的集成	其他功能的集成	站台数和日客流量	发展历程
天津火车站	1988年	简单通过式	线侧式	无	无	1个	小而简陋,处于铁路客站发展初期的简单通过式,设有简单等候空间,站台设简单的雨棚
北京前门火车站	1906年	简单通过式	线侧式	无	无	1个	
北京站	1959年始建	等候式	线侧式	地铁、公交站外换乘	餐厅	8个	等候式,设置多间大面积候车厅;铁路发展滞后,效率低下,需要长时间等候,候车空间数量多面积大,火车站明确划分成三部分:站前广场、站房、站台,二维水平方向展开布局,站房与城市只有一个接触口
南京站	2002年改建	等候式	线侧式	地铁、公交站外换乘	餐厅	14个	
南宁站	1998年改建	等候式	线侧式	—	零售餐饮	18个	
上海站	1987年	等候式向通过式过渡	线上式	地铁、公交站外换乘	餐饮、小商铺	13个	从等候式向通过式过渡,架空候车厅,铁路提速,客站向通过式过渡但仍保留候车空间,候车厅架空在铁路上,实现站房站台一体化,站房与城市有两个接触口
北京西站	1996年始建	等候式向通过式过渡	线上式	地铁、公交、出租车站外换乘	餐饮、小商铺	10个	
杭州站	1998年	等候式向通过式过渡	线上式	地铁	餐饮、小商铺	9个	
上海虹桥站	2010年	通过式	线上式	地铁、公交、出租车、长途客车、飞机	餐饮、商业	16个	部分高铁站初步实现通过式,集成其他公共交通体系,实现站内换乘,设置综合大厅代替候车厅,囊括购票、候车进站等一系列功能但综合大厅仍保留候车功能,铁路客站开始集成地铁、公交等其他公共交通,形成综合交通枢纽
北京南站	2008年	通过式	线上式	地铁、公交、出租车	餐饮、商业	24个	
上海南站	2006年	等候式+通过式	线上式	地铁、公交、出租车	餐饮、商业	6个	
武汉站	2009年	通过式	线上式	地铁、公交、出租车	餐饮、商业	20个	
石家庄站	2012年	通过式	线上式	地铁、公交、出租车	餐饮、商业	13台	
清河站	2019年	通过式	线上式	地铁、公交、出租车	餐饮、商业	5台	
张家口站	2019年	通过式	线上式	地铁、公交、出租车	餐饮、商业	6台	
北京朝阳站	2020年	通过式	线上式	地铁、公交、出租车	餐饮、商业	7台	

注:京张高铁张家口站在规划、设计、施工期间的站名为张家口南站,于2019年最终命名为张家口站。本书中的张家口南站和张家口站为同一客站。

现代铁路客站的定位已从单一的铁路客运作业场所和"城市大门"向多元化的城市综合交通枢纽转化。铁路客站设计与城市规划紧密结合、相互协调、选址科学合理,注重与其他交通方式换乘的便捷性,尤其重视与城市轨道交通的协调与配合,为实现"零换乘"提供可能。总体布局上充分结合城市空间环境特征,以可持续发展为出发点,强调系统集成,实现整体最优布局。

客站设计重视以人为本的设计理念,注重旅客心理、行为需求,在功能组织上普遍采用多层面立体化的一体化空间布局形式,如广场交通采用立交方式组织、内部空间采用立体叠合布局,力求创造适应交通视觉需求的通透开敞、导向分明、环境舒适的开放式大空间,以充分满足旅客日益提高的方便、快捷、舒适的乘车要求。客站运营管理从"管理型"向"服务型"转变;客站格局从重站房轻雨棚逐步趋向于"站棚一体化";站房客站流线模式从"等候式"逐步向"等候与通过并存"过渡。更为重视铁路客站建筑的文化性和地域性特征,建筑造型及内部空间融合环境文脉、体现地域特色,塑造中国铁路文化,文化性表现已经成为当代铁路客站设计的一项重要评判标准,也是我国新时期铁路客站的形象特征之一。注重技术创新以适应新型客站的造型及空间需求,"桥建合一"等技术手段在大中型客站的建设上广泛应用。采用先进的节能环保技术,确保客站全寿命周期的良好运作。应用电子自动化售票方式及多种信息技术设备,使新型铁路客站逐步实现车次"公交化"、售检票"地铁化"、服务"机场化"等新特征。铁路客站的发展与时俱进,随着设计理念、功能定位以及技术手段等的发展而变化。

第二节　铁路客站在城市中的功能

铁路客站伴随着铁路的诞生而产生,其城市功能和作用随着社会、经济以及城市和交通的不断进步而发展变迁。传统意义的铁路客站从选址到规划设计都是以铁路交通运输为主要功能,以经济实用为设计原则,运营管理更多考虑客站管理的方便。随着经济社会的持续发展,人们的出行需求和时间观念的变化,城市交通的便捷、多种交通方式的换乘以及铁路客运公交化的逐步推进,铁路客站在城市中的功能发生巨大变化。铁路客站逐步从以往"单一的客运作业场所"和"城市大门"向"综合交通枢纽"转变,与整个城市、整个区域的交通规划融为一体。

现代客站作为交通节点角色不仅包含铁路客运功能,还承担城市换乘枢纽功能。大型铁路客站高峰小时旅客发送量在 5 000 人以上,特大型客站则超过 1 万人,庞大的客流量和建筑规模要求车站不仅要实现快速便捷的铁路客运功能,而且要求客站建筑与地铁等城市轨道方式紧密衔接以迅速疏散人流。同时,现代铁路客站由于其巨大的体量和显著的地位扮演着多重身份,成为功能复合的城市公共场所,包含城市交通和道路节点、商业服务、公共交流、城市景观、防灾减灾等等,从而给铁路客站带来在功能布局、建筑形式、管理体制、服务标准等方面的重大变化。

一、铁路客站城市功能的主要构成

1. 客运节点功能

客运交通始终是铁路客站功能的核心。21 世纪以来,铁路客站建设进入快速发展阶段,铁路客站的定位和功能需求与以往相比发生了巨大变化,内涵进一步扩张,已发展成为城市综合交通的节点或枢纽;铁路客站在站址的选择上更加注重与城市交通、公路、航空、水运等交通方式的结合;铁路客站在设计上,注重与站外交通的有机衔接,以实现与各种交通方式之间便捷有效的换乘,着力实现各种人流之间的"零换乘";在总体布局上,充分结合城市空间环境特征,以可持续发展为出发点,强调系统集成,实现整体最优布局。

当今新建的大型铁路客站吸取了以往的经验教训,以快速集散、无缝衔接和零换乘等为根本目标,合理规划客站与城市道路及轨道交通的衔接。如北京南站,作为京津城际和京沪高铁的到发站和多功能的超大型客运交通枢纽,采用了立体交通模式,集高铁、地铁、市郊铁路、公交、出租、小汽车等多种交通方式于一体,全面融入城市交通系统,为乘客提供"零换乘"的便捷服务;车站建筑地下三层,地上两层,同时配有 31 500 m² 的高架环形车道;地铁 14 号线和地铁 4 号线分别经过南站地下三层和二层,两条地铁线路承载 50% 以上的客流量;地下第一层为换乘大厅和大型停车场,地面为站台层和列车到发层,地上第二层为进站大厅和高架候车层;在设施方面,新南站共设置了 67 部扶梯和 36 部垂直升降电梯,可使旅客快捷舒适地换乘和实现无障碍通行。为避免站内外大量车流人流交织,北京南站延续了中国铁路客运站传统的进出站流线严格分流的交通组织模式,环绕南站站房的高架环路伸出数条匝道从各个方向与周边城市道路平滑连接,车辆分层单向行驶,不同交通方式有不同的进出站通道,这种模式能保证旅客享有较好的进站候车环境,同时避免了大型客站在客流高峰期造成周边市区交通拥堵。

2. 土地开发功能

作为铁路运输网络和城市空间网络的双边缘的铁路客站在城市扩张中已处于寸土寸金的城市中心或其边缘,黄金地段土地被线路和车站大量占用、铁路公路交叉干扰等矛盾日益突出,如何解决用地矛盾,充分实现和增加车站地区的土地价值是迫切需要解决的问题。

城市铁路交通与城市土地利用的关系是相互作用的,一方面铁路客站及其轨道线路要占用大量的城市土地,并对沿线城市用地和功能造成了分割和隔离,甚至阻碍了城市向车站和线路另一侧的发展。另一方面铁路客站改善了土地的交通条件和可达性,促进了土地价值的提高,继而引起城市商业、服务、文化等社会经济活动向车站和周边地区集聚。铁路线路或车站立体化(地下化或高架化)是解决铁路与城市用地矛盾,使土地价值最大化的途径之一。铁路或车站立体化可避免铁路线路对城市的空间分割和发展制约,节约了城市用地,通过对铁路车站地区的综合性再开发和整体规划,可获得较好的交通环境、城市景观和经济效益。火车站充分利用地下或高架空间竖向分层布置普通线路、高速线路、地铁线路,较好地实现了便捷的换乘。

铁路客站的功能规划开始兼顾城市开发的需求,坚持可持续发展观,使铁路客站自身的功能发挥和城市开发相互促进。宏观上,铁路客站的区位与城市空间发展战略相协调,引导城市功能空间的合理分布,带动周边地区的更新和发展,形成具有吸引力的城市区域。铁路客站不局限于解决交通问题,还与城市规划、空间布局、经济、文化密不可分,已成为城市不可分割的一部分,其城市属性更加鲜明。

3. 商业服务功能

大型铁路客站是城市对外的重要交通枢纽和主要的人流集散地,人流的聚集带来了必要的资金流和信息流,提供了商业发展的主要条件。商业活动的特点决定了城市商业区的主要区位需求是要有便捷的交通和大量的消费人群,因为影响商店营业额的直接因素是其所服务的人群,而只有交通便捷才能吸引大量的消费者。大量的客流和良好的城际及城内可达性使得大型铁路客站具有很好的商业开发价值,餐饮、住宿、书报零售、商品批发等商业服务逐渐被引入车站及其周边地区,商业空间融入车站并与车站建筑和周边地区一体化开发。考虑到城市土地资源的稀缺和投资的经济回报要求,大型铁路客站走上了多功能开发之路,向集约化和综合化的方向发展,客站集交通、商业、餐饮、旅馆等众多功能于一身,商业服务的功能和空间与客站紧密结合,形成客站综合体,如日本大阪站、新宿站、横滨站等都是这方面的典型实例。大阪车站位于日本关西地区最大都市大阪市北区,是该市北部主要的铁路枢纽。车站建筑自 1874 年以来曾三次重建,最大的改变发生在 1983 年,一座内含百货公司和酒店的高层建筑——ACTY 大阪大楼(大丸梅田店),被添加到了该站以南。这座与大阪铁路客站共构的 ACTY 大阪大楼和邻近的庞大繁华商圈,带动了城市整体建设的发展,使大阪车站地区转变成能提供多样化功能的城市综合交通枢纽和大阪市的公共生活中心,促进了大阪市的生活与文化水准不断提升。大阪铁路客站 ACTY 大阪大楼除了交通功能外,还集餐饮、购物和旅馆等商业服务功能于一身,地上 27 层,地下 4 层,总高 122 m,总建筑面积超过 13.8 万 m^2。大楼地下三、四层是停车场,地下一层和首层是铁路客站部分,车站中间设有中央通道,两侧设有自动售票处和可通达各个站台的自动检票口,并有通道与地下铁路和地下商业街相连接,流线组织井然有序。首层也是整座建筑的中枢,上面的各类商业服务在首层均有直达电梯,二层以上是各类商场、饮食街、宴会厅、游乐场和旅馆等。这样的大型多功能铁路客站综合体建筑不仅仅只是一个交通枢纽,同时在城市的商业结构布局中发挥着"城市中心"的作用。

4. 文化表达功能

大型铁路客站作为城市的一大门户和重要地标,反映着城市的文化,车站给予了各方旅客对这个城市在自然风土、人文历史、社会状态和时代精神等方面的第一印象。大型铁路客站的文化价值主要表现在两个方面：一部分客站自身属于建筑遗产，属于一个国家与民族的文化遗产。另一部分客站，尤其是新建的大型客站，同样作为时代文化的表达窗口，体现客站所在城市的文化特质。无论在哪个方面，客站文化功能的实现和优化有赖于创新性的表达，而地域特征、城市文脉和当代技术则是创新的源泉。它充满生命力，历史客站的建筑价值和古迹价值都得到升华。新建的大型客站在文化性表达上应创造性地综合处理地域特征、人文特色、时代风貌和当代技术等文化因素，突出客站的可识别性和标志性。近年来，我国新建了大批形态各异、各具特色的大型铁路客站，一些侧重于表达地域文化，如北京南站、拉萨站等；一些侧重于技术创新，如上海南站、武汉站等；还有一些侧重于文脉传承，如武昌站、延安站等。大型铁路客站文化性表达的创新，不仅满足了客站"城市门户"和"铁路窗口"的形象要求，而且通过创造优美的车站建筑和景观环境，引入文化活动，形成令人愉悦的城市公共中心，改善了城市空间质量，促进了城市发展。

二、铁路客站对城市结构与功能的影响

铁路客站的城市功能包括交通节点、土地开发、商业服务和文化表达等，随着铁路交通的快速发展和城市化进程的加速，铁路客站作为带动城市人口和服务功能集聚的触媒，对城市发展的促进作用越来越大，对城市的结构和功能有着越来越大的影响。

1. 发挥交通集散作用

铁路客站在功能上已由"铁路运输终端"转变为"城市综合交通枢纽"，并逐步成为多种交通工具的分配平台和市内交通网络与外部交通网络的换乘节点。其功能定位需要突出其集散特征，规划上重点解决与城市道路系统、城市轨道交通系统、长途汽车站、航空港等对内对外交通的换乘问题。区位条件较好、离市中心较近、市内交通接驳体系较为完善的铁路客站，市内交通的换乘量往往超过市内与市外的换乘量。

2. 体现城市地域特色

对城市而言，铁路客站在一定程度上是反映城市形象的重要载体，是体现城市进步的建筑物，是城市重要的"门户"。铁路客站的这些功能，在规划设计时必须考虑与城市形象的关系，力求与城市环境相融合、与城市规划相结合、与城市景观相协调。新建京张高铁崇礼支线太子城站紧邻2022年北京冬奥会的主赛场，客站设计以"尊重自然、融于自然"为理念，外形设计借鉴了优美的山形曲线为元素，与自然的山体相呼应，与水相结合，融入于山水之间，形成了具有崇礼地域特色的建筑风格，最大程度的保留自然景观。太子城站（图1—24）主打奥

图1—24　太子城站设计概念图

运概念和冰雪概念，成为整个崇礼区最主要的对外大运量交通门户和最活跃的交通枢纽。

3. 满足城市空间功能

铁路客站除了发挥转换各种交通的节点功能外，还发挥着休闲、娱乐、交流等交际功能；作为城市景观重要组成部分的景观功能；提供各种商业服务和信息服务的服务功能；作为防灾、避难、紧急活动节点的防灾功能，等等。

4. 带动城市发展功能

郑州、石家庄等不少城市是因铁路而兴起的城市。修建一条铁路，建设一座客站，火车站内外人流交汇形成长盛不衰的市场购买力，新的城市功能围绕铁路客站生长并繁盛起来。铁路客运站作为城市

内外人流集散的场所,在城市集聚效应和乘数效应的作用下,对城市各项功能具有巨大的集聚作用,火车站地区逐渐被各种城市服务功能包裹,并最终带动了城市的快速发展。

日本东京的发展也体现出类似的规律。东京老火车站始建于19世纪70年代,在随后的20年间,与火车站一路之隔的银座地区逐渐发展成为东京乃至全日本最重要的商业娱乐业中心。随着铁路新站向北迁移,在新站的西侧,新的商务中心平地而起,如影相随。半个多世纪以后,东京另一个火车站——新宿站周边地区的发展又一次印证了铁路客运站强大的触媒作用。新宿车站建设之初选址于东京外围偏僻空旷之处。东京大地震后,随着铁路客站客运量的增加,新宿商业设施面积逐渐扩大;第二次世界大战之后,铁路客运站带来的旺盛人气使得新宿迅速恢复了商业中心的地位,至20世纪50年代,其商业设施已占东京商业设施总量的10%。

5. 攸关城市结构布局

当一个地区城镇人口占总人口的比重达到70%以上,城市发展从外延型的规模扩张逐渐转化为以城市功能的调整和完善为主的内涵发展阶段。在这一时期,大型铁路客运站周边地区土地的潜在价值得到进一步提升,客站功能与城市功能逐步融为一体。在积极的城市定位与成熟的城市运营管理政策的支撑下,铁路客运站的改造,在带动周边城市地区的复兴与城市功能的优化方面发挥积极作用。铁路客站规划首先应与城市规模相适应。城市规模决定了城市交通战略及主导交通方式、铁路客站数量及主要的接驳方式、旅客出行便捷程度及平均出行时间等等。如大型中心城市一般采用多客站模式,并以城市公共交通,尤其是大力发展城市轨道交通作为主要的接驳出行方式。铁路客站的区位在宏观上还应与城市空间发展战略相协调、引导城市功能空间的合理分布。铁路客站特别是大型铁路客站的建设和改造,将改善客站周边地区的可达性,使相关地区形成某种"超前引力"并逐步产生"聚集效应"。在这种作用下,客站带来的商机和旺盛的人气有利于带动周边地区的更新和发展,形成具有吸引力的城市区域。中国许多大城市的铁路客站位于旧城区,对其进行改造、重建,为旧城更新及经济复兴提供了契机;而大城市的第二客站有些位于新城区,新客站便捷的交通联系和强大的吸引力往往是新城开发的先导和依托。

6. 推动区域城市发展

伴随着中国经济的快速发展和城市化水平的提高,在环渤海京津冀、长江三角洲、珠江三角洲等经济发达地区,将形成经济联系紧密、一体化趋势特征明显、由若干个不同规模城市(镇)共同构成的都市带。国务院批准的《环渤海京津冀地区、长江三角洲地区、珠江三角洲地区城际轨道交通网络规划》也提出了将在三个地区致力于构建区域内"1~2小时交通圈"。按照这一要求,大型铁路客站在城市中的位置选择和平面布局必须考虑其对都市带的辐射功能。如广州南站位于广州市番禺区,距广州市中心区、佛山市、中山市、东莞市均在1小时车程内,处于珠江三角洲的中心地带,位于广深线、广深港客运专线、广珠城际及市内地铁等多种交通方式的汇合点,其功能集客运专线、城际铁路和普速铁路于一体,对珠江三角洲区域经济的发展具有较好的促进作用。

第三节 现代铁路客站的主要特征

现代铁路客站的规划与建设是集政策性、技术性、经济性、艺术性于一体,是多专业、多工种互相协调的系统工程,内涵博大精深。现代铁路客站的主要特征如下。

一、现代铁路客站的建筑和功能特征

长期以来,将铁路客站分为站房、站场、跨线设施和站前广场几个部分,将完整的旅客进出站过程人为地分为几个部分,其结果往往是把车站的功能复杂化。现代铁路客站打破了这种界限,把车站作为一个统一的整体来看待,考虑系统集成和整体最优。

随着高速铁路建设的快速推进,一批功能强大、设施先进、服务一流的现代化铁路客站相继建成。新观念、新技术在铁路客站中的研究和运用,使铁路客站与以往相比在形式上发生了根本的改变。现代铁路客站凸显了较以往传统客站有重大不同的基本特征,主要表现在以下三个方面:(1)大型客站采用枢纽型的设计思路,将铁路、地铁、轻轨、城市公交、出租车综合起来,同时将铁路站房与城市广场统筹考虑、一体化设计,形成了比较固定的设计模式;(2)面对城市土地资源的日益紧张,铁路客站的规划设计应满足立体化、多层化、多功能的要求;(3)倡导客站总体规划布局因势利导、内部空间组织化繁为简、建筑空间开敞通透、造型流畅,以彰显其标志性建筑的定位,并在一定程度上反映地域历史与文化特色。

1. 建筑功能由单一走向综合

近年来,随着城市经济文化的发展,大型综合建设项目在整合城市资源方面的优势逐渐凸显,而传统铁路客站由于封闭的建筑空间、枯燥乏味的等候过程和以候车为核心的单一功能已无法适应当代旅客的需求。在这种背景下,无论是铁路客站建筑周边环境还是客站内部综合空间的建设,都应该吸纳更多的城市功能,实现使用功能的综合化,这在铁路客站建设中体现得尤为突出。铁路客站实际上就是集合多种城市功能的综合体建筑,它可以集购物、金融、餐饮、酒店、娱乐及住宅于一体,通过平面立体的各式交通空间与客站主体相联系,在满足客站基本功能的基础上增加综合服务性的复合空间,形成新的客站组织模式,成为充满经济活力及文化魅力的城市功能载体。

2. 建筑空间由封闭走向开放

传统铁路客站的封闭性造成城市结构的割裂,削弱了铁路线路两侧城市空间的连续性。考虑到这些不利因素,近年来建设的高速铁路客站更加关注空间的开放化,逐步融入城市的空间系统,形成适合于区域发展和人性化的开放化、立体化的动态系统,从而实现区域的协调发展。高速铁路客站内部空间与城市空间的统一考虑,往往是将城市空间向建筑内部渗透,使其在地面、地下和空中多面对接形成街道、广场、绿地等城市空间和步行系统,从而使建筑空间更加开放,人们在其中的归属感也更趋强烈。

3. 建筑形式由分散走向整体

以往的铁路客站内部功能分区明晰,呈对称布局,体现了现代主义建筑"形式服从功能"的原则,形成了"三段式"的形态构成。当今,高速铁路客站重视通过性设计,消解不同功能空间的划分,达到综合大厅下多种功能空间的复合,建筑空间组织也从平面组织向立体方向发展,从而使布局形式紧凑统一。另外,受当代审美影响,新时期高速铁路客站更重视建筑的整体性营造,并逐步实现了功能与形式的统一。

4. 交通体系从二维走向立体

传统铁路客站受铁路设计规范和管理体制所限,绝大多数是以候车大厅为核心组织建筑内部交通,利用室外广场组织交通转换。在倡导综合化、便捷化的今天,铁路客站的内部交通与城市综合交通换乘接驳,使城市交通从二维形式向多层次立体化发展,高速铁路客站的功能正呈现集约化发展,以实现城市综合交通的高效复合。高速铁路客站与城市交通相结合,包括接驳地铁、地下商业街、地面公共交通、出租车、社会车辆、高架轻轨甚至高架步行天桥等,利用地下、地面、高架的连接方式在城市空间中形成不同的运行层面,合理地组织轨道交通、地面公共交通、出租车和社会车辆,以避免交通干扰,实现零距离换乘。图1—25所示为新建京沈高铁北京朝阳站三维剖视图。

二、现代铁路客站的空间和布局特征

传统铁路客站的空间构成模式大多是将铁路客站的站前广场、站房和站场在平面上依次排开,站场与站房的位置关系一般为线侧平式、线侧下式、线侧上式和线正上式等。随着铁路客运量和城市交通量的迅速上升,站场与站房之间的交流与冲突不可避免。传统的功能布局方式、低效率的等候式旅客流线设计、分离的停车场型车辆流线组织都不能满足现代铁路客站的功能要求。因此,现代铁路客站建筑表现出全新的空间和布局特征。

图 1—25　北京朝阳站三维剖视图

1. 立体化空间组织

铁路站房是铁路客站设计的主体,是办理售票、候车和行包邮件承运、交付及保管的地点。传统铁路客站站房内设有客运用房、技术办公房屋和职工生活用房三类房屋。早期的旅客站房以候车空间、售票空间、进站广厅为主体空间,餐饮、商业、旅馆、文化娱乐等服务空间从无到有,设置在进站广厅和候车室附近。随着客站功能的演变,站房内部功能空间的结构比重及配置方案发生变化,站房由单层平面设置发展为多层立体叠合布局,相对封闭的功能空间向开敞通透的开放式大空间转变,呈现从复杂、大规模向紧凑、简化、高度复合演变的趋势。立体化空间组织的其中一个推动因素是土地的集约化使用,除此之外,立体空间组织也能让功能空间之间、城市与建筑之间建立更紧密的联系。铁路客站作为一个城市中公共性特别强的建筑,更应该考虑建筑与城市的一体化设计,在空间职能上形成建筑紧密联系城市和积极接纳城市功能。与传统的铁路客站相比,现代铁路客站将城市交通系统及城市功能空间引入车站内部,使单一功能的铁路客站功能多样化。现代铁路客站综合开发利用地面、地上及地下空间,将传统的站前广场、站房、站场重新组织,形成立体层叠、高架候车、上进下出的格局,使内部空间联系更为紧密、流线更为科学,并提高了土地利用率,减小铁路客站对城市的消极影响。图 1—26 所示为张家口南站立体化空间组织的示意图,将地面二层的高架候车厅、地面一层的站台层、地下一层的出站通道、城市通廊、小客车停车场以及地下二层预留城市地铁空间有机的组合在一起。

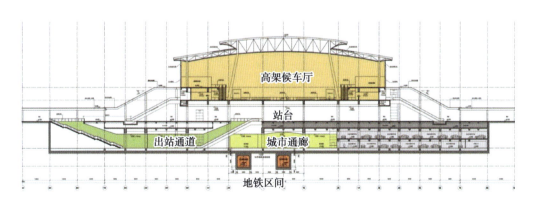

图 1—26　张家口南站立体化空间组织示意图

2. 内部空间高度复合

铁路客站空间高度复合。空间复合是指不同功能空间发生关联而合成新的空间整体,反过来解读,则为统一空间区域中有多种功能空间的并置或交叠。空间复合化设计的本质体现在三个方面:一是开放性设计,复合化空间的设计打破内部各空间的相对独立,空间达到相互融合,实现内部空间的开放性;

二是整体性设计,复合化空间的设计使分散的单元空间统一起来,形成一个大的整体空间;三是适应性设计,复合化空间的设计结果必然是具有流动性的大空间,因此可以根据实际需要灵活调整空间的划分。铁路内部客站开放性、整体性和适应性的空间设计的优点是:打破各个功能空间严格划定、各自为政的局面,使空间广泛融合;让功能空间相互补充、相互渗透和互动,增强空间活力;空间的复合化使空间的组织紧凑、距离短捷,空间之间的连续性好,各个空间的可达性好,给使用者带来方便,提高了人的行为的有效性。

3. 集中式大空间

集中式空间组合往往能形成以中心空间为主、各副空间为辅的空间等级结构,形成良好的空间秩序。一方面,集中式空间组织使空间具有向心力,空间是聚合的形态而非分散的形态,使空间与空间之间的联系紧密,其路径具有多样性,且更为短捷,周围空间具有良好的可达性,这些优点使其成为大多数新型"通过式"铁路客站的选择。另一方面,得益于现代大跨度空间结构的发展,铁路客站在集中式空间基础上形成集中式大空间。图1—27所示为张家口南站二层平面示意图,最南侧二层高架落客平台,进入候车大厅后则是南北通长205 m,东西宽达60 m,最大挑高达26 m的巨大空间。这个大空间里集中了普通候车、商务候车、军人候车以及客运办公功能,视觉通透,便捷舒适。

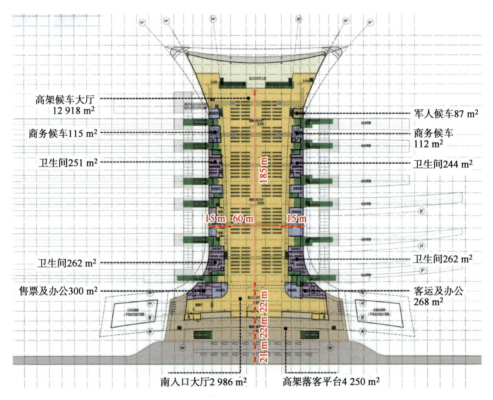

图1—27　张家口南站二层高架平面示意图

4. 人性化空间规划

客站的总体布局要从"人"的角度的考虑,把空间可读、导向明确作为客站总平面布局的要点。图1—28所示为北京朝阳站的地下集散厅,乘客可从标识牌上轻易获取导向指示信息。

三、现代铁路客站建设与管理的新特征

高速铁路的出现,大大推动了铁路交通运输业的发展,并使铁路在交通运输体系中逐渐占据了主导地位。近年来,我国高速铁路的快速发展激发了大规模的高速铁路客站建设。回顾近年来国外及我国范围内高铁客站建设案例,可以清楚地看到,当代高速铁路客站正发生着深刻变革,从运送旅客的功能性"容器"逐渐转变为具有城市发展触媒、城市空间节点作用的鲜活有机整体。当下,它正以更现代化的方式展现交通建筑的效率和动感,以更开放的积极姿态融于城市的公共生活,以更具个性的形象体现城市的内在性格与精神特质,展现一座城市的风貌。

(一)铁路客站建设的新特征

1. 先进的设计理念及建设手段

设计理念是客站建设的灵魂,它不仅要面对现实、适应当前需要,而且要面向未来、具有前瞻性。新建铁路客站的设计要在"以人为本、服务运输、强本简末、系统优化、着眼发展"的新的建设理念指导

图1—28 北京朝阳站地下集散厅

下进行。因此,铁路客站的建设必须用先进的设计思路来实现。随着一批新型客站的建设,一大批国内外优秀的、富有经验的设计队伍,带来了许多具有启发性的、高水平的新思路。建筑师把这些新思路与我国的国情、路情和客站站房的使用需求相结合,积极探索出新一代中国客站的设计理念、建筑模式。一个功能强大、系统完善的车站建设需要采用先进的技术去实现,主要体现在标准化管理思路和实施信息化管理两个方面。

2. 铁路客站融入城市综合体

从城市角度给铁路客站定位,环保、生态、节能、人性化和可持续发展等国际上最先进的建筑理念在新的客站设计中得到了充分体现,铁路客站正向城市交通枢纽的概念转化并融入城市综合体中。以往呆板单一的模式正在被各种适应未来的、功能合理的、设计新颖的模式所取代,各种不同形式的交通被组织到客站不同的层面,并融入城市交通、商业综合体中。

3. 铁路客站注重自身商业价值开发

现代铁路客站在继承的基础上,结合新的需求创新发展。新观念带来新的设计思路,新视角开启新的建设模式。铁路客站的商业价值开发具有以下主要特点。建设理念上客运为根,服务为本,以站拓商,以商养站。客运业务是铁路客站之根,适应时代、满足需求是客站生存之本。根据自身特点和市场需求,以舒适快捷的客运业务合理搭配效益好的物业运作,以客流拓展经营、以效益促进服务,两者互补共生。新一代铁路客站建设面向社会、服务城市,成为重要的公共交通设施之一纳入城市建设的TOD模式,符合站点周边高强度集约化的土地开发策略。铁路客站是兼具内外交通功能的城市综合体。车站形式灵活多样,不再孤立强调站房的个体形象,通过赋予多样化复合功能,成为具备交通功能的城市综合体。综合体的建筑体量大小有的时候不再取决于车站的等级和规模。

(二)铁路客站管理的新特征

随着我国高标准铁路建设的不断深入推进,一大批基于科学理念建成的现代化铁路客站也逐步投入使用。铁路客站需从经营管理上不断适应新形势的需求,建立完善客站多元化经营的开发运营管理机制,实施多元化经营战略,全方位拓展市场,多渠道地提高经济效益。

铁路客站多元化经营包括客站运输业和客站非运输业。在客站运输业中,将满足旅客基本出行需求作为主要目标;而客站非运输业主要以满足旅客高层次需求为目标,力争为社会民众提供其他商业服务。客站多元化经营不是简单地将商业空间引入客站中,而是从根本上将非运输业务作为增加收入的来源。对于客站运输业和客站非运输业的管理部门与经营主体,应建立完善相互之间的协作机制和管理体系,推进客站多元化经营业务统筹组织的系统化,提升客站经营管理水平和配套商业服务水平。

此外,客站应该更好地体现公共建筑的城市职能,使城市居民可以享受到铁路客站建筑的功能,在站内开辟有效的消费活动空间,让更多的社会人群也可以在站内餐饮、购物。根据国外客站综合开发的成功实践经验,采取建设客站综合楼的形式,增建上盖物业,将商业空间和客运空间联系起来成为整体,是现代化铁路客站综合开发的发展趋势。利用这种开发模式,可以盘活铁路存量资产、全方位拓展铁路客站经营效益。

本章参考文献

[1] 王峰.铁路客站建设与管理[M].北京:科学出版社,2008.
[2] 郑健,沈中伟,蔡申夫.中国当代铁路客站设计理论探索[M].北京:人民交通出版社,2009.
[3] 郑健.大型铁路客站的城市角色[J].时代建筑,2009(5):6-11.
[4] 郑健.中国铁路发展规划与建设实践[J].城市交通,2010,8(1):14-19.
[5] 黄志刚.论大型铁路客站的区位交通性能[M].北京:经济科学出版社,2011.
[6] 李惠桦,高巍.国内外铁路客站发展历程对比刍议[J].华中建筑,2016,34(8):11-15,102.
[7] 陈岚,殷琼.大型铁路客站对城市功能的构成与优化的研究[J].华中建筑,2011,29(7):30-35.
[8] 徐慧浩.大型铁路客站规划后评价指标体系研究[D].成都:西南交通大学,2012.
[9] 潘涛,程琳.对高铁客站综合交通枢纽地区规划与建设的思考[J].华中建筑,2010,28(11):128-129.
[10] 韩建丽.城市交通综合体的功能布局和用地模式研究[D].成都:西南交通大学,2016.
[11] 周扬,陈彩媛,王琦.大型铁路客站功能提升研究:以重庆北站为例[J].交通企业管理,2020,35(2):49-51.
[12] 孟然.铁路小型客站站房功能划分及布局的探讨[J].铁路工程技术与经济,2017,32(2):20-22.
[13] 周铁征.现代化铁路客站的超前设计理念[J].铁路技术创新,2009(3):17.
[14] 陈剑飞,高旋.高速铁路客站功能空间设计探索[J].城市建筑,2011(2):110-112.
[15] 蒙斌.关于铁路客站设计"五性"原则的思考[J].铁道运营技术,2008(3):30-32.

第二章 铁路客站规划与布局

第一节 客站规划的主要影响因素

铁路规模及技术标准的提高、区域及城市经济的发展、客站功能定位的改变,使当代铁路客站的规划条件及面临的问题越来越复杂。在这些条件和问题中,很多是以往铁路客站规划设计不易应对的,如客运专线、城际铁路、普速铁路等不同等级的铁路建设,使铁路客站规划面临城市中客站数量和规模确定、新站选址、多客站分工等问题;区域及城市发展,要求铁路客站规划能成为引导城市旧区更新改造和新区发展的重要手段,并满足城市功能空间规划等要求。面对趋于复杂的规划条件和问题,不仅要对铁路行业功能、城市规划分析,更要站在更高层面,系统地分析各种相关因素,按照"系统集成、整体最优"的原则,探索当代铁路客站的规划设计。铁路客站的规划需要研究所在城市中铁路客站的数量与规模、多客站模式中各客站的分工、铁路客站在城市中的区位、铁路客站衔接交通的方式及衔接模式等因素。这些因素紧密联系、互相制约,在规划时应统筹考虑、系统决策。

一、铁路客站的数量与规模的规划

对客站数量与规模的规划,主要与城市客流的性质及流量、城市规模、地区枢纽结构、城市布局、客站建设条件和各种交通方式联运要求(主要是航空的衔接)等因素有关,如上海虹桥铁路客站与虹桥机场实现了紧密衔接。客站规划设计的首要内容是根据客站定位、引入线路情况和客流分析预测结果,确定衔接场地、站房建筑和客运车场各部分的适当规模。一般而言,客站等级越高、线路条数越多、客流量越大,各部分的规模需求就越大。

二、多客站模式中各客站的分工的规划

客站分工包括主、辅分工和承担铁路客流(或铁路客运作业)分工两个方面,二者相互关联。影响各客站分工的因素有很多,包括城市人口分布状况、铁路客站现状布局及分工、铁路枢纽规划的线路引入情况以及枢纽总图布置、城市布局、各客站位置的建设条件等。客站的建设首先要解决规划层面的问题,即回答"需要建设哪种类型的车站"这一定位问题和"建在何处"这一选址问题。

铁路客站的选址是一项复杂而慎重的工作,需要进行多专业和领域的综合比选,其基本原则是:(1)有利于最广泛地吸引客流;(2)考虑区间正线工程的合理性;(3)选择工程条件较好的具体站位;(4)充分利用既有铁路设施;(5)站址与城市规划相结合;(6)站区与城市交通相结合;(7)与城市景观相协调。

客站的定位和规划选址方案决定了高铁客站在城市中各车站间的分工、高铁站区在城市中的区位、高铁客站与既有站和普速列车旅客的关系等客站总体布局设计的基本前提条件。

三、铁路客站在城市中的区位的规划

影响铁路客站区位的因素有很多,这些因素既要统筹铁路行业的需求,又要与城市规划等外部因素充分协调一致,不能片面地放大某一因素,而是要系统考虑。

1. 影响客站区位铁路的行业因素

影响客站区位铁路行业的因素主要包括:(1)铁路线路接入城市的方向在一定程度上决定着客站在城市中所处的方位;(2)铁路枢纽总图布置;(3)客站类型;(4)客站用地规模;(5)铁路运输组织因素。

2. 影响客站区位的外部因素

影响客站区位的外部因素主要包括:(1)城市用地条件;(2)城市规划因素;(3)多方式联运因素;(4)市内交通系统的发展因素。

四、铁路客站总体规划主要影响因素

根据城市规划、线路情况、客站规模、场地条件、与既有站关系等选择恰当的总体布局方案和模式,高铁客站总体上有三种布置方案:(1)完全利用既有站;(2)与既有站合并设置;(3)单独新建。完全利用既有站的高铁客站基本不改变原有格局;与既有站合并设置的高铁客站可选择与既有站水平并列接合的布局模式,或者竖向重叠接合的布局模式;单独新建的高铁客站可采用线侧式(平、上、下)、线端式(平、上、下)、线上式、线下式、复合式等布局模式。铁路客站总体规划影响因素如图2—1所示。

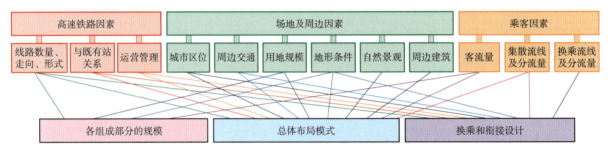

图2—1 铁路客站总体规划影响因素示意图

第二节 客站规模与建筑体量的匹配

"十一五"规划末期以来,全国铁路客运量逐年持续走高,从2010年的16.76亿人增长到2019年的36.6亿人(历年数据分别是:2010年,167 609万人;2011年,186 226万人;2012年,189 337万人;2013年,210 597万人;2014年,235 704万人;2015年,253 484万人;2016年,281 405万人;2017年,308 379;2018年,331 700万人;2019年,366 000万人)。与之对应,截至2020年7月底,全国铁路营业里程达到14.14万km,其中,高速铁路里程达到3.6万km,共建成铁路客站约1 530座,其中高铁客站近1 000座,省会级城市客站约74座,站房总规模近1 660万 m^2,雨棚规模近1 920万 m^2。

一、已建成客站实际流量与规划的匹配情况

1. 已经建成特大型、大型铁路客站情况

特大型、大型客站数量占铁路客站总数不多,但是面积占比却很大,而且对经济生活的影响远超中小型客站。对于已经建成的特大型、大型客站来讲,在"八纵八横"高铁网所经过的直辖市、省会城市、经济发达的计划单列市等大城市的铁路客站站房规模整体上是合适的,其中,中南、华南、华东地区站房客流非常饱满,特别是早期建成的武广、京沪、沪宁、沪杭等线上的广州南、长沙南、武汉站、虹桥、南京南、杭州东客流均接近远期预测量;东北、华北地区客流与预测的符合度较好,北京南、保定、石家庄、沈阳、长春等站点的客流基本达到或略超预测流量,但是也有极个别客站不饱满;西北、西南地区的客流表现不均衡,西安北、成都东、重庆北、重庆西等站房客流比较饱满,车站运用效率较高,周边其他省会城市客流量还需要进一步加大吸引力度。总体上讲,规模基本合适。

2. 已经建成中型铁路客站情况

中型客站在铁路客站建设总量上占比很大。对于中型客站来讲,中南、华南、华东地区大部分中型客站的客流超过设计远期量,充分反映了当地经济社会高速发展水平和活跃程度,也映衬出客流快速增长的背景下站房的面积规模偏小;东北、华北地区大部分中型客站的客流不活跃,即便是高速铁路及其连接线上客站的客流量也不够理想;西北、西南地区的客流表现也不理想,但是随着地区经济和旅游市场的逐渐活跃,干线上重点节点和新兴旅游城市的客流量还是充足的。总体上讲,中型铁路客站规模偏紧,应该结合实际情况适度扩大规模。

3. 已经建成小型铁路客站情况

小型客站在客站数量上占多数,但是总面积占比相对较小,对经济生活的影响不如特大型、大型、中型铁路客站那么明显。对于小型客站来讲,各区域的小型车站的场站规模基本适宜或者冗余适度。

二、铁路客站规模与客运量的关系

铁路客站的规模以及建筑体量,与路网密度高度相关、与铁路枢纽功能布局高度相关、与所在城市经济社会发展高度相关、与人们的出行习惯高度相关。"十一五"末期以来,铁路客站尤其是高速铁路和城际铁路客站建设高速发展,合理确定铁路客站的建设规模,对于指导铁路客站设计和建设工作,具有较强的现实意义。

1. 在客流较饱满的地区,要注意规模偏小的问题

对于特大型、大型站房和处于繁忙干线上的地级城市站房,主要是因为当前社会各界对综合交通客运枢纽的认识有了新的突破,赋予这些站房更多新的综合交通客运内涵的功能,加之按照规范计算的控制规模主要还是以满足铁路运输为主,计算结果偏紧;其次是因为随着经济社会的发展,我国逐渐形成的23个"千万级"大都市圈人口流动加剧,这些都市圈以全国6.8%的土地,集聚了34.1%的常住人口,时间之短、增速之高、总量之大,超过人们的预期,造成铁路客站客流过度饱和现象。这也与近年来在铁路客站方案设计过程中,地方政府提出的增加客站规模的诉求基本吻合。

2. 在客流欠饱满的地区,要注意站房功能发挥不足的问题

个别省会级、部分地级城市内的某一个客站,由于承担某个特定方向的客流,受到区域位置、枢纽在路网中的地位、终到始发车数量等因素制约以及顾及城市级别刻意加大场站规模的影响,也有因区域经济社会发展不平衡不充分造成的新问题以及局部地区人口流动、人口流失带来的不利影响,形成的站房规模利用率不高的情况;对于县级城市的小型客站,因客站站位与县城规划布局、列车通过(停靠)数量、客运功能和商业开发功能单一、当地旅客出行习惯、私家车普及等因素影响,加之"千万级"大都市圈内核心城市对域内县城常住人口和财富的虹吸效应,旅客出行的始发地趋向于从大站、特大站出发,县城客站略显客流不足也就可以理解了。

3. 铁路客站的规模要满足功能属性需求

单一铁路客站的规模,也需要按照城市铁路枢纽规划和区域铁路网规划,预测未来承担的客流量,形成具有一定弹性的建设规模。比如,对于一些省级、计划单列市及以上城市的铁路客站,由于预测的客流量会非常大,城市内就应该多设几个站分散客流,单一站房设计的建筑面积就应该偏向于宽松,取数值上限,尽可能大一些。《铁路旅客车站设计规范》(TB 10100—2018)第3.2节对车站规模有了详细的规定,铁路客站的规模应根据最高聚集人数或高峰小时发送量确定。铁路客站规模规划标准见表2—1。

表2—1 铁路客站规模

客运站规模	普通铁路客站 最高聚集人数 H(人)	客运专线客站 高峰小时发送量 pH(人)
小型站	$100 \leq H < 600$	$pH < 1\,000$
中型站	$600 \leq H < 3\,000$	$1\,000 \leq pH < 5\,000$

续上表

客运站规模	普通铁路客站 最高聚集人数 H（人）	客运专线客站 高峰小时发送量 pH（人）
大型站	$3\,000 \leqslant H < 10\,000$	$5\,000 \leqslant pH < 10\,000$
特大型站	$10\,000 \leqslant H$	$10\,000 \leqslant pH$

客货共线铁路客站由于受列车编排和集中候车方式等限制，客站内最高聚集人数对客站功能的影响最大，客站规模应通过最高聚集人数参数来控制。

高速铁路与城际铁路客站既受最高聚集人数影响，也受高峰小时发送量影响，由于受列车编组、追踪间隔和开敞式候车的影响较大，通过高峰小时发送量来控制客站规模，更科学、更接近实际。

特大型、大型铁路客站站房建筑面积宜为 8~15 m²/人。中小型铁路客站站房建筑面积宜为 5~8 m²/人。站房建筑面积应根据预测的 H、pH 值，按照近似于反比例取定人均指标值，通过线性内插法计算客站规模。通过数据对比发现，特大型、大型铁路客站的指标范围会比较大，而且在特大型站房数据边界以上和大型、中型站房数据边界周边的铁路客站建筑面积浮动是比较大的，相对于客流量的超饱和、不饱和现象，大都发生在这些客站。

4. 铁路客站的规模要满足城市属性需求

铁路客站既是运输作业房屋，也是提供城市公共服务的公共建筑，同时具有站城一体化的商业开发价值，在核定其规模的时候，不仅要通过数量乘以指标的方式来简单计算其基本规模，还应综合考虑城市规模、城市发展规划、城市经济总量、城市常住人口、城市历史文化背景等因素，尤其是在东部沿海发达地区、地市级城市和经济活跃的经济大县，更要充分考虑地方经济发展的趋势需求和对区域内核心地区土地的集约利用，适度对站房规模进行人为调整。城市公共服务性区域主要指由地方提出扩大规模后的站内综合开发的面积，尤其是在建设综合交通客运枢纽和站城一体化发展的大背景下，这一区域的规模往往会超过铁路客站自身的基本面积，更应合理预测、预留城市公共服务区域面积。同时，也要遵守规范规定，对站房配套社会车场、城市通廊、开敞空间、站外综合开发等不应计入站房的面积区域，不能列入站房面积。

三、铁路客站规模控制原则与策略

1. 坚持满足功能性的原则与策略

铁路客站功能性区域包括进站厅、候车厅、售票厅、出站厅、设备用房、办公用房、厕所客服等区域，部分站房还有建设形成的各区域的设备夹层、结构夹层等面积，这些是满足客站功能性需求的最基本空间，是站房基本的规模，必须保证。站台雨棚从专业划分上归站后专业，但是雨棚面积都比较大，一般在方案征集和建筑设计时，将他与站房分开计列，站房面积都是不含站台雨棚面积的。

2. 兼顾城市需求的原则与策略

结合国家中长期发展规划、产业布局调整、区域经济发展等重大政策指导性安排，统筹考虑城市在铁路沿线的发展规划和站城一体化融合发展要求，尽量满足城市交通、工业、商业、科教文卫、房地产等领域对客站选址、空间及形态的要求，为城市发展和综合交通衔接创造条件。

3. 坚持预留发展的原则与策略

伴随城市化的进程，人口逐渐向城市汇集是一个大的趋势，铁路客站在选址、确定规模的时候应结合铁路枢纽的布局、城市的规模，适度预留场站规模和站房规模，为站场增建和客站服务新业态预留条件，同时也减少未来发展可能带来的征拆工程量和难度；要服务新基建的决策部署，推进融合基础设施建设，为开展智能交通、智能站房建设预留建筑、结构、通信等基础性条件。

4. 坚持资源节约型和环境友好型社会需求的原则与策略

建设资源节约型和环境友好型社会的国家战略任务给铁路客站规模控制提出了更高的要求。客站规模和结构形式既要满足国土空间开发大格局和城市集约化用地的要求,做到节约用地,又要满足客站运营过程中产生碳排放最低的控制指标要求,做到节约能源、环境保护可持续发展,同时在客站建设过程中也要研究选用全生命周期安全、环保、节能的建筑材料。

四、铁路客站规模与建筑体量实例

1. 北京朝阳站

北京朝阳站为高架站,高架站房南北两侧布置雨棚上盖停车场。车站共三层,地上二层,地下一层,局部设有夹层。近期2025年旅客发送量:2 700万人/年;远期2035年旅客发送量:3 400万人/年。车站最高聚集人数5 000人。站房建筑规模总规模18.26万 m^2。其中:地下建筑面积6.81万 m^2,地上建筑面积11.45万 m^2。站台雨棚建筑面积:6.18万 m^2。地下车库停车泊位:541辆,雨棚上盖停车位:619辆。建筑总体量:站房建筑南北长266 m,东西长273 m;站房檐口最高点37.2 m,雨棚屋面(室外停车场)高度为10.0 m。

2. 清河站

京张高铁清河站地下二层,地上二层,局部夹层,站房最高点为40.6 m。总建筑面积为14.6万 m^2,包含站房及铁路配套的建筑面积6.8万 m^2,地铁建筑面积6.4万 m^2,公共工程建筑面积1.4万 m^2。其中铁路相关包含站房3.3万 m^2,行包用房1 400 m^2,进出站厅和通道3 700 m^2,地下车库和设备用房2.85万 m^2。

3. 八达岭长城站

京张高铁八达岭长城站位于北京市延庆区八达岭特区滚天沟内,八达岭长城索道起点与京藏高速公路之间。旅客发送量近期(2020年)为210万人;高峰小时人数为1 480人;远期(2030)年为280万人,高峰小时人数1 870人。站房规模:总建筑面积8 995.67 m^2,其中,地上建筑面积1 997.84 m^2,地下建筑面积6 997.83 m^2。其中包含人防总建筑面积:3 269.27 m^2。建筑层数:地上二层,地下一层,局部设置夹层。

4. 太子城站

京张高铁崇礼支线太子城站位于张家口市崇礼区太子城村,距张家口50 km,距崇礼县15 km,距2022年冬奥会崇礼赛区奥运村2 km,站前为太子城国际冰雪小镇。太子城站主站房总建筑面积11 988 m^2,其中主站房5 990 m^2,地下换乘中心(奥运期间兼临时候车室)5 998 m^2。太子城站近期2030年旅客发送量80万人/年,高峰小时发送量600人;远期2040年旅客发送量210万人/年,高峰小时发送量800人,奥运期间高峰小时发送量6 000人;最高聚集人数为1 500人。

5. 张家口南站

京张高铁张家口南站位于张家口市南站街,现有主城区位于车站北侧,车站的南侧规划有新的经济技术开发区,新建张家口南站将成为南北城市的重要连接节点,经开区对外联系的大门。张家口南站旅客发送量近期(2020年)为865万人,远期(2030)年为1 115万人,高峰小时客流量2 800人。站房规模原批复6 000 m^2,根据张家口市的要求,站房规模扩大为3.45万 m^2,其中不含旅客地道城市地下通廊面积。由于站房规模扩大,实际站房最大聚集人数为6 000人。张家口南站设计采用高架站房形式,旅客在高架候车室(相对标高9.00 m)进入站台层(相对标高±0.00 m)乘车,地上主体2层,地下1层,局部设置夹层,提高了旅客搭乘效率,减少用地,增大广场空间。

6. 石家庄站

石家庄站为特大型铁路站房,按照最高聚集人数12 000人设计。预测2030年石家庄站年发送量4 615万人,日均发送量126 444人,高峰小时客流量12 664人。站房总建筑面积107 059 m^2,其中地上建筑面积 77 404 m²,地下建筑面积 29 655 m²。无柱雨棚总覆盖面积 74 289 m²。站房总长度 491 m,宽 204.9 m;高架候车区长 367.9 m,宽 146.4 m;主站房檐口高度 36.87 m;雨棚最高点 16.60 m,最低点高度 11.00 m。

7. 滨海站(后更名为滨海西站)

根据天津市规划院提供的客流资料,津秦客专滨海站预测旅客发送量近期(2020 年)为 840 万人,远期(2030 年)为 1 350 万人。车站旅客最高聚集人数为 4 000 人。车站规模:站房总建筑面积 79 950 m²;站台雨棚建筑面积 69 344 m²(按投影面积),暂实施 1~5 站台投影面积 43 500 m²。地上二层,地下一层;建筑高度为 34.1 m。

第三节 铁路客站规划要求

铁路客站规划要求主要体现在满足铁路客流、城市交通、城市发展以及区域联动需要等方面的协调与配合上,具体如下。

一、基于铁路客运及枢纽布局的铁路客站规划要求

1. 铁路网快速建设及客流增长对铁路客站规划的要求

随着铁路网的快速建设和高速发展,引入铁路枢纽地区的线路数量增加,以大城市为依托的铁路枢纽应不断完善,才能满足客流乘降及中转,这对客站规划提出了新要求,应根据枢纽总图布置,配置新的客站或扩大既有客站规模,并配套与客站相关的设施。此外,铁路客流的增长,客站功能、服务能力的改变,对铁路客站规划也提出了新的要求,应增强客站的服务能力,并在客站区位上适应客流分布变化。

2. 铁路技术进步以及运营模式的改变对铁路客站规划的要求

高速铁路、客运专线、城际铁路的建设和高密度、公交化的铁路运营发展趋势必然对客站规划提出新的要求,客站规划设计应更加注重考虑方便到达、方便换乘、方便购票、快速通过、快速上车等因素,客站规划应该能够适应多模式、多层次的网络布局和运营模式。

3. 铁路枢纽总图布置对铁路客站规划的要求

铁路枢纽总图布置是对铁路枢纽内各主要车站的分布、相互位置及枢纽内主要设备的配置进行规划。它一般依据引入线路的方向、数量和技术特征,客货运量的流向、大小和性质,既有铁路设施的情况,结合城市地形地貌条件及城市规划来确定。枢纽总图布置要方便枢纽内旅客乘降、中转以及货物到发、编组、中转,结合目前我国大城市的规划原则的发展变化,铁路枢纽总图的布置理念也必须随之转变。另一方面,客站规划模式也会对枢纽总图布置提出要求,如多客站模式有利于分散单个客站的客流量,控制单个客站的规模,更有利于实现流线清晰、短捷、换乘方便、快捷,并有利于分散城市交通压力。但多客站模式会增加枢纽的复杂程度,因此要求枢纽总图合理布置,以提高铁路运输效能。例如,北京枢纽的客站规划结构由北京站、北京西站、北京南站、丰台站、清河站和北京朝阳站等组成。

4. 铁路客流旅程时间对铁路客站的规划要求

"安全、快速、方便、舒适"是铁路客流出行的基本要求,其中,缩短铁路客流旅程时间是体现快速要求的重要指标,也是铁路技术进步以及提高铁路自身在综合交通体系中竞争力的重要因素。

二、基于区域和城市经济发展的铁路客站规划要求

1. 区域发展对铁路客站规划的要求

城市的空间发展战略包括城市的区位和地理特点、城市的社会经济发展水平和区域发展定位、城市的总体规模控制等等,而这些因素往往决定了城市的空间发展方向,而城市的空间发展方向又在一定程度上决定了铁路线路引入城市的方向。从宏观上看,城市空间发展战略决定了铁路客站的规划选址和

规划布局。因此,大型铁路客站的规划布局必须与城市空间发展战略的城市功能定位、城市发展方向等相协调,引导城市功能空间的合理布局。铁路客站规划布置应尽可能靠近铁路线路接入城市的方向,减少铁路线路在城市市区的绕行,减弱对外交通与市内交通的相互影响。

伴随着我国经济的快速发展和城市化水平的提高,在环渤海京津冀地区、长江三角洲地区、珠江三角洲地区等经济发达地区形成经济联系紧密、一体化趋势特征明显、由若干个不同规模的城市(镇)共同构成的都市带。国务院批准的《环渤海京津冀地区、长江三角洲地区、珠江三角洲地区城际轨道交通网络规划》中也提出了在这三个地区将致力于构建区域内"1~2小时交通圈"。按照这一要求,都市带内城际铁路的旅途时间宜控制在1小时内,最好不超过1.5小时。大型铁路客站及城际轨道交通、长途客运等交通系统使之具有了服务都市带的能力。

比如,上海市位于中国东部沿海,是长三角经济区的区域中心城市,其地理特点是东临东海面向内陆。因此,其城市空间发展上主要向南、北、西三个方向拓展延伸。以上海为中心的两小时都市圈的辐射主要范围为向北的江苏、山东等地,向南的浙江、福建等地,向西则可延伸至安徽、江西等地。

再比如,广州南站位于广州市番禺区,集客运专线、城际铁路和普速铁路于一体,距广州市中心区、佛山市、中山市、东莞市均一小时车程,处于珠江三角洲的中心地带。站区位于广深线、地铁线和广珠城际轨道交通等多种交通方式的汇合点,旅客乘降和换乘十分方便,能有效地承担起服务整个区域的功能,对区域经济发展起到较好的促进作用。

2. 城市发展对铁路客站规划的要求

从城市交通的角度来看,城市的土地利用形态,决定了城市交通发生量和交通吸引量,也决定了城市交通分布形态,也在一定程度上决定了城市交通结构。从土地利用的角度来看,城市交通的发展改变了城市空间结构和土地利用布局,使得城市中心区的过密人口向城市外围疏散,城市商业中心更加集中,规模加大,土地使用功能划分更加明确。铁路客站的规划布局应与城市土地利用规划和布局相协调,尽量是客站靠近城市对外交通客流集散点。

3. 城市形象对铁路客站规划的要求

现代铁路客站在一定程度上是反映城市形象的重要载体,是体现城市进步的建筑物和标志物,也是城市重要的"门户"。基于铁路客站的这些功能,规划设计时必须考虑与城市形象的关系,力求与城市环境、城市设计、城市景观相结合。如,北京南站的外形为椭圆结构,远观像飞碟,其主要建筑材料为银色的金属铝板,设计融入了古典建筑"三重檐"的传统文化元素,中间设有3个层次,最高点40 m,檐口高20 m,设计灵感来源于天坛祈年殿。站房为双曲穹顶,最高点标高40.0 m,檐口高度20.0 m;两侧雨棚为悬索形钢结构最高点31.5 m,檐口高度16.5 m。地上部分长轴500 m,短轴350 m;地下部分长轴397.1 m,短轴332.60 m。地上沿长轴方向两翼部分为三跨钢结构通透雨棚,中间站房为椭圆形高大建筑,地上两层,地下三层。从南北两个方向看,中央主站房微微隆起,东西两侧各有两跨钢结构雨棚,酷似横向拉伸的祈年殿。北京南站的形象与数公里外的天坛祈年殿交相呼应,成为北京新城市形象的重要元素。

4. 城市功能空间对铁路客站规划的要求

随着时代的发展,城市对于铁路客站的规划提出了更高的要求,即不仅要满足交通功能,还要满足城市功能空间所应该具备的交流功能、景观功能、防灾功能、服务功能等要求,见表2—2。

表2—2 铁路客站的功能、特性及空间组成

功 能	特 性	空间组成
交通节点的功能	集结、转换各种交通	交通空间
城市道路节点的功能	形成城市道路节点	

续上表

功　能	特　性	空间组成
交流功能	形成休闲、娱乐、交流的中心	环境空间
景观功能	作为城市景观的重要组成部分	
服务功能	提供各种商业服务和信息服务	
防灾功能	作为防灾、避难、紧急活动的节点	

三、基于城市综合交通体系的铁路客站规划要求

1. 城市综合交通体系要求铁路客站由"终端"向"枢纽"转变的要求

城市综合交通体系的逐步形成，要求铁路客站由"铁路运输终端"转变为"城市综合交通枢纽"，在流动人口剧增、生活节奏加快的今天，铁路客站即铁路多条线路汇合的节点，城市道路、城市轨道交通系统、长途汽车站、航空港甚至水运等其他对内、对外交通毗邻接驳，铁路客站成为大型城市综合交通的桥梁与纽带。城市交通方式的搭乘衔接都有可能集中在这里结束与发生。铁路客站是城市中由多种运输方式连接的固定设备和移动设备组成的整体，是城市交通运输系统的重要组成部分，是不同运输方式的交汇点，也是综合运输网络中客流集散的场所。因此，将铁路客站建成大型客运综合交通枢纽，是组织城市交通方式换乘最有效的途径之一。面对不同方向进出城市的客流和货流，大型和特大型城市的多个铁路客站之间往往需要进行分工协作，客站的分散布置及分工协作有利于不同类型的客流的疏导。比如，新型的铁路客站是以服务于商务、旅游等客流为主的高速铁路（客运专线）客站，通过新型客站的客流分流，可以减轻城市中传统客站的交通负荷，改善其周边的城市环境。铁路客站具有一定的服务半径，不同类型的铁路客站之间又需要通过便捷的城市轨道交通相衔接，旅客可以根据所在的位置选择距离自己最近的客站上车，从而减少对城市道路交通的干扰。

2. 公共交通发展对铁路客站规划的要求

公共交通以其大运量、快速、准时、环保等优势正在逐步成为我国各大城市主要的公共交通手段之一，同时将成为这些城市中大型和特大型铁路客站旅客集散的重要交通方式。随着城市轨道交通的发展、市内交通方式的不断完善以及市内交通效率的大幅提升，铁路客站换乘量也将进一步增加，这对铁路客站规划提出了新要求。铁路客站不仅包括对外交通方式之间的换乘、对外交通方式与市内交通方式的换乘，还包括市内交通方式之间的换乘。对区位条件较好、离市中心较近、市内交通接驳体系较为完善的铁路客站，市内交通的换乘量往往比较大，因此，对铁路客站与市内公共交通换乘也应该给予充分的重视，做到客流的配合准确、流线的衔接顺畅。对于不同类型的铁路客站，还应采用规划手段引导和控制市内交通换乘占客站总换乘量的比例。北京南站是引入两条城市轨道交通线路的综合交通枢纽；天津站是引入两条地铁线路、一条轻轨，并布置了一个大型公交枢纽站的综合交通枢纽。

3. "多式联运"对铁路客站规划的要求

"多式联运"即多方式联合运输。综合交通体系内的多方式联合运输，航空、铁路、公路相互协调，在一些特大城市已将铁路客站引入航空港，以长途客运和地区公交线作为铁路客站衔接方式的多方式联运特征。上海虹桥站是目前国内第一个与航空港、长途汽车站、城市公交及地铁相结合的大型综合交通枢纽，它标志着铁路客站建设一次大的飞跃。

4. 与城市中心的空间距离合理性的要求

国外高速铁路的发展过程中有将铁路客站建在城市中心区的，也有建在城市边缘区的。城市总体规划决定了城市的发展规模和城市的空间发展形态，如利用建在城市边缘的铁路客站的交通和经济带动作用来打造客站片区为城市副中心，使城市由单中心圈层式向多中心组团式发展。出于城市总体规划的考虑，铁路客站的选址决定了客站与城市中心区的距离。而铁路客站与城市中心区的空间距离很

大程度上决定了旅客从市区到达客站的出行时间。城市中心区的城市密度最大，聚集了大量的人口进行商业、商务、办公等活动，城市土地空间相当有限。新建的铁路客站不宜靠近城市中心，也不宜离城市中心过远。距离城市中心区太近，会增加城市内部交通流的相互干扰，不利于城市综合交通的健康发展；而距离城市中心区过远，会导致人均交通出行的额外时间增加，不利于社会综合经济效益的发展。根据国外的铁路客站建设经验以及我国一般大型城市中 30～40 km 每小时的道路平均车行速度，认为铁路客站与城市中心区之间的距离在 15 km 左右较为合理，而市区距离车站的交通平均时间以 30 分钟左右为宜。因此，从宏观规划层面决定了客站选址与城市中心区的距离，其合理性是评价客站规划的重要指标。

第四节　铁路客站总体布局

铁路客站的总体布局主要是确定广场、站房和站场三大组成部分的规模和空间关系。本节在对我国以往铁路客站总体布局分析的基础上，重点探讨当代铁路客站总体布局的基本要求、发展趋势、布局要点、布局模式及特征。

一、铁路客站总体布局的内容与相关因素

1. 铁路客站各组成部分的规模需求分析

铁路客站总体布局规划的首要内容，就是根据客站引入线路情况和客站定位，结合客流分析预测结果，确定广场、站房和站场各组成部分的规模。一般来讲，引入线路的条数越多、等级越高，客站等级越高，各组成部分的规模需求也就越大。客站广场、站房内部各组成部分的面积及规模由预测的客站最高集聚人数和高峰小时发送量来确定。对于当代铁路客站而言，尤其是衔接交通较为复杂的客站，随着交通需求预测理论的不断完善，除预测客站最高集聚人数和高峰小时发送量外，还应预测包括铁路、长途客运、城市轨道交通、公交、出租、旅游车、客车等各种交通方式的客站总的集结客流量和疏散客流量，以及各种交通方式之间换乘客流量。有了这些预测数据，才能更好地确定各交通方式场站类设施和换乘通道类设施的规模。此外，还要根据客站规模和等级确定客站景观环境空间、商业服务业空间、防灾避难空间等各类非交通空间的面积。

2. 铁路客站总体布局模式及各交通方式换乘模式的确定

确定了客站各组成部分的规模，应根据客站所处的地形条件和客站周边城市规划条件，确定铁路客站总体布局模式，对于平原地区的中小型客站一般采用平面布局模式。而大型、特大型客站和山地城市的一些客站，应结合实际情况采用立体布局模式。此外，还应根据各交通方式之间换乘客流量，理顺各交通方式之间的换乘关系及流线，综合运用平面换乘、垂直换乘等换乘手段，确定各交通方式换乘模式，尽可能减少车辆流线与人行流线之间的交叉。

3. 铁路客站与城市道路的衔接及功能空间布局

根据客站规模、总体布局模式及各交通方式的换乘模式，结合客站周边规划路网和地形条件，确定客站与城市道路的衔接模式。对于中小型客站一般采用平面衔接；对于大型、特大型客站可根据实际情况采用立体衔接，即设置进出客站的立交设施以及在衔接的城市道路建设高架桥或隧道。

二、当代铁路客站总体布局发展趋势与特点

（一）铁路客站总体布局的基本要求

根据对铁路客站总体布局内容及影响因素分析，结合铁路客站的发展趋势，当代铁路客站总体布局应满足以下基本要求：客站各组成部分的规模确定合理；总体布局模式适宜；车站广场交通组织方案遵循以人为本、公交优先的原则，各交通方式换乘模式和交通站点布局合理；铁路客站与城市道路、城市轨

道交通的衔接便捷；各种流线简捷、顺畅；建筑功能多元化、用地集约化，并留有发展余地；客站地下空间统筹考虑、综合利用。

(二)铁路客站总体布局的发展趋势

当代铁路客站，特别是大型、特大型铁路客站的总体布局随着客站设计理念的更新，展现出一些新的发展趋势。

1. 立体化空间组织

以往铁路客站多采用广场、站房、站场的三段式平面布局模式，即使部分客站采用了立体化组织模式，也多是站房与站场的立体布局，如上海站、北京西站的高架候车模式，以及广场的立体化模式，如广场设置多层空间。当代铁路客站立体化空间组织的发展趋势是将广场、站房、站场进一步整合，实现"广场、站房、站场"的一体化空间组织，使换乘更为方便、快捷。如北京南站采用综合式立体布局：高架式站房使站房、站场立体化；围绕站房的高架环形车道把广场的换乘功能以立体形式引入站房；"站桥一体"的结构模式使站场和客站的地下空间立体布局，在站台下的地下空间就实现了换乘功能。再如全地下的深圳福田站：地下一层为客流转换层，地下二层为站厅层，地下三层为站台层。福田站的总体布局将传统意义的广场、站房、站场功能立体化组织在三个层面上，以竖向流线相互串联。

2. 复合化空间使用

复合化空间使用也是当代铁路客站总体布局的发展趋势之一。以往铁路客站的广场、站房、站场有其明确的任务分工，其各组成部分功能也较为单一。从当代铁路客站的发展趋势来看，这种分工明确、功能单一的空间使用模式不能适应未来铁路客站的发展要求，复合化的空间使用是当代铁路客站总体布局的发展趋势。复合化的空间使用包含两个层面的问题：一是客站各组成部分功能空间的拓展，如广场由单一交通功能增加为城市节点功能、城市开敞空间功能等多种空间的复合，站房内商业、服务业空间的适当引入等等；二是客站三大组成部分功能空间相互穿插，如随着客站"通过性"要求的增强，站台也承载着一定的等候性空间功能，换乘空间向站房、站台下层的地下空间不断延伸。

3. 人性化空间规划

客站的总体布局要从"人"的角度考虑，把空间可读、导向明确作为客站总体布局的要点。缺少出行经验的旅客置身于一个陌生的环境，尤其面对着铁路客站这样一个繁杂的交通场所，忽视空间导向的设计往往会使旅客心中没底并易产生急躁和不安情绪。因此，针对旅客的这一心理需求，规划出具有可读性的客站空间，使缺少出行经验的旅客也能够快速读懂客站空间，是客站总体布局的发展趋势之一。如新武汉站的进站大厅，是一个覆盖在站台和高架候车室之上贯通的大空间，旅客进入大厅就可以一目了然地看清楚整个客站的布局，进而选择自己的行进方向。

4. 客站地下空间的统筹利用

客站地下空间是丰富与完善客站功能的重要组成部分，特别是大型客站地下空间对于客站立体化空间组织的实现起着重要作用。大型客站一般站台及股道数量较多，有些客站车场宽度在 200 m 以上，因此，应将车场下部空间与广场地下空间统筹考虑，使其成为一个有机的整体。车场地下空间利用工程难度相对较高，投资相对较大，要适度合理地利用，主要作为地铁的站厅及连通客站两侧广场的通道，而对于客站停车场、地下商业开发等用途的地下空间需求，应优先考虑利用广场地下空间。

5. 中小型客站的简约化

在大型铁路客站走向综合化的同时，很多中小型客站尤其是小型客站则应朝着简约化方向发展。对于中小型客站自身来讲，一方面，中小型客站服务的主要是"通过式"列车，停站时间很短，上下客流少，可采用站台候车模式；另一方面，中小型客站短途和城际客流相对较多，要求流线简单，快速通过。这就要求客站总体布局紧凑，清晰，候车室不宜过大，并且在站台提供候车空间。此外，随着售票网点的发展，以及网络、电话售票机制的健全，可以大大减少旅客因为购票而产生的等候时间，缓解站房人流压力的同时,也逐渐对站房的内部空间形态产生影响。行李托运和客运功能的分离也将进一步促进中小型客站功能的简单化和清晰化。

6. 铁路客站总体布局综述

结合对客站总体布局发展趋势的分析,当代铁路客站总体布局应具有以下几个特点:一是人性化要求,这是铁路客站总体布局的根本要求。必须从旅客的角度出发,切实地分析和掌握人在客站中的活动规律,将"以人为本"的理念体现于规划设计的各个环节之中。人性化要求主要体现在提高换乘速度和安全性、减少换乘障碍、改善换乘环境、提高空间可读性等诸多方面。二是以流为主,是指客站总体布局应以流线设计为主,以流线达到明确清晰、短捷通畅、互不干扰作为主要设计目标,它是合理布局的依据。同时"以流为主"也是在提倡以流动的观念对待客站总体布局,即不能简单地将铁路客站设计成人员滞留的场所和庞大的停车场地,而应强调它在流动中形成的效率。三是以功能需求为导向,客站总体布局的目的是更好地实现客站的功能,客站布局应以客站整体及各组成部分的功能需求为导向,分清主次、统筹兼顾,实现功能的总体最优。四是节约用地,节约用地是对社会资源的有效节约,因此在铁路客站的总体布局中,应相对合理地确定客站各组成部分的规模需求,根据需要采取节约用地的布局模式,在满足客站功能要求的前提下,尽可能少占用土地。五是动态发展,"交通"本身就是一个动态的概念,它是随着社会的发展而变化的。作为综合交通体系中一个有机的组成部分,铁路客站必须具备对这种变化的适应能力。交通需求的增长、新交通方式的引入和客站周围用地的开发都会给客站的总客流量和铁路客流量带来非线性的急剧增长,铁路客站总体布局必须考虑到这种发展过程中的变化,适应未来发展的要求。六是公交优先,交通设施要为大多数人的使用提供方便。因此,铁路客站总体布局应注意权衡各种交通方式的可达性优先权,大多数人使用的交通工具的场站设施位置和可移动性要优先于少数人使用的交通工具。七是与城市规划相结合、融入城市环境,铁路客站总体布局应考虑与客站周边区域的城市规划的有机融合,使车流、人流能够方便地进出客站。此外,还应按站区城市设计和景观设计的要求,将其塑造为具有现代化都市特色的交通空间,创造出令人满意的、具有明晰空间特色的总体布局形态。

三、当代铁路客站总体布局模式

按照广场、站房和站场相互之间的位置关系,铁路客站总体布局模式可分为平面布局模式,站房与站场立体布局模式,广场立体布局与站房、站场立体布局的组合模式和综合式立体布局模式。相对于平面布局模式,后三种模式属于立体布局模式。

1. 平面布局模式

平面布局模式铁路客站的广场、站房和站场三大部分在平面上依次布置,形成三段式的平面布局结构。平面布局模式适合于中小型铁路客站。平面布局模式客站与城市道路一般采用平面衔接,有"一"字型衔接、"T"字路口型衔接和放射型衔接等三种模式。

2. 站房与站场立体布局模式

站房与站场立体布局模式的客站站房、站场采用立体式布局,按站房和铁路站场的位置关系,可分为线上式站房布局模式和线下式站房布局模式。如沈阳北站、长春站等客站就是采用的这种布局模式。站房与站场立体布局模式在平原地区一般适用于大型客站,但在山地城市,有些客站虽然规模不大,也可依据地形条件采用线上式或线下式布局模式。站房与站场立体布局模式的客站与城市道路的衔接应根据客站规模及周边道路条件、地形条件来确定采用平面衔接或立体衔接,如在城市道路上设置立交或引出匝道与客站内部道路直接相连,使各类车辆能够快速进出客站。

3. 广场立体布局与站房、站场立体布局组合模式

广场立体布局与站房、站场立体布局组合模式的铁路客站除站房与站场采用立体布局模式外,客站广场也采用多层布局。其目的是将进出站的各类车流、人流疏解开,减少车与人、车与车之间的相互冲

突和交叉。北京西站、杭州站、南京站等客站都采用了广场立体布局与站房、站场立体布局组合模式。广场立体布局与站房、站场立体布局组合模式的客站与城市道路的衔接一般采用立体衔接模式。

4. 综合式立体布局模式

综合式立体布局模式的客站,是将传统意义的广场、站房、站场进一步整合,将其功能组织在立体化三个层面上,实现"广场、站房、站场"的一体化空间组织。综合式立体布局模式最典型的代表就是北京南站、福田站。北京南站站房整体高架在站场上,原来主要在广场完成的与城市交通换乘功能也被部分引入到站场下的地下空间或以高架方式引入站房。福田站采用全地下方式,地下一层为客流转换层,地下二层为站厅层,地下三层为站台层。综合式立体布局模式一般在大型客站上采用,因此,综合式立体布局模式客站与城市道路的衔接应采用立体衔接模式,并规划设置多条进出客站的衔接通路,使车辆从不同方向都能够快速进出车站,同时满足出租车送客后排队等候接客的要求。

第五节 铁路客站规划典型案例

一、北京朝阳站

(一)客站概况

京沈高铁北京朝阳站位于北京市东北部四五环之间,具体位置为姚家园北街以南,姚家园路以北,驼房营路以东、蒋台洼西路以西之间的地块内。紧邻亮马河北路、朝阳北路、东四环路和东五环路等骨干道路,正在建设的地铁M3号线和远期规划的地铁R4号线在站前西广场地下设站。

北京朝阳站为高架站,高架站房南北两侧布置雨棚上盖停车场。北京朝阳站车站规模为7台15线,西侧为普速车场,东侧为高速车场,高、普速车场通过南北两侧咽喉区连通,普速车场为3台5线,高速车场为5台10线,其中第三站台和高速车场共用,西侧基本站台为550 m×18 m×1.25 m,第二、三岛式中间站台为550 m×12 m×1.25 m,东侧4座岛式中间站台为450 m×12 m×1.25 m,列车设计时速80 km/h。同时,保留既有北京朝阳站东侧2条到发线,到发线有效长满足850 m,满足铁科院货物列车及试验车停留要求。

客站设计采用上进下出结合下进下出的流线组织方式。乘出租车、社会车、公交车及广场步行进站的旅客采用上进(10 m高架候车厅进站),乘地铁、部分出租车和社会车进站的旅客可采用下进(−11.5 m地下快速进站厅进站),出站流线均采用下出的方式。站内换乘旅客通过地下快速进站厅实现便捷换乘。

车站共三层,地上二层,地下一层,局部设有夹层。地上二层是高架候车厅(标高10 m),局部设有商业及设备夹层(标高17 m);地上一层为站台层(标高0.12 m),主要为进站厅、售票厅、设备及办公用房,局部设有办公夹层(标高5 m);地下层为换乘大厅、出站通廊、城市通廊、出租车上客及落客区、社会车库以及设备用房(标高−11.5 m),局部设有办公设备夹层(标高−5 m)及社会车库夹层(标高−7.3 m)。

设计年度:近期2025年,远期2035年。旅客发送量:近期2 700万人/年,远期3 400万人/年,车站最高聚集人数5 000人。

北京朝阳站站房建筑规模总规模18.26万m³。其中:地下建筑面积6.81万m³,地上建筑面积11.45万m³。站台雨棚建筑面积:6.18万m²。

(二)规划特点

1. 站房工程畅通融合

(1)车站功能与城市公共服务功能紧密融合。北京朝阳站车站交通功能与城市公共服务功能一体布局,促进了城市建筑与铁路车站的有机结合,打造以北京朝阳站为核心的城市综合体,加强了客站与城市功能的有机融合,及作为城市功能节点的作用。

（2）客站西侧与市政枢纽无缝衔接，便利换乘。北京朝阳站与市政枢纽无缝衔接，换乘便利，旅客流线便捷顺畅实现多种交通方式立体换乘，如图2—2所示。

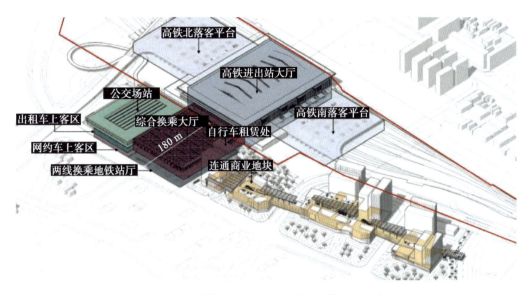

图2—2　北京朝阳站多种交通方式立体换乘示意图

（3）枢纽区域车流组织通达顺畅。北京朝阳站车流组织以周边城市交通骨架为依托，采用"南进南出、北进北出""分块循环"的交通组织方式，本着高效、便捷、节约用地的原则，与城市交通互联互通，相互协调，如图2—3所示。

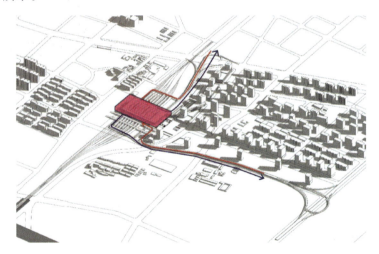

图2—3　北京朝阳站地面车流组织示意图

（4）竖向多层落客车流模式。社会车和出租车在10 m高架层、0 m地面层和-11.5 m地下层均可落客，实现站内车流的快速集散，畅通便捷。北京朝阳站客流入口立体剖面如图2—4所示。

2.上盖开发提高土地利用率

北京朝阳站在雨棚上盖设置社会停车场，集约用地，提高土地利用率。同时雨棚上盖停车场合理设置屋面绿化，补充城市绿化空间，改善城市空间环境。北京朝阳站车站雨棚上盖开发如图2—5所示。

二、清河站

京张高铁清河站是2022年冬奥会始发站，包含3.3万 m^2 的高铁站房，轻轨13号线，地铁昌平线南

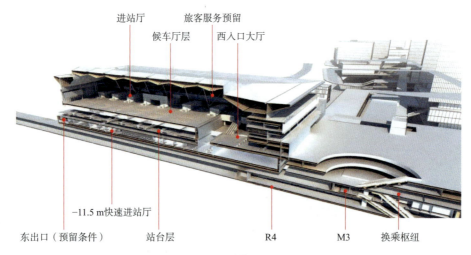

图 2—4　北京朝阳站客流入口立体剖面图

延和 19 号线支线车站，公交站场，出租与社会车辆场地，为综合交通枢纽。

清河站站场为 4 台 8 线规模，其中 2 条到发线兼正线，6 条到发线。站房中心里程为 DK23＋575.75，包括 4 座岛式站台，站台规模为 550 m×11.5 m×1.25 m。城铁 13 号线在铁路站台西侧设有 380 m×13 m 岛式站台 1 座，与铁路站台同标高，线路与铁路线路相邻。

客站地下二层，地上二层，局部夹层，站房最高点为 40.6 m。总建筑面积为 14.6 万 m²，包含站房及铁路配套的建筑面积 6.8 万 m²，地铁建筑面积 6.4 万 m²，公共工程建筑面积 1.4 万 m²。其中大铁相关包含站房 3.3 万 m²。行包用房 1 400 m²，进出站厅和通道 3 700 m²，地下车库和设备用房 2.85 万 m² 等。清河站平面布置如图 2—6 所示。

图 2—5　北京朝阳站雨棚上盖开发示意图

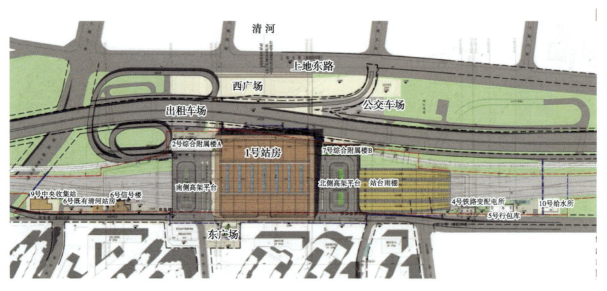

图 2—6　清河站平面布置示意图

清河站与三条地铁及城市广场统筹布局,地铁13号线与国铁同场设置,通过地下一层城市通廊,高铁、地铁、公交等各类客流无缝换乘。空间上通过地下一层的城市通廊,将"割裂"的城市"织补"起来。将原有13号线线路通过拨线的方式并入国铁站场,将13号线清河站站台与铁路站台平行布置。清河站客流进出流向示意如图2—7所示。

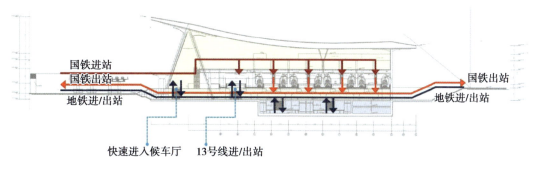

图2—7 清河站进出站客流示意图

三、张家口南站

1. 工程概况

京张高铁张家口南站设南、北两个广场,配套设置公交首末站、长途客运站、社会车辆落客区和停车场、出租车落客区和待客区、非机动车停车场等。南北向的世纪路,站前西大街从车站北行通过,与世纪路在车站前呈"T"型布置。新建站房、雨棚及相关工程位于张家口市南站街,车站北侧为现有主城区,南侧为新的经济技术开发区。

张家口站中心里程DK192+355.5,为综合交通枢纽工程,包括地下一层,局部设置夹层;地上二层,局部夹层,"上进下出"模式,总建筑面积约9.6万 m^2。站房采用梁板式筏形基础,站台雨棚采用钻孔灌注桩基础;站台及站房采用钢筋混凝土框架结构、大屋盖结构采用钢结构双向桁架体系。

站场规模6台16线:北侧3台8线为高速场(京张场)、南侧3台8线为普速场(京包场)。地下一层局部设夹层,地上两层局部设夹层。地下一层中部设置南北贯通的城市通廊,向北延伸至站前西大街北侧;西侧设置旅客出站通道;东侧设置出租车蓄车场与社会车停车场;西北角设置地铁厅及换乘大厅。张家口南站鸟瞰图如图2—8所示。

2. 站房规模

站房规模原批复6 000 m^2,根据张家口市要求,站房规模扩大为3.45万 m^2,不含旅客地道,城市地下通廊;建筑层数:地上主体二层,地下一层,局部设置夹层;建筑高度:以站台面为基准,屋顶最高标高36 m,南广场地面高度-4.0 m,北广场地面高度-1.0 m。设计规模、范围与经济运量:近期(2020)年,年旅客发送量865万人,高峰小时人数2 210人;远期(2030年),年旅客发送量1 115万人,高峰小时人数2 800人。由于站房规模扩大,实际站房最大聚集人数为6 000人。张家口南站地下一层规划如图2—9所示。

地面层北侧中部设置入口大厅,西部设置地铁换乘厅,东部设置售票厅;南侧设置车站客运、行车、管理及设备机房,如图2—10所示。

二层中部设置高架候车厅,南部设置入口大厅。站房南侧设置高架落客平台,平台接市政高架桥,如图2—11所示。

图2—8 张家口南站鸟瞰图

图2—9 张家口南站地下一层规划示意图

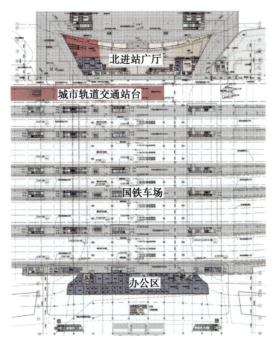

图2—10 张家口南站地面层规划示意图

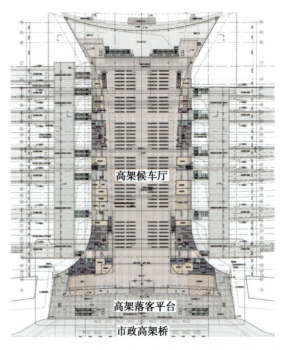

图2—11 张家口南站高架层平面规划示意图

进站流线。旅客可由南侧高架落客平台，经由南入口大厅平层进入高架候车大厅，或由北入口大厅，通过垂直交通工具进入高架候车大厅，继而通过检票口到达站台。出站流线。旅客通过站台垂直交通工具下至出站通道，再经由城市通廊，行至公交、长途大巴、出租车场、社会车场、地铁进行换乘。张家口南站进出站流线规划如图2—12所示。

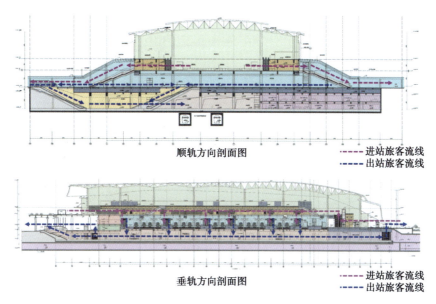

图 2—12　张家口南站进出站流线示意图

四、滨海站

1. 基本概况

滨海站是天津铁路四大主客运枢纽之一,是滨海新区重要的高速客运枢纽。两条铁路引入滨海站:津秦客运专线是联系东北、华北和华东的高速铁路;环渤海城际铁路是联系环渤海周边城市的城际铁路。滨海站是地铁 B2(欣嘉园至临港工业区)、B3(南疆港至滨海站)、Z2(武清至汉沽)等 3 条线的重要换乘节点。

2. 客流分析

铁路客运量。根据天津市规划院提供的客流资料,预测旅客发送量近期(2020 年)为 840 万人,远期(2030 年)为 1 350 万人。其中 2030 年预测旅客发送量包括津秦高铁与环渤海城际客流。客流量预测数据详见表 2—3。

表 2—3　滨海站客流预测

近期(2020 年)		远期(2030 年)	
每日	最高聚集人数	每日	最高聚集人数
23 000	2 500	36 800	4 000

3. 客站规模。滨海站站房建筑面积约 8 万 m^2;建筑层数为地上 2 层,地下 1 层;建筑高度是 34.1 m。

4. 车场平面布置。车场平面由津秦高速和环渤海城际分场设置,共 8 台 18 线。

5. 枢纽总平面布局。站房南侧设地面南广场,南广场为集散景观主广场。其中西侧规划安排公交首末站,东侧安排社会大巴停车场。站房北侧设地面北广场,北广场为集散景观副广场。广场东侧为地面出租车蓄车场和大型长途客运站,西侧为地面社会停车场和公交车首末站。轨道交通换乘节点位于南广场下方,如图 2—13 所示。

6. 地下空间结构

滨海站地下空间主要包括地下夹层空间、地下一层空间和地下二层空间。地下夹层空间位于南广场地下空间内,建筑面积约 29 100 m^2,层高约 4.8 m。主要包括两处社会停车场和部分商业空间。地下一层空间主要包括地下出租车蓄车场、社会停车场、地下商业空间、以地铁付费区为中心的公共换乘大厅及部分地铁设备用房。地下一层总建筑面积约 106 800 m^2。地下二层空间为轨道交通 B2、B3、Z2 线的站台层,建筑面积约 66 015 m^2。主要包括 B2、B3、Z2 线的站台公共区、设备用房和明挖区间。局部

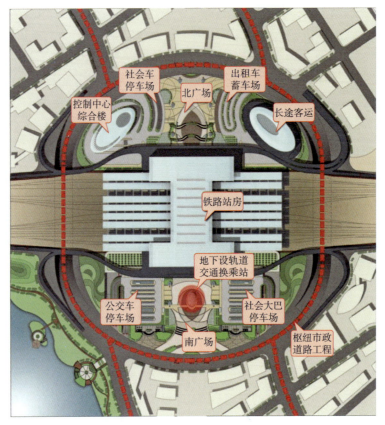

图 2—13 滨海站规划平面示意图

设有过轨风道,建筑面积 3 175 m²。地面设有一定数量的轨道交通风亭和出入口,面积约 1 225 m²。滨海站空间结构如图 2—14 所示。

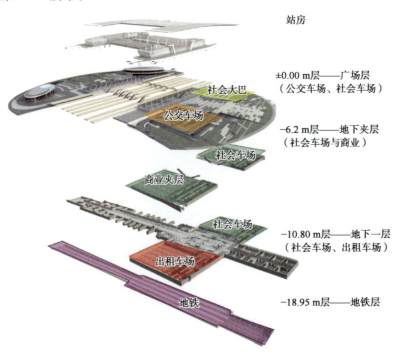

图 2—14 滨海站空间结构

7. 交通组织方案。滨海站交通枢纽采用单向交通组织方案如图 2—15 所示。

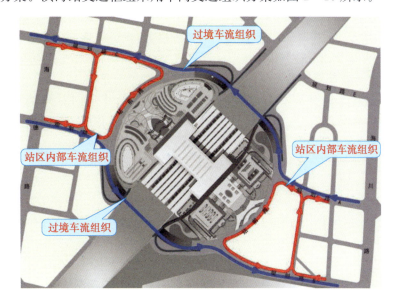

图 2—15 滨海站交通组织示意图

8. 站区规划

在滨海站的整体规划,意在客站为中心,在其周边打造城站一体型的枢纽新城(Terminal City)。推行交通指向型(TOD)开发模式,打造滨海新区站城一体化的开发新亮点,营造繁华高雅的氛围。顺应低碳环保的潮流,引进智能城市(Smart City)的理念与技术,实现低碳城市的目标。通过空间立体利用,协调步行系统、商业街、地下街网络与停车场网络的安排,构筑人车分离的环境,形成交通换乘高效便捷,行人安全舒适的交通节点空间。通过设计指引如城市天际线、站区绿地、建筑立面设计等手段,创造富有魅力的景观。滨海站周边规划如图 2—16 所示。

图 2—16 滨海站站区规划示意图

本章参考文献

[1] 王峰.铁路客站建设与管理[M].北京:科学出版社,2008.
[2] 郑健,沈中伟,蔡申夫.中国当代铁路客站设计理论探索[M].北京:人民交通出版社,2009.
[3] 陈岚.高速铁路客站总体布局研究[D].北京:北京交通大学,2010.
[4] 黄志刚.论大型铁路客站的区位交通性能[M].北京:经济科学出版社,2011.
[5] 刘凤梧.铁路客站功能布局设计刍议[J].山西建筑,2009,35(6):24-25.
[6] 王宝辉,刘伟杰,徐一峰,等.铁路客站交通枢纽总体布局与内外衔接设计[J].中国市政工程,2009(5):73-74,77,94.
[7] 徐慧浩.大型铁路客站规划后评价指标体系研究[D].成都:西南交通大学,2012.
[8] 罗江成,彭强军.重庆铁路枢纽总图布局研究[J].高速铁路技术,2011,2(5):20-24,62.

[9] 于剑.新时代铁路枢纽总图规划关键问题思考[J].铁道经济研究,2019(4):32-35.
[10] 邓荟.基于站城融合模式的大型铁路客站选址适应性研究[D].成都:西南交通大学,2019.
[11] 崔叙,沈中伟,张雪原,等.新型铁路客站规划后评价研究:我国新型铁路客站规划后评价的实证分析与解读[J].南方建筑,2017(1):91-94.
[12] 南羽.大型高铁客站新区空间形态研究[D].武汉:武汉理工大学,2012.
[13] 潘涛,程琳.对高铁客站综合交通枢纽地区规划与建设的思考[J].华中建筑,2010,28(11):128-129.
[14] 郑健.中国铁路发展规划与建设实践[J].城市交通,2010,8(1):14-19.
[15] 武赞.铁路客站规模适应性研究[J/OL].铁道标准设计:1-6[2021-01-26].https://doi.org/10.13238/j.issn.1004-2954.202008250007.

第三章 铁路客站设计

铁路客站是铁路服务旅客和社会的场所，是展示铁路形象的窗口，是城市的门户，是一个时期铁路建设、城市经济社会发展、文化传播的缩影。截至2020年7月底，全国铁路营业里程达到14.14万km，其中，高速铁路里程达到3.6万km，共建成铁路客站约1 530座，其中高铁客站近1 000座，省会级城市客站约74座，站房总规模近1 660万 m^2，雨棚规模近1 920万 m^2。这些客站的建成，极大地方便了旅客出行，也成为所在城市的地标性建筑。随着社会经济的发展，旅客对出行体验有了更高的要求。为了满足旅客不断增长的出行需求，提升大型客站整体品质，需要客站建设者不断思考、不断总结，推动现代铁路客站设计的持续创新。

第一节 铁路客站的建筑设计

铁路客站建筑设计，需要分析站房、站前广场、站场共同组成的空间形态要素，并对结构、材料、审美、内部空间、环境、景观等深入研究。本节结合我国丰富多样的文化特性、千差万别的地理气候特点，以及公众对地域文化形象的审美期待，就铁路客站空间形态设计、文化性艺术性表达、装饰装修设计及温馨人文设计提供一些思考和实例。

一、空间形态设计

1. 铁路客站空间形态系统要素的变化

铁路枢纽大型客站的方案创作和方案选择要坚持交通功能特性、地域文化特色、时代发展特征的有机统一。注重建筑与结构的有机融合设计，提倡结构美，坚持结构不仅是提供承载能力的支撑，也可以作为建筑表达"美"的载体，提倡高大空间塑造要遵循适宜、适度的原则，倡导重结构、轻装修、简装饰的简约理念。建成的客站交通功能顺畅、地域文化鲜明、展现了时代技术发展成果。铁路客站空间形态系统要素的变化体现在站房组合模式及其变化。铁路客站作为城市综合交通体系的重要节点、城市区域发展的核心，是城市发展和城市文化的映射与窗口，而充当城市地标、充分表现时代精神和地域文化特色则是铁路客站空间形态需要担当的重任，因此遵循多样统一性的形式美法则，仍是当代审美在铁路客站空间形态创作角度的真实趋向。例如，对称性作为一种古典审美构图原则，几乎出现在所有铁路客站空间形态的设计中，这种取向通过制约形成秩序，不仅能够达到高亢雄浑的交响曲般的审美感染力，而且完全可以融入一些更新颖的造型风格，达到审美表现上的综合平衡。这一观念与铁路客站设计中的创新理念、手法并不冲突，在铁路客站空间形态的认知上，当代审美在统一性和多样性的选择中处于总体平衡的现实趋向，均衡、比例、尺度、韵律感等审美基本原则的影响还是普遍和稳定的。

例如，北京朝阳站结合当代设计手法，体现出了北京古老、神圣、庄严、高贵、稳重等地域建筑特点。建筑内外装修延续建筑设计理念，力图体现北京古建之美，从"灰砖、红墙、金瓦"等传统建筑意象中汲取灵感。以灰色墙体为基调，进出站局部加入红色、黄色，既丰富室内外效果又能够起到装修自身和对重要功能空间人行流线的引导的作用。注重结构设计逻辑性和秩序感，简化装修，体现结构美。北京朝阳站及其他各站空间形态如图3—1～图3—5所示。

图 3—1　北京朝阳站立面图

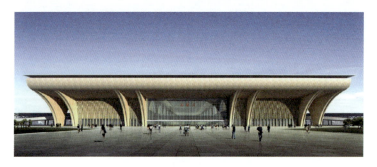

图 3—2　石家庄站立面图

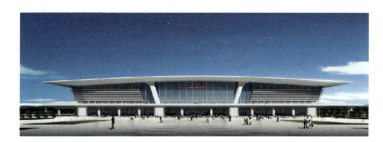

图 3—3　滨海站立面图

图 3—4　八达岭长城站立面图

图3—5　张家口南站立面图

2. 站房与站台雨棚组合关系的变化

对于当代大型铁路客站，特别是枢纽型客站，站房与站台雨棚一体化（简称"站棚一体化"）是站房与站台雨棚在空间组合关系中最重要的变化，将站房和站台雨棚从整体空间形态、空间结构，甚至功能组织方面，进行整体化设计。

"站棚一体化"空间形态的出现改变了以往站房与站台雨棚的空间分割模式，较好地从空间形态组合的角度与未来复合性发展趋势做出呼应，走向真正的现代化复合型交通枢纽空间。从形式造型手法来看，"站棚一体化"必然为整体造型提供更大的利用边界，从而带来更大的创作余地。北京南站就是已建成的"站棚一体化"优秀案例，而广州南站、武汉站、深圳北站、清河站、石家庄站等，更加深刻地诠释了"站棚一体化"空间形态。图3—6所示为石家庄站站棚一体化示意图。

图3—6　石家庄站站棚一体化示意图

3. 站前广场组合模式及其变化

由于需求差异以及组织客流的复杂性，不同规模的城市对站前广场的设计要求有很大的不同，与站房空间形态关系也有着较多差异。就特大型与大型客站来说，站前广场区域是旅客抵达与分散的空间区域，与站房呈较为"扁平"的连接模式。新出现的城市立体交通模式使这种"扁平"转化为立体叠合式空间组织方式，由站房大型支撑柱等造型形成带有半围合的站前广场空间，如深圳北站前部的曲线造型形成的一个动感十足的"屋顶"广场，杭州东站倾斜的支撑柱带来的颇具震撼力的空间限定等。但是，在某些地价较高的枢纽城市的铁路客站，站前广场反而向小尺度方向缩减，如上海虹桥枢纽站，其广场部分被尽量压缩。而前面提到的深圳福田站，站房、站场均置于地下，站前广场已经完全失去了本身的立足点，成为在尺度上可以任意伸缩的景观式广场，甚至可以完全消失，被其他建筑占据。因此，在空间视觉组织关系上，大型铁路客站平面式广场与站房的空间关系已发生了巨大的改变，需要站在"广场—城市交通体系—站房"的立体式视觉关系上进行整合与组织，不仅要从行人的视点进行空间造型推敲，还要从城市综合交通体系、城市区域经济发展的全新视点来展开空间塑造。组合关系基本上有以下几种：站台雨棚及支撑柱与线路的空间形态关系、站房与站台雨棚的组织关系以及站台本身变化了的空间形态。与传统模式相比，我国铁路技术的大发展使上面三种组合关系出现了重大变化，形成了无站台雨棚柱体系，产生了站台空间设计变化，展现出站棚一体化的发展趋势。

4. 京张高铁各站建筑设计和空间组合情况

（1）清河站采用曲面屋顶，抬梁式悬挑屋檐等结构手法体现北京古都风貌，以简约有力的曲线与A型支撑结构展示最新的建筑技术，凸显古都古韵、新貌新颜。清河站建筑设计如图3—7所示。

（2）昌平站建筑造型紧扣"古韵、雄关"，应用严谨的对称式构图，以独具魅力的传统屋顶和砖墙为基调抽象演化而来。建筑造型与汉字中的"平"字相吻合，取"盛世太平"之意，追求中正、平和、安定的天人合一的境界。昌平站建筑设计如图3—8所示。

图3—7　清河站建筑设计示意图

图3—8　昌平站建筑设计示意图

（3）八达岭长城站站房与自然环境融为一体，既适当地显示出交通建筑的标志性和现代特征，又不对历史人文和自然景观造成影响。八达岭长城站建筑设计如图3—9所示。

（4）东花园北站站房整体设计延展、舒适。线条运用简洁明快。站房前的花形柱廊为旅客营造了舒适的城市与交通衔接空间，体现了"花园新城"东花园镇的含苞待放之势，寓意新型产业之花开向世界。东花园北站建筑设计如图3—10所示。

图3—9　八达岭长城站建筑设计示意图

图3—10　东花园北站建筑设计示意图

（5）怀来站以"葡萄美酒夜光杯"为设计理念，外侧结构柱廊的曲线形成了一排优美的酒杯。内部墙体与屋顶的木色材质透过柱廊的曲线，就像杯中的美酒。夜晚的灯光透出柱廊会更加醉人。怀来站建筑设计如图3—11所示。

（6）下花园北站建筑整体形象恢宏大气，偏转的柱型将室内景观导向南侧的鸡鸣山，而广场柱廊的弧线围和，将两侧的公交枢纽与商业配套整合为一体。下花园北站建筑设计如图3—12所示。

(7)宣化北站提取宣化古城的城楼、城台、城墙三大元素,以极简手法重构端庄的大明古城形象。雪花镂空图案的玻璃,是响应冰雪奥运的城市名片。宣化北站建筑设计如图3—13所示。

(8)张家口南站以"人"字形的建筑造型对历史文脉做出呼应。在一百年前京张铁路建设中,詹天佑先生设计"人"字铁路线形让铁路得以越过困难地段抵达口外地区,这是历史上中国人第一次以自己的智慧解决铁路建设中的特有问题。张家口南站建筑设计如图3—14所示。

图3—11　怀来站建筑设计示意图

图3—12　下花园北站建筑设计示意图

图3—13　宣化北站建筑设计示意图

图3—14　张家口南站建筑设计示意图

(9)太子城站背山面水,连接山水之间,外形设计运用了优美的自然山形"曲线"元素,与自然的山体相呼应,与水相结合,融入于山水之间,形成了具有崇礼地域特色的建筑风格,最大程度的保留自然景观。太子城站建筑设计如图3—15所示。

二、文化性艺术性表达

铁路客站是展现一个城市文化传承的窗口,也是国家文化和地域文化展示的窗口。铁路客站在为旅客提供便捷交通服务的基础上,应与城市建立文化联结,积极传递人文价值,体现民族文化自信,展现城市乃至国家的文化软实力。京张高铁承载着"百年京张"的历史及文化意义。体现时代特征,适应时代要求,展现时代风貌,建筑文化应符合地域自然环境并恰如其分地表达地域人文特色和历史文化底

图3—15　太子城站建筑设计示意图

蕴。京张高铁文化设计正是从这个角度出发,达到了传承历史文化、提炼新京张文化的目的。

京张高铁各站的文化表达分为两个层面:一是京张文化的共性表达,如京张标识、文化主题及京张文化元素的应用,包括室内主体画、雕塑、文化墙、车站室内座椅、垃圾桶、栏杆扶手、楼梯踏步、井盖等公共设施;二是京张文化的个性表达,充分考虑到每个站房不同的文化主题,展现文化的区域性和差异性,主要表现为一站一景及各车站历史化、奥运化的个性表达。

(一)京张高铁文化的共性表达

京张铁路的文化标志是跨越长城的人字形铁路。文化主题是天地合德,百年京张。由"人"字其形取其意,中国哲学中对人之所以为人的至高理解与追求——天地合德。与天合德:天行健,君子以自强不息;与地合德:地势坤,君子以厚德载物。新老京张所承载的穿越百年的"中华民族伟大复兴的中国梦"及线路最具代表性的中华民族文化遗产暨精神图腾——长城,无一不应和"天地合德"之精神内核。

1. 京张高铁全线基础图形及色彩

(1)"人字纹"是京张铁路的视觉符号。"人字纹"提取人的文字流变造型,创作多种京张高铁独有的"人字纹"视觉装饰图样,并适用于标识性装饰及造型。应用手法:艺术丝网印刷、浮雕。可用于格栅、通风口、踢脚、栏杆玻璃、扶梯玻璃、垂直梯玻璃等。京张高铁"人字纹"装饰如图3—16所示。

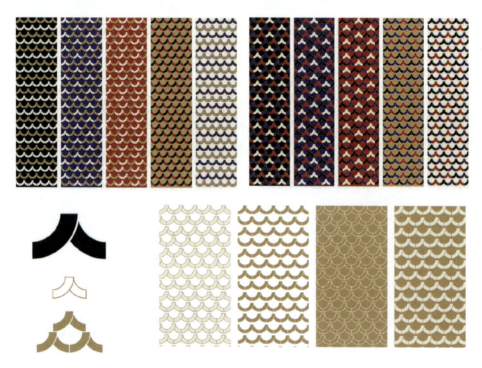

图3—16 京张高铁"人字纹"装饰示意图

(2)苏州码子。以"苏州码子"花数"数"的部分为设计元素,也就是以苏州码子数字1～10为主体,进行图形抽象化提取以及打散重构作为原创基础,创作京张高铁独有的"苏州码子"视觉装饰纹样,体现花数本身特性:即混合使用、元素组合,适用于地面、墙面踢脚、栏杆玻璃等细部及标识性装饰及造型。京张高铁"苏州码子"装饰如图3—17所示。

(二)京张高铁各站的文化性艺术性表达

1. 清河站

清河站的设计理念为"海纳百川";清河站的文化主题是"不息"。清河站作为北京城市交通枢纽新地标,高铁、地铁、轻轨、公交车、出租车、私家车完美零距离换乘,是首都北部新的交通枢纽。清河站是京张高铁主要始发站,从历史文化方面考虑,车站造型选取简洁的坡顶样式,传承北京重要公共单体建

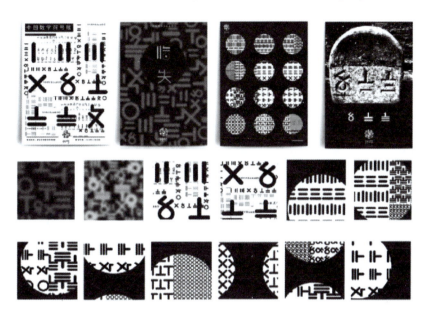

图 3—17　京张高铁"苏州码子"装饰示意图

筑如故宫、天坛、鼓楼等坡屋顶的城市主要格局和风貌。坡顶为东西向走势,坡顶向西山方向开放,将西山美景尽收眼底,同时,各个功能空间均在大屋顶的覆盖之下,呼应"海纳百川"的城市寓意。清河站站名牌匾见图 3—18。

(2)候车大厅设置综合信息岛,机电单元饰面采用带纹样石材浮雕,集中展示 2008 年以来的铁路客站、桥梁隧道等建设成就,旅客在候车时,可从中体会到新时代高铁建设风貌,欣赏到各自家乡的标志性铁路站房建筑艺术。文化与功能融为一体,同时体现铁路建设者的不息精神。设备机房外饰面背漆玻璃底部做条带形装饰,沿袭清河站的山水元素风格,以人字纹组成隐约可见的艺术装饰。见图 3—19。

图 3—18　清河站站名牌匾

图 3—19　清河站候车大厅综合信息岛

(3)西进站集散厅主壁画(石材马赛克)。将新老京张建设历程进行艺术化提炼与表现。站房、桥梁、隧道、火车、盾构机、架桥机、铺轨机等元素无处不体现着技术进步,表现出京张铁路精神传承与弘扬。壁画中心视觉由代表最先进生产力的复兴号与 1957 年第一辆中国自主设计制造的火车构成。穿梭的铁轨也由老的轨道发展为新型高铁轨道,轨道变奏使画面充满速度和前进的构成感。远处绵延的长城与西山含蓄的表达站房所处的地域文脉。见图 3—20。

(4)西进站集散厅八连屏壁画（石材、金属马赛克）。展示北京地区大型站房，包含北京站、北京北站、北京南站、北京西站、北京朝阳站、丰台站、清河站和大兴国际机场站。北京地区建筑物选取依照知名老建筑及50年代至今北京市几次十大建筑的评选，按照分类，分别安排在八个折板墙上展现。见图3—21。

图3—20　清河站西进站集散厅主壁画

图3—21　清河站西进站集散厅八连屏壁画

2. 昌平站

昌平站的设计理念为"古韵雄关，盛世太平"。昌平站文化主题是"基石"。客站设计紧扣"古韵、雄关"，采用现代表现手法，外形立面辅以砖墙表皮，展现"古韵"；建筑以现代手法演绎传统屋顶和柱子，突出"雄关"，用严谨的对称式构图，以独具魅力的传统屋顶和砖墙为基调演化抽象，塑造城市之门的国际化形象。整个车站形体与汉字"平"字相吻合，展现汉字之美和中国传统"中庸之道"，追求中正、平和、安定天人合一的境界，取"盛世太平"之意，表达昌平于盛世美好愿景，实现了中国传统建筑语言以现代形式演绎，展现了

图3—22　昌平站站名牌匾

昌平深厚的文化底蕴和时代面貌。昌平站站名牌匾和部分文化性艺术性表达如图3—22和图3—23所示。

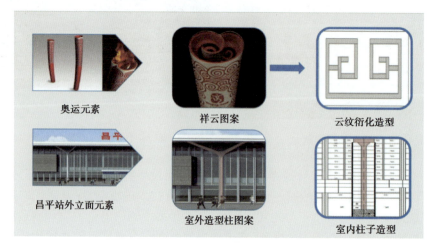

图3—23　昌平站文化性艺术性表达示意

3. 八达岭长城站

八达岭长城站的设计理念为"神龙见首"。八达岭长城站文的化主题是"丰碑"。车站地处八达岭核心风景区,为最大限度保护文物古迹和周边优美环境,站房设计以融入自然、隐于山间为最大追求。站房主体和功能尽量布置于地下,呈"神龙见首不见尾"之势。车站依山而建,将地面部分分解为三个体块,既最大限度消解了体量,又宛如长城垛口。建筑临街一侧为一层,靠山一侧为二层,使得建筑自身形成错落平台。在靠山一面利用山体已有的开挖区域营造下沉广场,将阳光和绿化庭院引入地下空间,提升地下一层的候车大厅的空间质量,使整座车站与周边环境浑然一体。八达岭长城站站名牌匾和外观设计文化艺术性如图3—24和图3—25所示。

图3—24　八达岭长城站站名牌匾

体现长城文化
　　通过建筑体块的错落堆叠,呼应了错落有致的长城形式

就地取材
　　建筑立面材料选用米黄色砂岩石,并做表面处理,与长城城墙的质感达到一致

图3—25　八达岭长城站外观设计文化艺术性示意

4. 东花园北站

东花园北站文化主题是"春华秋实"。站房整体设计延展、舒适。线条运用简洁明快。站房前的花型柱廊为旅客营造了舒适的城市与交通衔接空间,体现了"花园新城"东花园镇的含苞待放之势,寓意新型产业之花开向世界。花型柱体采用铝板表皮设计,加之灯光,创造出富有魅力的独特城市夜景风光。站房两侧的渐变规则的菱形开窗满足了功能要求,虚实与线条的有机组合对比,充满了新型科技的节奏美感。东花园北站站名牌匾和设计文化艺术性如图3—26和图3—27所示。

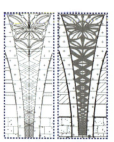

设计施工图
BIM三维建模优化效果　现场实施实景拼缝整齐有序、美观大方

图3—26　东花园北站站名牌匾　　　　　　　图3—27　东花园北站花型柱廊

5. 怀来站

怀来站的设计理念为"葡萄美酒夜光杯"。怀来站的文化主题是"近悦远来"。车站设计紧扣怀来县地域特点和特色，主立面为韵律十足的曲线柱廊，内部墙体与屋顶的木色透过柱廊曲线反射出柔和的光晕，似杯中美酒般醉人。在粗犷的塞外大地上，车站以柔美流动的曲线和光影，表达出葡萄美酒夜光杯的设计理念。从古道驿站到普速铁路、高速铁路，中国地面交通的古今变迁在这里聚焦。怀来站将艺术处理后的古城风貌图通过铝板UV印制的工艺喷绘在一层信息屏两侧，使旅客步入候车大厅便体会到怀来鸡鸣驿的古朴气息。在二层候车厅两侧位置，增加"百年京张，铁路强国""葡萄之乡，美酒庄园"主题装饰画，提供铝板UV喷涂及马赛克艺术画两种方案形式。怀来站站名牌匾和设计文化艺术性如图3—28和图3—29所示。

百年京张，铁路强国

葡萄之乡，美酒庄园

图3—28　怀来站站名牌匾　　　　　　　　　图3—29　怀来站文化艺术性表达示意

6. 下花园北站

下花园站的设计理念:鸡鸣晓月,古驿风驰。下花园北站文化主题:欢祥。客站设计以宣府八景之一"鸡鸣晓月"和古道驿马飞驰为灵感。整体外观亦如弯月并以现代风车叶片为造型,巧妙利用地势扭转角度,将室内景观视线旋转45度,面向南侧鸡鸣山。建筑内部空间覆以代表当地风貌的陶土板,粗犷的材质与光滑的叶片形成鲜明对比,现代而又古朴、灵动不失稳重。下花园北站站名牌匾和设计文化艺术性如图3—30和图3—31所示。

图3—30 花园北站站名牌匾

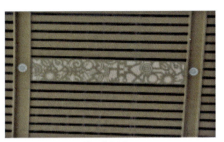

吊顶条屏纹

清水柱上篆刻传统"春夏秋冬"纹样

铁艺栏杆条屏纹样

人字纹

图3—31 下花园北站部分文化艺术性表达

7. 宣化北站

宣化北站的设计理念为"古城新宣"。宣化北站文化主题:古藤新芽。车站以"古城文化、新韵新宣"为灵感,宏观构架提取宣化古城的城楼、城台、城墙三大元素,以极简手法重构端庄的大明古城形象。结构柱装饰以木色调为主;柱头简练的造型抽象地表达斗拱意象;屋檐饰以木椽再现飞檐的灵动;屋顶采用中国各屋顶样式中等级最高的庑殿形式,不加重叠,展现出低调而不失端庄的姿态。宣化北站站名牌匾和细部构造如图3—32和图3—33所示。

图3—32 宣化北站站名牌匾

8. 张家口南站

张家口南站的设计理念是"雪国境门"。张家口站文化主题是:纽带。车站设计始终秉承铁路之父詹天佑的"创新精神",以"雪国境门"为理念,将"大境门"的拱门与自然地貌的弧形元素加以抽象,同时融入百年京张"人"字形铁路形象,造型意象丰富并具有动感,寓意在即将到来的冬奥会迎接世界八方来宾。张家口南站文化艺术性设计如图3—34和图3—35所示。

9. 太子城

太子城站的设计理念是山水相连,冰雪小镇。太子城站文化主题是无界。太子城站作为崇礼铁路的终到站,冬奥赛区的迎宾门,站前即为太子城国际冰雪小镇。站房设计以山水相连、相约冬奥、冰雪小镇、激情冰雪为理念。车站背山面水,外形以优美的自然山形"曲线"为元素,同时车站以白为主色调,对应2022冬奥会激情冰雪的主题。鸟瞰车站就像镶嵌于山中的一块美玉,又犹如山抱水绕晶莹剔透的一

图 3—33 宣化北站细部构造文化艺术性表达

颗明珠。太子城站屋顶和墙体连续一体,形成一个椭球壳形。屋顶的雪层不厚时,暖黄色的 LED 灯能够透过半透明的雪层,形成一个个柔和的光斑,如同萤火虫般微弱的灯光将建筑笼罩上了一层浪漫温馨的氛围。夜景立面以白光为主色,在节假日及冬奥会期间可进行色彩的变幻、图案的投影,并融入了"奥运五环色素"。太子城站站名匾额和外形设计如图 3—36 和图 3—37 所示。

图 3—34 张家口站名牌匾

图 3—35 张家口南站正立面设计图与大境门的对比

图3—36　太子城站站名匾额

图3—37　太子城站外形设计

三、装饰装修设计

铁路客站作为铁路网中的重要组成部分,是铁路和城市的结合点。铁路客站对于一个城市的特色意义不仅体现在它外在的体量关系上,铁路客站还是旅客到达一个陌生城市接触到的"第一城市门户""第一城市名片"。因此,铁路客站的设计意义在满足客运的基本功能和旅客的方便快捷疏散上,还站在城市的角度来定位,去呈现一个铁路客站所表达的城市特色和文化。如何在铁路客站室内装修设计中传承、发展和运用地域文化是需要深刻研究的问题。

1. 室内装修设计的地域性

铁路客站的室内设计可以通过地方建筑造型和地方特有的材料、地方气候、地方历史文化古迹等方面进行优势组合,表现出具有所在城市独特文化底蕴的空间。由于铁路客站多建在城市主城区与郊区之间的中间地带,离市区较近,交通便利,风景秀丽,可形成独特的城市门户形象。铁路客站应根据自身所处地域的资源环境基础,创造出自身的品牌价值,为城市凸显特色。图3—38为北京朝阳站进站集散厅。图3—39所示为北京朝阳站进站集散厅玻璃砖影壁的细部装饰图。

图3—38　北京朝阳站进站集散厅的装饰装修展现地域特点

2. 室内装修的设计原则

铁路客站室内设计的原则要以人为核心。一个新设计方案的诞生,是由技术的先进性、经济的合理性、人们的认可性这三方面的主要因素构成的。

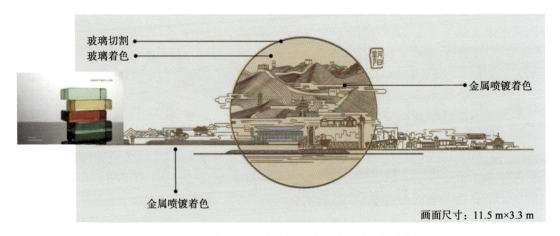

图 3—39 北京朝阳站进站集散厅玻璃砖影壁细部装饰图

(1) 以人为本的原则。客站室内空间的设计最终是为旅客的出行服务的,客站的物质属性决定了它在旅客活动系统中的地位。客站的存在不同于其他产品,客站往往具有长时段的特征,室内设计从属于客站,因此室内设计就更要注重为人而设计的观念。这种注重为人的使用需求而存在的观念,是对客站自身功能性的体现。功能性的设计要以旅客为主要核心。以人为本是铁路客站的根本宗旨,是铁路客站的出发点,也是立足点。

(2) 审美性的原则。所有室内的环境营造目标,都以人们对于居住、工作、生产、学习、交往、消闲、娱乐等多种行为方式的要求为导向,客站室内空间也是如此。对于客站室内空间设计的要求更具挑战性,在客站空间内要在物质性层面上满足旅客对于客站内各项功能使用及舒适程度要求,还要在空间的营造上最大限度地满足视觉感官审美方面的要求。图 3—40 所示为北京朝阳站候车大厅中的候车座椅两侧植物为琴叶榕和万年青的盆栽组合,通道中间为印度榕与虎尾兰的小型盆栽组合,花器颜色均为银白金属色。

图 3—40 北京朝阳站候车大厅设计

(3) 整合性的原则。将设计的整合作为室内装修设计的主要研究对象,要想完整全面地表达好客站地域性文化,就必须着眼于客站与地域性之间及客站与人的种种关系,需要突破线性思维的模式。该原则使客站室内空间、装饰装修、物理环境、陈设绿化最大限度地满足客站功能所需,并使其与功能相和谐、统一。

(4)创新性的原则。在客站室内空间中地域性的设计是一种艺术的创造,客站空间的艺术环境营造最关键的是强调技术和艺术的创新。创新是设计活动的灵魂,对于客站空间的设计同样如此。这种创新不同于一般艺术的创新,它必须将路、地各方的意图有效融入设计过程,并结合技术创新将建筑空间的限制与室内空间创造的意图完美统一。

(5)经济性的原则。根据经济运作的规律,充分认识分析挖掘室内空间设计的要求,以便达到最为合理的设计成效与实际环境效果,使室内设设计的经济性得以实现。

(6)文化性的原则。客站室内设计是为人的生活方式服务的,它能很清楚地体现人的基本态度与行为,因此在进行室内设计时,必须要考虑到客站中的文化创造,以及室内设计与文化之间的关系,这就是室内设计所要求的"文化观念"。张家口南站在设计中充分结合地区特点,一方面张家口地区有着其独特的地形地貌,有着"辽阔苍穹"与"大好河山",因而色调的处理也应当整体、大气;另一方面由于处于寒冷地区,雪季里的张家口,室外环境白雪皑皑,因而室内就需要给人带来温暖舒适的感受。图3—41所示为在张家口站候车厅的优化设计中,针对不同功能,选用了两个层次的橘色材质,来提升空间基调,营造暖色的整体氛围。

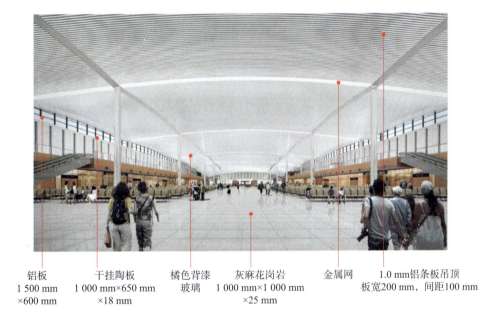

图3—41 张家口站候车厅设计

四、铁路客站人性化设计

体现以人为本的铁路客站设计理念,要求充分注意旅客需求,使铁路客站在满足城市功能的同时更加符合使用者的心理、生理及所在城市的潜在文化需求,在细部设计中同样体现得较为明显。人通过视觉、听觉、嗅觉、触觉等来感受环境,在考虑客站环境的细部设计时,必须考虑这些感觉对人的作用。一个优美的铁路客站环境,人们可以尽情观赏广场的风光。另外,人在铁路客站中的行为虽然有总的目标导向,但在活动内容、特点、方式、秩序上受多种因素的影响,呈现一种不确定性和随机性,其中既有一定的规律性,又有较大的偶发性。例如,候车厅是铁路客站空间的一个主要功能场所,需要满足人们的休息活动。

1. 四区合一设计

如图 3—42 所示北京朝阳站候车大厅将重点旅客候车室、军人候车室、母婴室和儿童娱乐区四区合一设计,方面旅客出行。

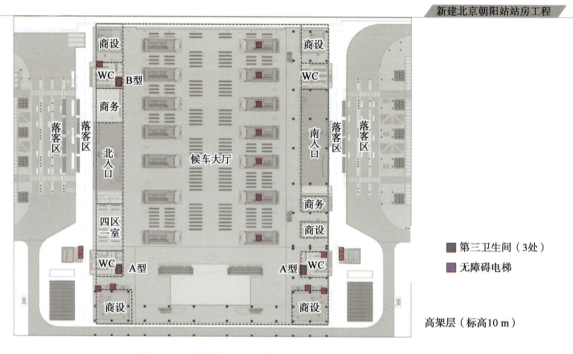

图 3—42　北京朝阳站候车大厅四区合一设计平面图

2. 综合服务中心设计

京张高铁宣化北站综合服务中心一改往日售票窗口形式,取消玻璃,设开敞式柜台,拉近旅客与车站的距离,亲切感倍增。设计背景墙,背景墙衬以绵延起伏的山峦造型,与宣化北面烟筒山遥相呼应,背景墙中间及柜台正面饰以发光字,使整体空间更加温馨舒适。设置叫号机,使旅客购票过程更加文明有序,拜访旅客座椅,更显人性化。如图 3—43 所示。

图 3—43　宣化北站综合服务中心

3. 母婴室设计

随着社会的发展、人类文明的进步,公共场所母婴室的建设已经迫切成为现代化建设的需要。车站作为重要公共建筑之一,每天接待大量的旅客,随着携带婴儿旅客的数量增多,这也使大家对母婴室的需求急剧增加。根据调研数据归纳分析,结合车站日客流量,提出站房建筑面积为 5 000 m² 以下的火车站,应建设使用面积不少于 6 m² 的母婴室;超过 5 000 m² 或高峰时发送人流量超过 10 000 人的站房,应当建立使用面积不少于 10 m² 的母婴室;建筑面积超过 5 000 m² 的站房,以 5 000 m² 为基数,相应配备母婴室。

京张高铁各站都设置了母婴室,在设计阶段经过前期调研,发现如下问题:(1)管理和引导方面存在欠缺,导视不够明确,定位不够明确,应加强管理,特殊区域服务于特殊人群,不应面向所有乘客开放。(2)设备舒适度和卫生程度不够,设备应明确表示功能,并存放专用的婴幼儿用品消毒液和一次性垫布,在空间允许的情况下放置专用沙发,供母亲及稚童休憩。(3)设立行李放置处,行李多的旅客能将行李带到所在空间内。(4)传统的门锁易坏,很多时候旅客是通过逐个敲门的方式确定厕位是否有人,使用自动门配电子锁。(5)光线以暖白光为主,墙面色彩柔和,给使用者以安全舒适之体验。(6)加强宣传,呼吁乘客对母婴群体的关爱与理解,让真正有需要的人用得踏实舒心。

京张高铁部分客站母婴室若干优化措施如下:增加婴儿推车位一个;简化私密空间内设施,因为面积有限,所以要留给使用者一定的伸展操作空间,同样可以存放私人物品。加强管理,男性禁止进入母婴室,考虑到一个家庭中出现一成年女性二儿童或两成年女性一儿童,所以增加护理台,增添座椅,防止出现大童或成年女性无处休息的情况。增加儿童洗手台。清河站、东花园北站和太子城站母婴室平面图如图 3—44~图 3—46 所示。

墙面增加图样,区别于展厅内风格,增强母婴使用者的视觉体验。增添座椅,及婴儿车,解决大童或成年女性无处休息的问题。提高了空间利用率且便于清洁。小模块空间内使用渐变色软包,增强使用者体验,予以柔软,舒适,整洁之感受。如图 3—47 所示。

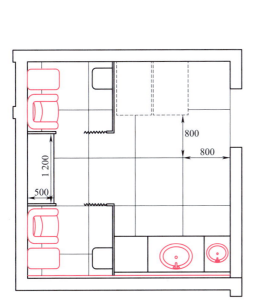

图 3—44　清河站母婴室平面图(单位:mm)

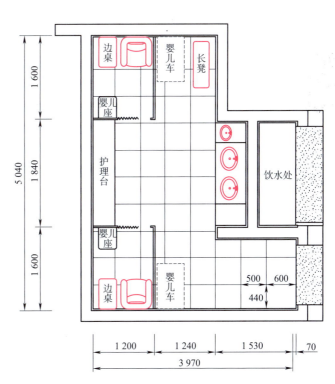

图 3—45　东花园北站母婴室平面图(单位:mm)

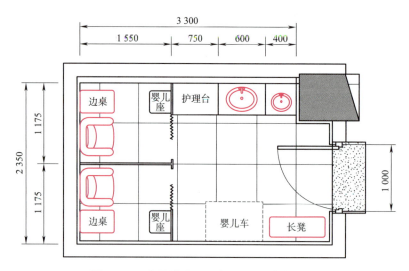

图 3—46　太子城站母婴室平面图（单位：mm）

图 3—47　太子城站母婴室图案

4. 第三卫生间设计

第三卫生间是在厕所中专门设置为行为障碍者或协助行动不能自理的亲人（尤其是异性）使用的卫生间。此概念的提出是为解决一部分特殊对象（不同性别的家庭成员共同外出，其中一人的行动无法自理）上厕不便的问题，主要是指女儿协助老父亲，儿子协助老母亲，母亲协助小男孩，父亲协助小女孩等。2016 年 12 月，国家旅游局办公室向各省、自治区、直辖市旅游发展委员会、旅游局以及新疆生产建设兵团旅游局发出《关于加快推进第三卫生间（家庭卫生间）建设的通知》。《通知》指出，建设第三卫生间，有助于解决特殊游客群体的如厕需求，有助于完善旅游公共服务设施，有助于体现"厕所革命"的人文关怀。京张各站站房作为奥运项目，公共卫生间设计越合理、越符合人道主义精神，功能越实用，就越能体现一个国家、一个地区精神文明的程度和设计建设者的责任心。根据相关规范要求，第三卫生间位置宜靠近公共厕所入口，应方便行动不便者进入，轮椅回转直径不应小于 1.50 m；内部设施宜包括成人坐便器、成人洗手盆、多功能台、安全抓杆、挂衣钩和呼叫器、儿童坐便器、儿童洗手盆、儿童安全座椅；使用面积不应小于 6.5 m²；地面应防滑、不积水；成人坐便器、洗手盆、多功能台、安全抓杆、挂衣钩、呼叫按钮的设置应符合现行国家标准有关规定；多功能台和儿童安全座椅应可折叠并设有安全带，儿童安全座椅长度宜为 280 mm，宽度宜为 260 mm，高度宜为 500 mm，离地高度宜为 400 mm。京张高铁第三卫生间平面布置如图 3—48 所示。

在旅客流线上，应设置对第三卫生间的连续导引标识。在第三卫生间门上设置有贴附式的定位标识。信息版面内无广告和其他外界灯光干扰。京张高铁各站房第三卫生间的导引和定位标志如图3—49所示。

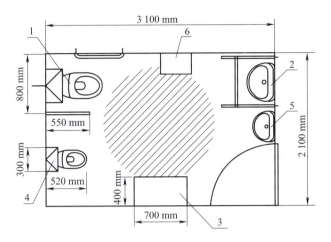

图3—48　第三卫生间平面布置图(单位:mm)
1—成人坐便器；2—成人洗手盆；3—可折叠的多功能台面；
4—儿童坐便器；5—儿童洗手盆；6—可折叠的儿童安全座椅

图3—49　京张高铁站房第三卫生间导引和定位标志

第二节　铁路客站的结构设计

铁路客站结构体系的选型和设计，不仅关系到客站的安全性，而且关系到客站的经济性。在保证安全的前提下，应尽可能追求经济合理的结构体系。

铁路客站结构可以分为基础部分，主体结构部分和楼、屋盖结构部分。主体结构又分为站房的主体结构和雨棚的主体结构，屋盖结构也可以分为站房的屋盖结构和雨棚的屋盖结构。基础部分根据不同的地质条件，可以选择相应的基础形式和地基处理方法。由于铁路客站对大空间的需求，主体结构采用的结构体系主要有钢筋混凝土框架体系、钢框架体系和钢混组合框架体系等。

一、桥建一体结构设计

桥建合一结构是为了适应站台轨道层跨越地下地铁层，同时又支撑候车层及屋顶的功能需要，而将桥梁与房屋建筑结构组合成一体的综合结构体系。桥建合一结构体系主要有两种形式：一是下部桥梁结构采用桥墩与箱梁结构体系，上部结构柱直接嵌固在桥墩顶且与铁路箱梁完全分开。这种结构形式传力简单，列车引起的振动仅通过桥墩传递，可将列车振动对上部结构的影响减少至最小。但这种结构形式桥墩和箱梁的尺寸均较大，对建筑使用空间的影响很大。武汉站、广州南站桥建合一结构体系采用此种结构形式。二是桥梁结构采用框架结构，上下部分结构形成整体框架结构体系。这种结构形式受力复杂，必须在结构整体模型中分析温度作用、列车振动等问题，但可对建筑提供更为灵活的使用空间。

采用"桥建合一"的站房建筑，在功能布局上有许多相似之处，站房建筑自下向上主要由以下几部分组成：(1)如有地铁，均设置在最下一层。地铁与上部结构可以共用支承构件，也可以在结构上完全独立。(2)地下一层，一般设置为换乘大厅和出站口，旅客可以在此零距离换乘其他交通工具或直接出站；对某些站房，此层位于地面。(3)站台层(承轨层)，也称地面层，列车在此层穿过站房；对某些站房，如换乘大厅和出站口位于地面，则此层要高于地面。(4)高架层(候车大厅)，旅客集散的主要区域，进站口也设在此层。通过高架车道，旅客可直达此层。另外，许多站房在高架层上另设局部高架夹层,用于生产和商业。(5)屋面层,整个建筑的最大亮点与显著标志,上覆金属屋面或采光屋面。

1. 承轨层结构体系

承轨层是整个站房结构中,荷载最为复杂的部分需要直接承受列车运行产生的荷载,它与一般房建结构有诸多不同。按照结构形式的区别,承轨层的结构体系可以分为"梁桥式"和"框架式"两种,具体区别见表3—1。

表3—1 承轨层结构体系

结构体系	主要特征	典型工程
梁桥式	先形成桥梁结构(梁、墩柱、基础),桥梁结构层作为承轨层成型以后,再以桥墩或梁为基础,在其上建立建筑结构,桥梁结构成为其上建筑结构的支承点	武汉站、广州南站
框架式	用建筑构件取代桥梁构件来直接承受列车动荷载作用,承轨层的轨道梁作为建筑结构的一部分,支承于建筑构件(框架梁、框架柱)上	南京南站、郑州东站、天津西站、北京南站

梁桥式"桥建合一"站房的典型顺轨剖面的特点是:上部结构(房建结构)生根于桥梁(盖梁)桥墩,基础为桥梁结构和房建结构共有,形成空间体系;不同性质的荷载由不同的结构体系共同承担,但桥梁结构和房建结构自身荷载的传递路径基本保持不变。

与常规桥梁不同,梁桥式"桥建合一"轨道层桥梁一般具有以下特征:(1)主跨一般跨越地铁,同时结合建筑功能需求,一般采取较大跨度跨越,结构采用连续结构;(2)桥及基础为上部所有结构的生根点,为了满足稳定性及受力要求,需采用较大尺寸;(3)站台荷载直接落于桥梁上,结合站台面与轨面的相对高差,桥梁一般采用槽形截面;(4)顺轨向的每一列桥墩形成一个独立的桥梁体系;每个独立的桥梁体系在横轨方向仅有站台结构连接,但这种连接在水平向是放开的,这样就不存在大面积承轨层的收缩变形和温度应力问题;(5)换乘大厅和出站口标高一般位于±0.000,承轨层高出地面。在这种结构形式中,桥梁可以采用预制构件,也可以现浇。

框架式"桥建合一"承轨层中,框架柱一般采用(圆形、矩形)钢管混凝土或钢骨混凝土;轨道梁采用钢骨混凝土梁或预应力钢筋混凝土梁。为了减少正线列车运行对结构的影响,正线轨行区一般不采用框架结构而是采用传的桥梁结构,且与框架式承轨结构完全脱离。

"梁桥式"和"框架式"承轨层并无本质上的不同,都能较好地体现"桥建合一"的建筑特点,二者的区别主要表现在:(1)"梁桥式"中桥梁尺寸较大,可以实现更大的顺轨跨度,比如武汉站达到36 m,而"框架式"的顺轨跨度一般在20 m左右;(2)在有些情况下,上部高架层的支承柱与承轨层的支承柱在平面上并不完全对应,此时需要承轨层的水平构件承担上部高架层的支承柱。在这种情况下,具有较大水平构件的"梁桥式"更具优势。

2. 高架层结构体系

高架层结构位于站台层之上,为了尽量增大旅客通道的宽度,高架层的支承结构一般不能布置在站台区,而只能布置在轨行区,且应尽量与承轨层支承柱的位置对应,所以其位置必然受制于铁路线路的布置。这种限制体现在两个方面:一是根据铁路线路的特点,在横轨方向,支承轨道梁的桥墩或框架柱的间距一般为21.5 m,顺轨向间距一般为21~36 m,这两个间距自然也是高架层柱网的基本尺寸;另外,由于高架层的支承柱位于相邻两列火车之间,其横轨方向的宽度必然受限于列车运行时要求的最小净空距离,即存在"限界"问题。

在结构体系的选择上,由于轨道层需要视觉通透,并且有火车在其上行驶,因此横轨、顺轨方向均不可以设置剪力墙或支撑,框架—剪力墙、框架中心支撑等结构形式对高架层均不合适。因此,框架结构体系是最为适宜的形式。对于这种大跨框架结构,主要构件的形式见表3—2。

表 3—2　高架层框架结构的主要构件形式

柱	梁	板
钢管、型钢、钢骨混凝土、（圆形、矩形）钢管混凝土	型钢、桁架、组合梁	组合楼板

组合结构由于良好的受力特性，在高架层中的竖向构件中得到广泛的应用。水平构件可以采用 H 型钢梁、箱形钢梁或桁架；在某些情况下，采用钢—混凝土组合梁也能取得不错的效果。

清河站桥建合一结构设计如图 3—50 所示。

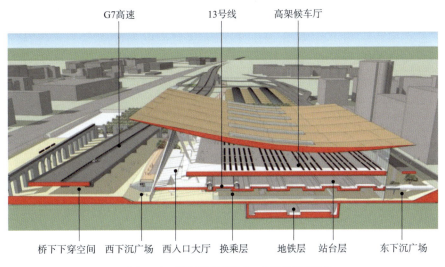

图 3—50　清河站"桥建合一"结构示意图

二、大跨度屋盖结构设计

大跨度屋盖空间结构是实现大型客站高架候车厅大跨度、大空间室内空间效果的技术保证，设计根据建筑形体选取合理的结构方案，充分发挥空间结构的三维受力特性，在保证结构安全和满足建筑功能的前提下，力求结构设计的先进性和合理性，营造高大、开敞的候车环境。大型客站创造了丰富多样的空间结构体系，如广州南站的网壳空间造型优美，天津西站的编织拱跨度达 114 m。此外，实腹结构与空腹结构相结合的结构体系、拱支网壳结构体系、索壳结构和索拱（张弦梁）结构组成的复杂空间结构体系、三角形立体桁架结构体系、双向正交管桁架组成的空间格构与格构柱的板柱结构体系等空间钢结构在外形独特、造型各异的大型客站中也都有运用，虽然为结构的跨度、悬挑长度和抗侧移刚度等均带来了巨大的挑战，但实现了建筑与结构的和谐统一。

与承轨层和高架层相比，屋面层的建筑形式与结构形式更为多样，也往往是结构设计的重中之重。屋面结构的支承位置受制于铁路线路的布置。一般而言，为了高架候车层尽可能通透，必然要求支承屋盖的竖向构件尽量少；为了避免屋盖竖向支承构件直接落于高架候车层的梁上，造成结构转换，使力的传递不直接、不明确，高架候车层的支承构件常常往上延伸进而成为屋盖的支承构件，从而使得竖向传力通畅直接，建筑外形也更为流畅美观。

铁路客站与体育馆、会展中心等公共建筑不同，其独特的结构形式、复杂的施工条件决定了大跨度空间结构应用于铁路建筑时，会受较多制约，站房和雨棚屋盖体系的选型就是典型代表。站房、雨棚的结构形式涵盖了管桁架、网架、网壳、索拱、张弦梁及其组合形成的结构形式等多种大跨度结构体系，结构选型在大跨度屋盖的设计中尤为重要。

大跨度结构的选型涉及建筑、结构、力学、美学、经济学、施工方法等多个方面，通常要考虑以下因素。

1. 结构的功能适应性

结构选型应首先考虑结构形式对建筑功能的适应性,选取不同的结构形式,建筑物所能取得的结构使用空间大小不同。候车室的主要功能是给旅客提供宽敞、舒适的候车空间,雨棚的主要功能是遮雨和形成通透、流畅的站台环境,结构选型首先应该保证这些使用功能的实现。目前铁路客站中普遍采用的大跨度屋盖、无站台柱雨棚设计就是对功能适用性的诠释。

2. 结构的受力合理性

结构的受力合理性是指结构体系传力明确、结构抗风抗震安全、应力分布合理、破坏机理合理等,用于大型铁路站房、雨棚结构设计时,还要注意结构超长带来的温度缝设置以及雨棚结构体系防连续倒塌等问题。各种结构体系有各项的受力特征,如:网架结构整体刚度大,稳定性好,安全储备高;网壳结构杆件内力分布较均匀,可以充分发挥材料的强度,并具有丰富的建筑造型;管桁架具有截面各向等强度、承载力高、抗扭刚度大等特点。结构选型要综合比较各种结构体系的优劣,并综合考虑经济、美观、施工可行等因素,选择最合理的方案。

3. 结构的经济有效性

大跨度结构的经济指标是指结构的全寿命周期费用,不仅包括结构的建造成本,如钢筋混凝土、钢结构等材料费用及安装费用,还包括维护成本和改造成本。在有些客站中,结构的经济指标还包括预期灾害损失和加固费用。结构选型应该综合考虑这些经济指标,并选出最为经济有效的方案。

4. 结构的施工可行性

选择结构形式要结合结构施工工艺因素考虑工程的具体施工条件,不同的施工工艺材料消耗、劳动力、工期、造价等技术经济指标均不相同。同时,大型枢纽客站施工往往涉及下穿的地铁施工或既有运营铁路,钢结构施工吊装施工空间有限、材料运输受场地影响、工期紧张等因素,都应该在结构选型时考虑。

5. 结构的美学效应

结构的美学效应是指建筑视觉美和结构技术美的和谐统一。近些年在铁路客站屋盖结构选型上,有许多用结构来体现建筑视觉美的案例,如武汉站站房采用拱支双向网壳体系,站房中部最大拱跨为116 m,矢高为45 m,外形似飞翔的黄鹤,契合了"千年鹤归"的寓意;西安北站站房屋盖由11个4坡的坡屋面单元体形成折板网格结构,体现了"唐风汉韵"的文化内涵等。

考虑到以上建筑、结构的要求,屋盖横轨向的支承间距往往为高架层支承间距的整数倍,如武汉站为64.5 m,广州站为68 m,南京南站为43 m,均是结合高架候车层的支承构件设置的。

同样为了得到空港式的建筑效果,给高架层更多的使用空间及布置的自由度,屋面层在顺轨向的跨度较之横轨向更大,比如武汉站为116 m,而青岛北站则达到了141 m。屋面层的另外一个特点是体量巨大,而且一般不设缝。表3—3是部分站房的平面尺寸及结构形式。

表3—3 部分站房的屋面平面尺寸及结构形式

站名	平面尺寸 横向(m)×顺轨向(m)	跨度(m)	结构型式
武汉站	308×183	116	拱—双层壳组合结构
天津西站	366×114	114	联方网格型单层网壳
青岛北站	341×23	141	立体拱架
郑州东站	491×240	56	矩形空间管桁架
南京南站	456×216	72	正放四角锥网架结构

从表3—3可以看出,目前国内大型站房的屋面结构以格构式为主,包括桁架、网格结构(含网架结构与网壳结构)等。究其原因,主要有以下几点:(1)格构式许多杆件按一定规则组成的,构件受力以轴向为主,材料利用率高;(2)容易实现空间受力,抗震性能好;(3)格构式的组成方式相当于将复杂建筑形状离散化从而便于实现;(4)易于工厂加工及现场拼装;(5)对周边支承结构的适应性较强。除了格构式结构,刚性与柔性组合的杂交结构体系,如张弦梁、张弦桁架等,在站房屋面结构中也有应用。这类结构通过施加预应力改变结构内力分布而产生效益,用钢量较同类无预应力结构要低。目前大跨屋盖结构常用的形式为实腹(含架、拱等)、网格结构、索膜结构、组合结构。其中的组合结构的内容比较丰富,可以是前面几种形式的组合,比如,张弦梁可以认为是实腹梁和索膜结构的组合。由于车站建筑需要满足列车通行的要求,周边设置过多刚性构件是不现实的。所以柔性结构体系(索膜结构)并不适合,一般宜选择刚性或刚—柔组合体系。

清河站大跨度钢桁架屋盖如图3—51所示。

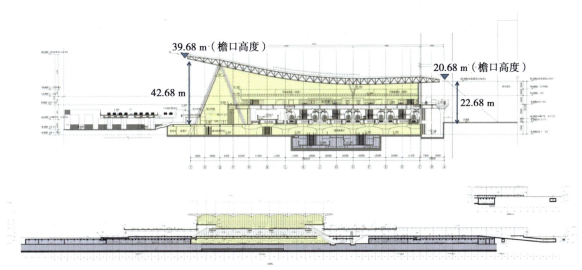

图3—51　清河站大跨度钢桁架屋盖

三、铁路站房地铁主体结构一体化设计

清河站总建筑面积14.6万 m^2,包括国铁、地铁、市政三部分工程,为综合交通枢纽。清河站被誉为"设站条件最差的车站",其西侧紧邻运营中的城铁13号线以及运营中的京新高速,东侧紧邻城市现状办公及住宅区,用地条件极为局促,且现状用地被运营中的线路及铁路站场完全打断,形成了割裂的城市局面,详见图3—52。

怎样在有限的空间内实现国铁、地铁、市政之间的高效换乘,怎样将割裂的城市空间进行"织补",实现东西两侧居民的自由通行、与周边建筑及环境融为一体是设计的重点和难点,详见图3—53。

通过对城铁13号线进行改造,将清河段的高架线路落地,与铁路站场同场布置,不仅有效地节约了空间,同时大大减少了三条地铁间、地铁与国铁间的换乘距离,提高了交通效率。

将西侧京新高速桥下空间做下挖处理,设计为站前广场、公交车场及出租车场。利用东侧有限的道路空间,采用立体交通的设计手法,使清河站与东部城区完美结合,达到了畅通融合的目的。

最后,在有限的建设用地上,合理布置国铁、地铁的各项功能空间,在国铁和地铁流线简洁、畅通、不交叉的前提下,在地下一层实现了国铁、地铁的"零换乘"。并且在地下一层实现了东西两侧居民的自由通行,"织补"了城市空间,如图3—54所示。

图 3—52　清河站割裂城市空间示意图

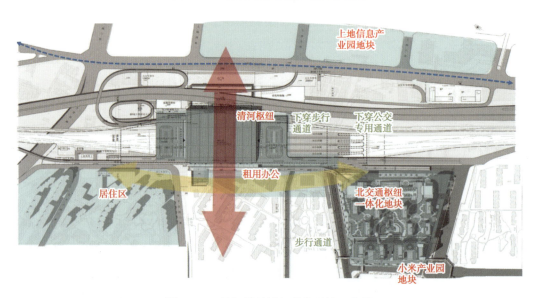

图 3—53　清河站站城一体化设计示意图

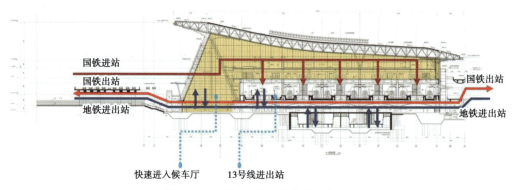

图 3—54　清河站底下进出站示意图

第三节　铁路客站的节能环保设计

铁路客站全年运营,能耗巨大,其节能环保设计尤为重要。对于这一特殊的建筑类型,不同气候条件、社会历史、文化背景、城市规划、道路、周边环境下的规划布局等必定有所差异;同时客站的建筑形式、功能又处于不断发展变化的时期,因此针对这一具体的公共建筑类型的节能环保设计是我国当前需要关注的焦点。我国建筑环保设计起步晚,缺乏良好的基础,在环保设计理念及方法上,都处于发展阶段,仍需要历经一段时间的成长。在节能理念下,建筑环保设计要认真贯彻可持续发展及环境保护等原则,以其作为建筑环保设计的行为及思想的导向。

一、影响能耗的主要因素

影响能耗的主要因素包含如下方面。

1. 气候影响

因气候差异,不同地域的客站能耗差别很大。北方客站冬季采暖时间长,供暖能耗比重最大;南方客站制冷时间长,制冷能耗比重普遍较高。

2. 建筑类型、结构以及遮阳保温方式影响

新型客站大量采用售票、候车、乘车一体化设计的宽敞高大空间,宽阔的采光窗减少了照明能耗,但若遮阳保温处理不当,则会增加能耗。

3. 旅客流量及停留时间影响

随着旅客流量逐年上升,客站能耗、用水量相应增加。开通运营时间较长的客站,旅客流量大且相对饱和,人均能耗较低;部分新型客站受开通时间、市政交通及运输组织的影响,旅客流量较小,人均能耗较高。旅客停留时间对各站能耗有较大影响。

4. 能源品类及用途结构影响

不同时期、不同地域建设的客站因主要能耗品及用途不同存在很大差异。北方寒冷地区采用燃煤、外购热力供暖,成本较低;南方客站一般需要通过电力或天然气制冷供暖,成本较高。

5. 设备设施影响

随着铁路服务质量的不断提升,客站配备了大量的空调、旅客引导系统、监控设备、自动售票机、电梯等服务设施,在给旅客带来舒适便捷的同时直接增加了能源消耗量及运营成本。

6. 节能新技术影响

广泛采用太阳能光伏集热发电、地源热泵空调系统、绿色照明、空调电梯变频等节能新技术,能有效降低客站能耗。车站建筑往往层高、室内空间大、冷(热)负荷较大、能耗高,需要根据地区气候、风向、客站朝向结构等,综合确定最合理的送风方式。

二、铁路客站建筑节能措施

1. 被动节能措施在站房设计中的应用

从节能规划的角度出发,以站房为主体的建筑群布局,宜采用有利于建筑群体间夏季通风的布置形式。我国传统客站站房建筑大多采用U形、一字形、L形三种布局方式。U形和L形布局中,候车楼与售票厅、行包房往往分成多栋建筑,所以必然有部分建筑(包括周边商业建筑)位于东西方向。部分建筑的前或后处于负压区,通风不好,U形最适合于寒冷地区的建筑群体布局。一字形平面布局主要立面采光、通风良好,不易受周边建筑的干扰,且在用地充足的条件下比较合理。站房建筑应采用本地区建筑最佳朝向或适宜的朝向,尽量避免东西向日晒。根据冬、夏季节太阳日运行规律,南向垂直表面在夏季太阳辐射时间较短,冬季太阳辐射时间最长,而东西方向垂直表面在夏季太阳辐射时间最长,因此利

用这一规律,避免建筑主体朝向为东西向,将主要朝向定为南向等适宜朝向,可以充分利用太阳能、自然风等减轻建筑采暖空调的能耗。应充分利用太阳能、风能、地热、水等自然能源,减少环境设计中的刚性地面,种植植被绿化。植被的草本和乔木结合布置为宜,但车站站前广场不宜种植高大乔木,主站房立面容易被遮挡,同时容易产生视线上的干扰。绿化面积适宜分布,尽量使每个地块都能享受到绿化生态效益。

2. 自然通风

铁路客站建筑常见的平面形式有圆形、矩形、T字形。气流涡旋区产生的位置取决于建筑物的外形和风向。涡旋区大,正压也大的部分,最有利于通风。圆形建筑的涡旋区最小,因此圆形建筑通风相对不利,但是这种建筑形式最有利于抗风压。建筑物高度越高、进深越小、面宽越大时,背面涡旋区就越大,对通风有利。矩形平面通风效果最好。T字形综合了开间大、进深小以及开间小、进深大两种矩形平面,气流涡旋区较大,通风效果较好。

3. 建筑日照

为了满足建筑夏季隔热与冬季保温的要求,应当争取主要房间在平面布局中的最佳朝向,为建筑冬季争取日照和夏季避免日晒提供有利条件。布置建筑房间时,应将候车室、售票厅与办公用房等主要用房合理布局。候车室是人口最集中的房间,宜布置在南向等适宜朝向。

目前大多数传统火车站中,普通候车厅进深与主站房进深等长,南、北向通透,形成一个大空间,可集中照明、送风与采暖。南向立面冬季可获得较多的日照,而夏季则南、北向日照很弱,减轻了设备的冷、热负荷。售票厅是流动人口最多的房间,绝大多数旅客都处于站立等候状态,大门基本处于开敞状态,在空调与采暖的季节依靠门口的隔离物防止冷、热气散逸。为了给售票厅创造稳定的热环境,在建筑设计上,应尽量将售票厅布置在有利的朝向,最大限度地弥补由于使用而造成的不足。办公用房则结合不同的功能分别设置在建筑各处。集中设置的办公用房也有许多使用单体空调,如果将用房放在适当的朝向,也可以节约能耗。

三、铁路客站节能设计实例

清河站主立面朝向西侧(即175 m面宽的高架候车厅朝向西侧),优点是候车厅有良好的视线景观,能够看到西山的优美景色,缺点是西晒带来的弊端。如何实现西晒与视线景观的平衡,是设计需要思考的重点和难点。

针对清河站西立面大面积的玻璃幕墙(图3—55),西向设计了长约19 m的大屋檐出挑,以达到西立面上部空间的遮阳效果。立面下部(距顶约7.1 m的以下部位)设计了智控翼帘型百叶建筑遮阳系统(以下简称智能百叶遮阳),弥补了玻璃幕墙不利于遮挡热辐射的缺陷。抗风横梁及竖向抗风杆件设置在幕墙外侧,利用百叶系统进行遮挡,使清河站室内为完整的玻璃面。

图3—55 清河站西立面示意图

智能百叶遮阳系统可以有效阻隔太阳光的直射,与没有任何遮阳的情况相比较,百叶可以切断60%左右的热量,还可以起到美化建筑外部形象的效果。百叶的翻转角度可以根据需要调节,夏季可以遮挡阳光,防止室内温度上升;冬季可以阻挡外流的热量,兼具一定的保温效能。

清河站站台总长度为550 m,北端约185 m采用钢结构无柱雨棚,南端365 m范围上方为站房及落客平台,从而导致了位于站房及落客平台区域的站台空间采光困难,电照明系统需长时间维持在开启状态,耗电量大。为了创造良好的站台空间,并达到节约能源的目的,在清河站南北落客平台区域设置了光导管系统(图3—56)。

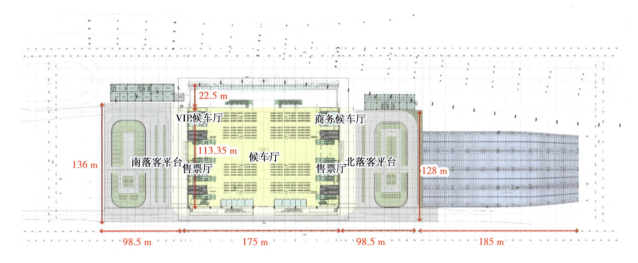

图3—56 清河站二层平台

光导照明系统利用自然光照明,可代替日间电照明,有效降低建筑能耗。使用原理为通过采光罩将太阳光进行收集捕捉,由导光管进行传输,通过漫射器将自然光洒向室内。

光导照明系统将自然光引入站台区域,提供日间照明,与LED光源结合使用,可提供恒定舒适的照明效果。另外,清河站光导管采光罩采用了平顶式和球形相结合的形式,以满足在绿化带、行车道等不同部位的布置需求。其中,平顶式采光罩面板可满足20 t以下车辆(如小汽车、大巴车、消防车等)通过。图3—57所示为站台空间光导管照明实景。

图3—57 站台空间光导管照明实景

采用 FLUENT 软件对清河站建成后的室内风环境进行预测、分析及评价。FLUENT 是专业的人工环境系统分析软件,可以精确地研究流体的流动、传热和污染等物理现象,准确地模拟通风系统的空气流动、空气品质、传热及舒适度等问题。

售票厅:在冬季工况下,1.5 m 人行平面的平均温度为 18.2 ℃,接近设计温度(18 ℃),室内平均风速为 0.16 m/s,满足设计参数要求。在夏季工况下,1.5 m 人行平面的平均温度为 27.3 ℃,接近设计温度(27 ℃),室内平均风速为 0.22 m/s,满足设计参数要求。

候车厅:在冬季工况下,1.5 m 人行平面的平均温度为 18.1 ℃,接近设计温度(18 ℃),室内平均风速为 0.21 m/s,满足设计参数要求。在夏季工况下,1.5 m 人行平面的平均温度 26.1 ℃,接近设计温度(26 ℃),室内平均风速为 0.23 m/s,满足设计参数要求。

第四节　铁路客站的管线综合设计

合理布置各种系统的管线、设施,可为客站站房的整体设计、施工、运营提供强有力的支持。通过 CAD 图纸的设计程序、BIM 技术检测,解决站房内管线碰撞、建筑效果差以及检修难度大等问题。

一、管线综合设计的组成

铁路客站站房各种新的设计、系统不断完善,管线综合设计涉及的内容和要求主要由以下专业组成。

1. 电力专业

电力专业主要进行电力电缆桥架和 FAS、BAS 电缆桥架、封闭式母线、金属线槽、金属导管等电力配电线路的走向布置。

2. 信息专业

线路传输信息分为光信号和电信号,光信号在光纤中传输,能很好地抵抗外界干扰;电信号在电缆中传输,易受外界干扰,在信息线缆敷设中应尽量避让强电、高温、高压管线。

3. 暖通专业

通风系统:通风系统管线及设备复杂繁多,是管线综合设计中最主要的一部分。主要包括送风管、排风管、回风管,以及空调室内机及风机盘管等。

热力系统:这类管道的特点主要是依靠压力输送,一般情况下主管道均需要保温,主要有:采暖系统供回水管道、生活热水供应系统管道、空调供回水系统管道、为热水供应和空调处理设备所需的蒸汽或热水管道等。

4. 给排水专业

给水系统:这类管线属于压力流管道,主要有生活给水系统管道、消火栓系统管道、自动喷淋系统管道、消防水炮系统管道等。

排水系统:这类管道以重力流为主,主要有生活污水排水系统管道、空调冷凝水排水管道、雨水管道等。

二、管线综合设计中存在的主要问题

在管线综合设计过程中,经常会遇到以下问题:

(1)现在的大型客站站房都包含高架候车厅和售票厅等若干个公共空间,为了保证这些大型公共空间整体通透、明亮的效果,为其服务的各种管线及部分设备均应考虑隐蔽布置,放置在设备夹层中,由于使用功能的要求,大量管线在此间汇集,既有各种通风、空调管线以及各种消防及喷淋管线,又有自动报警、红外监控、声光、广播等强弱电力线路,需要在设计时合理排布,满足空间效果的需要。

（2）在大型客站站房设计中，为了保证空间效果，大量的管线需要穿越结构构件，其预留洞口或套管的位置、大小需保证结构安全，因此在结构设计中应考虑管线穿梁、板的位置，做到准确、合理，不影响结构安全，不占或尽量少占空间与层高。

（3）在大型站房的办公部分，一般都包含数个夹层空间，此处层高往往不是很大，但是各种管线都需在其走道吊顶内通过布置，再分头到达各功能房间，由于空间的限制，大量的管线在此处汇集，所以这里的管线最拥挤，也最容易发生交叉，相互挤占有限空间，影响建筑空间的合理使用。

（4）在管线综合中要考虑设备系统末端的合理设计，例如，高大空间采用球形或鼓形喷口，并应与周边装饰相呼应；地辐射采暖的集、分配器应结合建筑平面布局，尽量隐蔽在墙体内、结构柱等建筑角落部位；公共区域墙壁不得安装照明开关，照明开关宜设置在相应的服务间等。

三、清河站综合管线一体化设计实例

京张高铁清河站综合管线采用一体化设计，取得了不错效果。综合机电设计中，协调并优化室内尺度、管线排布，一体化设计设备末端位置及形式，与装修设计紧密结合，充分考虑旅客候车、进出站的感官感受，控制空间尺度与细部协调性。管线主要分布位置：高架站厅管线夹层、站台下管线通廊和地下一层吊顶。如图3—58所示。

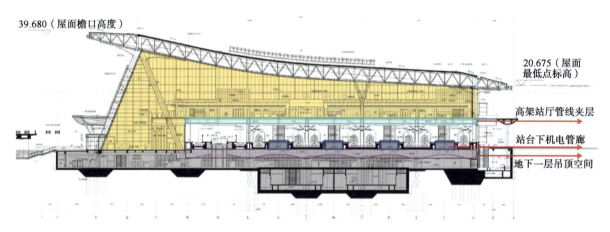

图3—58　清河站综合管线采用一体化设计示意图

地下一层综合管线设计：顺轨向贯通管线集中设置在站台机电管廊下方，桥梁盖梁之间；利用站台墙结构提供综合桥架支点，区分国铁地铁管线，以便后期检修。如图3—59所示。

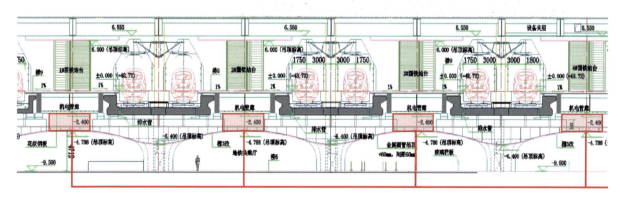

图3—59　地下一层综合管线设计示意图

横轨向贯通管线,因通廊南北两侧管线密度荷载较大,桥梁下方埋件无法全部承载;在清水混凝土柱顶盖梁两侧增设钢结构桁架,以站台墙结构为固定点,为东西贯通管线提供稳固结构。如图3—60所示。

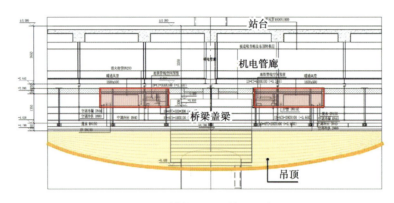

图3—60　横轨向贯通管线示意图

高架站厅夹层管线综合优化。通过BIM建模模拟管线布置,优先排布污废水等重力流管线,其次排布新增密闭垃圾管道($DN\ 500$ mm),模拟管道找坡及夹层洞口内管线分布,优化电气管线由桥架敷设方式调整为穿管敷设,以节省管线空间;使用BIM进行漫游模拟,确保管线夹层每个空间均可进人检修,在机电单元及候车厅管理用房增设检修口(由原设计2个增至13个),以缩短检修人员折返路径。因夹层空间内管线密集繁多,建议在夹层原有布灯基础上,增加反光导向标示等指示系统,方便检修人员检修。见图3—61所示。

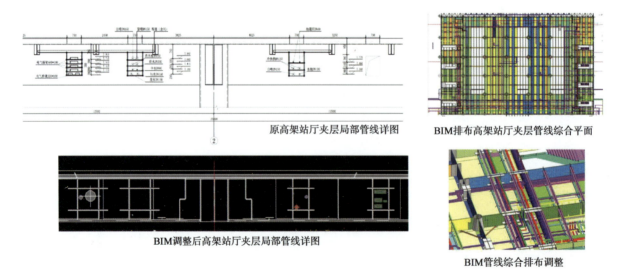

图3—61　高架站厅夹层管线示意图

第五节　铁路客站绿色设计

一、铁路站房绿色设计现状及研究

1. 铁路站房绿色设计发展现状

车站是服务于铁路旅客的重要设施,也是城市综合交通最重要的节点。铁路站房为公共交通建筑,具有一定的特殊性，如空间高、人流量大、运营时间长、能源消耗大等。另外，站房功能组成与住宅、商业、办公等民用建筑项目有着明显的差别（包括进站厅、候车厅、售票厅、出站厅等），具有鲜明的行业特性。因此，在绿色建筑设计方面亦应区别于普通民用建筑。在铁路客运站的建筑设计中，如何根据建筑使用特征和区域气候特征进行有效的绿色设计，实现建筑的高舒适、低能耗，是需要考虑的重要问题。

为了实现铁路客站的绿色设计，原铁道部经济规划研究院会同有关单位，编制了《绿色铁路客站评价标准》（TB/T 0429—2014）。由于编制时间问题，该标准主要参照 2006 版《绿色建筑评价标准》（GB/T 50378—2006），而该标准在 2015 年即被《绿色建筑评价标准》（GB/T 50378—2014）替代。与此同时，2015 年相继发布了《公共建筑节能标准》（GB 50189—2015）和北京市《公共建筑节能设计标准》（DBI 1/687—2015），标准的更迭也极大地影响着绿色铁路客站的建设和评价。

京张高铁是国内首次按照绿建标准建设的高铁项目，清河站亦为全国首个采用《绿色铁路客站评价标准》（TB/T 10429—2014）进行评价、并获得三星级设计标识的铁路客站项目。目前已获得了由中国城市科学研究会颁发的绿色铁路客站三星级设计标识证书以及由美国绿色建筑委员会颁发的 LEED 金级预认证证书。

2. 清河站绿色设计及创新点

以绿色铁路客站三星级为目标，设计构思上采用了诸多绿色可持续技术措施：利用下沉广场有效改善地下采光，引入自然光及自然通风，采用高效机电设备和 LED 照明灯具，采用一级节水器具，将市政中水用于冲厕及车库地面冲洗，室内设置二氧化碳传感器控制新风量，对室内污染物进行有效监控等。

（1）清河站土建装修一体化

清河站公共区室内装修及外立面装修中处处秉承着"重结构、轻装修、简装饰"的设计理念。在地下一层公共区（面积约 2.6 万 m²），为了减少柱子，提高层高，创造良好的空间效果，采用了"站桥一体"的结构形式，柱距达到 25 m。大厅内桥墩、盖梁均采用了清水混凝土一次浇注成型，不做任何外装饰（即直接采用现浇混凝土的自然表面效果作为饰面）。另外，在东西两侧下沉广场及地下一层西侧安检大厅等区域亦采用了清水混凝土的处理方式，整个空间朴实、现代。

（2）建筑造型设计与环境相呼应

清河站屋面由东向西逐渐升起，形成了优美大器的曲线造型。西侧面向西山，为候车厅乘客赢得怡人的自然视野；东侧屋面较低，与东侧既有的建筑体量相呼应，降低了庞大体量的站房对周边环境的压迫感（图 3—62）。西立面采用 7 跨 A 型柱与玻璃幕墙相结合的处理手法，结合屋面出挑，与 G7 高速桥形成了三段式的布局，与中国传统建筑的神韵相得益彰，达到了用现代的建筑语言表达中国传统建筑文化的效果。

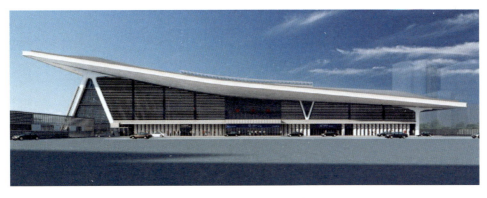

图 3—62　清河站立面示意图

本章参考文献

[1] 王峰.铁路客站建设与管理[M].北京:科学出版社,2008.
[2] 郑健,沈中伟,蔡申夫.中国当代铁路客站设计理论探索[M].北京:人民交通出版社,2009.
[3] 韩志伟.铁路枢纽大型客站设计实践与思考[J].高速铁路技术,2020,11(2):12-17.
[4] 高旋.高速铁路客站建筑设计研究[D].哈尔滨:哈尔滨工业大学,2011.
[5] 唐文胜,叶茂.浅谈铁路客站综合体建筑设计要点:以铁路客站为中心的站城一体化设计探索[J].建筑技艺,2018(9):110-115.
[6] 盛晖.中国第四代铁路客站设计探索[J].城市建筑,2017(31):22-25.
[7] 王彦.绿色铁路客站建筑方案设计的被动式设计策略应用探讨[J].铁道经济研究,2014(3):41-43.
[8] 蔡德强.广州南站桥建合建结构设计综述[J].铁道标准设计,2015,59(6):164-168.
[9] 盛平,柯长华,甄伟.广州新客站结构设计方案的比较研究[J].建筑结构,2009,39(12):6-10.
[10] 郭瑞霞.地域文化在铁路客站内部空间的细部体现[J].铁道勘察,2020,46(3):78-83,94.
[11] 欧宁.京张高铁清河站站房绿色设计研究[J].铁道勘察,2020,46(1):1-6.
[12] 褚冠男.从站房角度谈京张高铁文化的表达[J].铁道勘察,2020,46(1):12-18.
[13] 冯小学,张宁,李恒兴,蒋洁菲,王欣睿.京张高铁站房设计管理的创新理念与实践[J/OL].铁道标准设计:1-6[2021-01-30].https://doi.org/10.13238/j.issn.1004-2954.202008310005.
[14] 马乾瑛,毛念华,张贵海,赵均海.大跨度铁路客站站房屋盖结构性能分析[J].铁道标准设计,2014,58(11):125-129.
[15] 李翔宇,单镜祎,崇志国.城市立体化视角下的地下综合交通枢纽换乘体验提升策略研究:以北京城市副中心站综合交通枢纽为例[J].新建筑,2020(6):22-26.
[16] 唐文胜,叶茂.铁路客运站综合体的"站城一体化"设计探索[J].当代建筑,2020(10):38-41.
[17] 石郁萌,李全瑞.京津冀精品客站站城一体化研究[J].北京规划建设,2019(S1):84-86.

第四章　铁路客站施工技术

截至2020年7月底,全国铁路营业里程达到14.14万km,其中,高速铁路里程达到3.6万km,共建成铁路客站约1 530座,其中高铁客站近1 000座,省会级城市客站约74座,站房总规模近1 660万 m^2,雨棚规模近1 920万 m^2。随着新技术、新工艺、新标准不断得到推广应用,施工管理与施工技术对客站工程施工工期的实现、工程质量的保证、成本控制利益最大化的影响越来越大。

第一节　深大基坑施工

一、支护技术

铁路客站深基坑工程施工场地紧凑、临近既有建筑,深基坑支护结构技术无疑是保证深基坑顺利施工的关键。更重要的是,做好基坑支护的质量控制对保证施工安全、邻近建筑物及施工人员生命、财产安全极其重要。

(一)深大基坑支护的特点、要求与分类

1. 深大基坑的支护特点

铁路客站深大基坑工程主要包括基坑支护体系的设计、施工以及土石方开挖,具备以下特点:(1)基坑支护体系大多为临时结构物,安全储备小,一般具有较大风险;(2)基坑工程地质、水文条件复杂,不同工程地质及水文条件下基坑工程的重难点差异很大;(3)深大基坑工程环境复杂,基坑支护结构不仅要保证基坑自身的安全稳定,还要尽可能减少基坑施工对周围环境的影响。

2. 深大基坑的支护要求

根据以上总结的铁路客站深大基坑工程特点,可以得出深大基坑对其支护体系的要求,总结起来可以分为以下三个方面:(1)保证基坑槽壁的安全、稳定,满足坑槽的空间要求;(2)保证基坑附近相邻建筑物及地下管线在基坑施工期间不影响其安全、正常使用,要求基坑附近地面沉降和水平位移在允许范围以内;(3)尽可能地保证基坑工程施工作业面在地下水位以上(可通过降水、截水、排水体系来实现)。

3. 基坑支护结构形式的分类

根据支护结构的受力特点和被支护土体的作用机理,可以将铁路客站基坑支护结构分为以下6种:(1)重力围护结构。目前在工程中用的较为广泛的是水泥土重力式围护结构,大多选用深层搅拌桩构成,部分工程也采用高压喷射注浆法,最终依靠天然土与水泥土组合而成的围护结构用以支挡周围土体。(2)内撑围护结构。该结构分为两部分:围护体系和内撑结构。其中围护体系主要有钢筋混凝土桩墙和地下连续墙等;内撑结构按照形状可分为水平支撑和斜支撑,按照材料可分为混凝土支撑和钢管支撑两种。该结构主要承受挡墙结构所传递的水和土压力。(3)悬臂围护结构。单纯的悬臂式围护通常借助地下连续墙、木板桩、钢筋混凝土排桩墙、钢板桩等结构,依靠足够的入土深度以及结构的抗弯能力来维持基坑整体的稳定和结构的安全,这种结构对开挖深度的变动十分敏感,易发生较大变形。一般适用于开挖深度较浅且土质较好的基坑工程。(4)拉锚围护结构。拉锚围护结构包括围护和锚固结构体系两部分,其中的锚固体系大多由锚杆以及喷射混凝土等构成。(5)土钉墙围护结构。土钉墙围护结构通常使用钻孔、注浆、插筋或者通过打入的方法在基坑侧壁中设置土钉,组成近似重力挡土墙的结构。(6)放坡开挖。放坡开挖是一种简单且成本较低的施工方式,它主要适用于开挖较浅,项目可利用工作面大，附近土质较好的基坑。施工时要注意保证开挖的过程中边坡足够稳定，不会发生边坡破坏。

(二)基坑支护形式的选择

对于铁路客站基坑众多的支护方式，如何针对工程特点选取恰当的支护方式，是基坑支护施工与管理的重点。尽管基坑支护有以上多种形式，但深基坑支护结构的选择，应优先考虑施工单位现有施工技术水平，优先使用与工程基础桩相同、相近类型的桩体作为基坑支护结构，例如当工程桩采用钢筋混凝土灌注桩，则基坑支护结构应尽量选用这种桩型，如此一来可减少机械设备进场费用。如果基坑较深并且围护桩空间布置允许时，应尽量选用两排支护桩。这是因为该种布置方式力学性能较好，前后排桩与桩顶圈梁能够形成刚架结构，桩间土可以参与支护工作，最终改善围护桩的受力状况，降低桩的配筋数量。

在当下的基坑支护施工中，要综合考虑安全性和经济性两方面。实际施工中，有些工程侧重于安全性或者支护选型，设计就偏于保守，这样就需要增加投资，会造成一定的浪费；有些工程片面追求经济性，降低对基坑稳定性、变形控制以及安全方面的要求，从而引发了工程事故，导致了更大的经济损失。解决这一矛盾的合理方式是研究基坑的施工与管理，既要在设计上对支护选型上优化管理，也要在支护施工过程中进行恰当的控制。

(三)深基坑工程中存在的主要问题

在铁路客站基坑支护的施工工程中，进行的控制主要包括变形、强度、稳定性三个方面。岩土工程技术人员经过多年的实际工程经验和对计算方法、土力学理论的研究以及多次的分析和修正，得出了大量并且十分重要的成果。然而，随着深基坑工程要求的逐渐提高，深基坑工程中依然存在一些尚未解决的问题，总结起来主要包括以下四方面：(1)施工单位在实际的作业中，存在一定的随意性，无法完全满足理论方法的要求；(2)不同计算方法(尤其是仿真数值模拟)得出的结果差异较大，与实际工程结论的差异也较大；(3)一些新型的支护方式的计算理论发展滞后；(4)无法及时准确得到现场的支护结构的受力情况，导致支撑和锚固时产生偏差。

1. 基坑变形的三个主要特征

铁路客站基坑支护施工是为了防止或者使基坑变形满足规范要求，基坑变形主要包括围护结构位移、基坑周围地表沉降和坑底隆起三个方面，基坑变形有三个主要特征：(1)围护结构位移变形。在基坑的开挖施工和支护过程中，支护结构变形主要表现为支护体水平变形和竖向变形两个方面。当基坑开挖深度较浅时，围护结构的变形主要为朝向基坑方向的水平变形，地表也相应发生变形；随着开挖深度的增加，土体变形逐渐增大；与此同时，支护结构产生上升或下沉，进而导致插入坑底的深度发生变化。由此可知，支挡结构水平位移的大小，主要取决于支护结构的刚度以及入土深度、基坑的开挖深度、开挖土体的力学性质等。(2)基坑周围地表沉降变形。基坑开挖过程中，所产生的地表沉降一般是由支护结构位移变化和地下水疏干两方面叠加的作用造成的。其中，基坑围护结构的侧向位移发生变化而引起的地面沉降，主要集中发生在基坑的四周；而另一方面，当地下水疏干造成水位降低过大时，就会产生不均匀沉降，这种差异沉降可能引起建筑物产生倾斜、甚至会导致墙体产生开裂。这种沉降大多发生在以基坑为中心的环形区域的较大范围内。(3)基坑底部隆起变形。随着基坑开挖深度的增加，基坑内外的标高差不断扩大，当开挖到一定深度时，基坑的围护结构外侧土体向基坑内侧移动，使得基坑坑底向上隆起变形，基坑隆起会对工程产生严重的影响，必须加强监测和控制管理。

2. 基坑的变形机理

铁路客站基坑开挖的过程也就是土体卸载的过程，卸载施工发生在基坑的开挖面上。由于卸载的进行，坑底土体发生以向上为主方向的位移，进而导致基底发生隆起变形。此外，在卸载过程进行中，支护结构在坑壁土压力差的作用下产生水平向位移，进而导致墙外土体产生位移。由此得出，基坑开挖引起周围地层移动的主要原因是围护结构的位移与基底隆起变形，下面主要从两方面重点阐释基坑的变形机理。

(1)围护结构位移变化。基坑开挖后,围护结构在力的作用下产生了变形。在基坑侧壁内侧的卸荷过程中,围护结构外侧受到主动土压力的作用,而坑底的支护内侧则受到被动土压力。开挖总是先于支护,因此在开挖过程中,当安装每道支撑或者锚杆以前,围护墙就已经发生了位移。这一变化使支护结构的主动压力区和被动压力区的土体也产生了位移。围护结构外侧的主动土压力使得土体向基坑内部发生水平移动,剪应力增大,导致支护结构背部土体水平应力减小,产生了塑性区。基坑开挖面以下的墙内侧,被动压力区的土体向基坑内水平移动,坑底土体水平应力增大,加上剪应力水平挤压,基底发生隆起变形,坑底形成局部塑性区。支护结构的变形不仅引起了地面的沉降,而且扩大了墙外侧的塑性区,因而加剧了墙外土体向坑内的位移和相应的坑内隆起。

(2)坑底土体隆起。由以上分析可知,坑底隆起变形主要是由于围护结构外侧土体在自身重力和外部荷载的作用下在坑底向坑内方向移动,以及底部土体竖向卸载两方面原因造成的。当开挖面积较小时,基坑主要产生弹性隆起,其中中部的隆起量最高。而当开挖较深且开挖面较大时,基坑底部的隆起是塑性的,隆起量呈现出中间小周围大的形式。在铁路客站基坑支护施工中,支护结构的变形和基底的隆起不仅发生在施工阶段,由于地层损失引起基坑周围地层移动,而且地层移动使土体受到扰动,因此在施工后期相当长的时间内,基坑周围地层还会产生逐步收敛的固结沉降,需要工程技术人员进行长期的变形观测。

(四)工程实例

清河站一期明挖基坑工程影响范围为既有地铁13号线右线K11+538.800~K12+236.800,长度698 m。其中K11+538.800~K11+686.350为路基段(147.55 m),K11+686.350~K12+236.800为高架段(550.45 m)。本工程基坑距既有地铁13号线路基段水平距离约为5.58~7.03 m,距高架段桥墩墩台外边线水平距离约为6.42~21.30 m。地铁13号线已经投入运营,交通运输繁忙,人流量极大,因此限制高架段桥墩及路基段轨道向基坑内水平位移变形及竖向沉降变形要求高。本工程自然地面标高46.72~47.72 m,开挖槽底标高为25.52~37.42 m,基坑开挖深度为8.3~21.76 m。基坑南北向长约667.3 m,东西向最宽处约140.7 m,面积约80 164.9 m²。本工程基坑距既有地铁13号线路基段水平距离约为5.58~7.03 m,距高架段桥墩墩台外边线水平距离约为6.42~21.30 m。如图4—1所示。

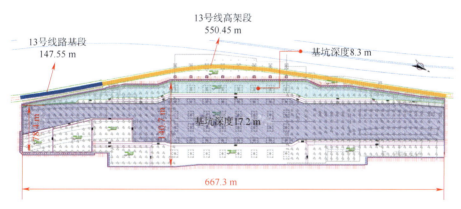

图4—1 清河站基坑工程示意图

临近地铁13号一侧基坑支护多措并举,双排桩与锚索组合支护结构、水泥土搅拌桩土体加固、袖阀管预埋跟踪注浆等,确保基坑安全及地铁13号线运营安全。采用基坑监控量测自动监测仪器,建立自动监测数据平台,通过GPRS上传智能控制管理平台,实施推送相关责任人员,用于指导现场施工组织及应急机制启动依据。

1. 复合围护体系运用

基坑西侧邻近地铁13号线,根据地铁运营公司管理要求,地铁30 m范围内为保护区,施工需对地铁13号线现状进行检测,安全评估并做相应的专项设计,根据专项设计成果编制施工方案。路基段一级基坑深度为 8.3 m,二级基坑相对深度为 8.9 m(距地面 17.2 m)。路基段平面位置如图 4—2 所示。

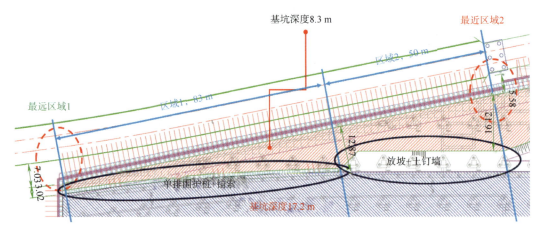

图 4—2　路基段平面位置图

区域 1 一级基坑深度为 8.3 m,采用双排桩(D1 000 mm@1 500 mm,前后排间距 2 000 mm,嵌固深度 12 m)＋两道预应力锚索支护;二级基坑相对深度为 8.9 m(距地面 17.2 m),采用单排桩(D1 000 mm@1 500 mm,嵌固深度 8 m)＋三道预应力锚索支护。区域 1 支护剖面如图 4—3 所示。

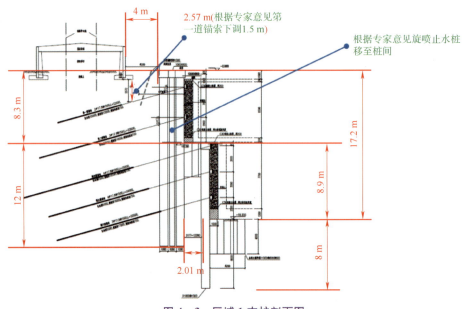

图 4—3　区域 1 支护剖面图

区域 2 一级基坑深度为 8.3 m,采用双排桩(D1 000 mm@1 500 mm,前后排间距 2 000 mm,嵌固深度 12 m)＋两道预应力锚索支护;二级基坑相对深度为 8.9 m(距地面 17.2 m),采用放坡＋5 道土钉墙支护。区域 2 支护剖面如图 4—4 所示。

高架段一级基坑深度为 8.3 m,支护形式为双排桩＋2 道锚索;二级基坑相对深度为 8.9 m(距地面 17.2 m),支护形式为放坡＋土钉墙。路基段局部放大如图 4—5 所示。

区域 3、4 一级基坑深度为 8.3 m,采用双排桩(D1 000 mm@1 500 mm,前后排间距 2 000 mm,嵌固深度 12 m)＋两道预应力锚索支护;二级基坑相对深度为 8.9 m(距地面 17.2 m),采用两级放坡＋4 道土钉墙支护。区域 3、4 支护剖面如图 4—6 所示。

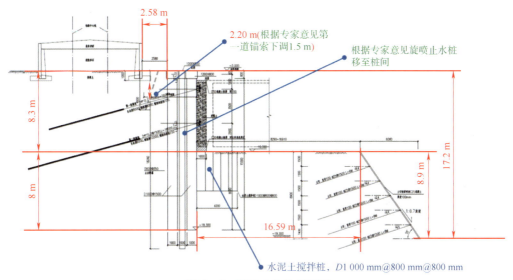

图 4—4　区域 2 支护剖面图

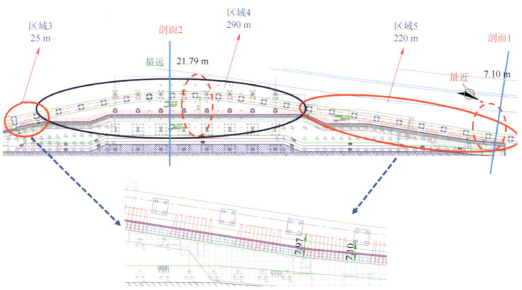

图 4—5　路基段局部放大图

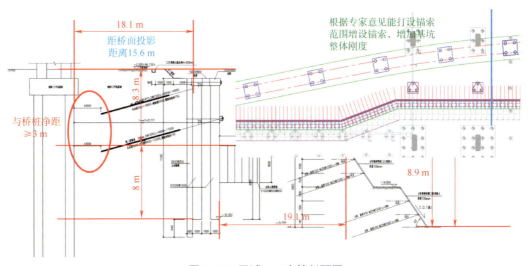

图 4—6　区域 3、4 支护剖面图

区域 5 一级基坑深度为 8.3 m,采用双排桩(D1 000 mm@1 500 mm,前后排间距 2 000 mm,嵌固深度 12 m)＋两道预应力锚索支护;二级基坑相对深度为 8.9 m(距地面 17.2 m),采用放坡＋5 道土钉墙支护。区域 5 支护剖面如图 4—7 所示。

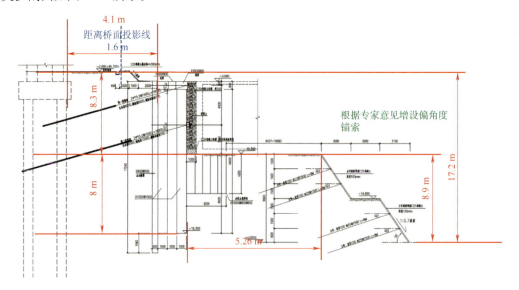

图 4—7　区域 5 支护剖面图

二、降水技术

基坑降水为基坑开挖、支护提供干燥的施工环境,并加固土体,对保证基坑的稳定有重要作用;但同时,基坑降水会使周围渗流场变得复杂,引起周边地下水位降低,危及周边建筑物、构筑物和地下管线等,因此采用多种方案对比分析,确定合理的水文地质参数,选择最优降水方案显得十分必要。

对于基坑的降水方法,通常采用地下连续墙、高压旋喷等形式的封闭止水帷幕,阻挡地下水向坑内渗透,坑内采用管井降水降低地下水位。如南京长江第四大桥南锚碇基坑工程,采用井筒式地下连续墙结构形式进行基坑支护,同时充当隔水帷幕作用。基坑降水渗流模拟核心任务为确定浸润线的位置。浸润线的确定是岩土水力学研究的难点,主要有解析法和数值方法等。如采用有限元法对基坑渗流问题进行模拟,采用规范中经验公式计算地下水渗流等。基坑降水也会改变周边土体承载能力,增加基坑设计的不确定性。从数值模拟及理论计算的角度,对基坑工程降水方法的优化设计进行了研究。以下为某客站站前广场的施工降水方案。

1. 工程背景

某客站站前广场基坑工程西侧紧邻京沪高铁主站房,主站房西侧为高铁路基。站前广场西侧预留轨道交通 6 号线,地下结构外墙距高铁路基约为 85 m,站前广场西南角距拟建公交枢纽约为 50 m。其余各侧均为拆迁场地,无地下管线和既有建(构)筑物。该基坑挖深大部分 13 m,北区酒店综合楼双塔和南区高层办公楼区域挖深 15.9 m,预埋地铁 1 号线挖深 16.41～21.4 m,基坑支护范围约 470 m×350 m。广场部分地下水位降深约 10 m,北区酒店综合楼和南区高层办公楼区域水位降深约 13 m,预埋地铁 1 号线降深 14～19 m,控制地下水位自然地坪下 10 m～18.5。

2. 工程地质与水文地质

勘区地层上部为第四系全新统河流冲积成因的软可塑黏性土、局部夹中、粗砂、卵石土,下部为第四系更新统山前冲洪积成因的黏性土,夹砂土及卵石土,钻探深度范围内地层可分为 9 层。拟建场地位于黄河、小清河冲积平原的边缘相,场地以北有小清河,以东有腊山河。整个场地地形开阔,地势较平坦,勘探期间测得场地自然地面标高为 29.35～31.04 m。

场区水文地质单元位于西郊玉符河隐伏冲积扇前缘砂、砂砾石富水区。地下水类型为第四系孔隙潜水。主要由大气降水和地下水渗流补给。勘探期间属平水期,在钻孔中测得地下水静止水位埋深 3.40~4.76 m,相应标高 25.67~26.50 m,水位随季节性变化较大,变化幅度 1.00~2.00 m。现场钻孔试验获得地层综合渗透系数 k 为 12 m/d。

3. 降水方案设计

2010 年 8 月高铁路基铺轨,自 2010 年 8 月站前广场建设期间需保证高铁路基"零沉降"。为此,站前广场基坑需采用全封闭止水帷幕截水方案,坑内管井降水,坑外回灌。

为避免水位下降给周边道路及环境造成不利影响,保证高铁路基"零"沉降,采用高压摆喷/旋喷止水帷幕,形成封闭式止水帷幕防渗板墙,构造有效的防护体系。

(1)北区酒店综合体双塔区域、南区高层办公楼区域、地铁 1#线外伸部分的帷幕采用高压旋喷,桩径 1 100 mm,间距 800 mm。桩顶位于自然地坪下 4.0 m,帷幕有效长度 25 m,自自然地平起算帷幕深度不小于 25 m,以封闭砂卵层,控制管涌、流沙;(2)其他区域采用高压摆喷,摆角 30°,间距 1 000 mm,喷射帷幕墙厚度和搭接长度均不小于 200 mm。桩顶位于自然地坪下 4.0 m,帷幕有效长度 20 m,自自然地平起算帷幕深度不小于 24 m。

(2)降水方案。场地地下水埋深较浅,地下水较丰富,在基坑开挖支护和基础施工过程中采用降水措施抽排地下水。方案细节如下:①采用大口径管井降水井进行降水作业。基坑周边布置降水井,井间距为 10 m;坑内设置疏干井,井间距为 30 m×30 m(4 倍柱网距)。降水井(疏干井)井径 700 mm,井管直径 500 mm,井管采用混凝土无砂滤水管,管壁外侧回填滤料。②基坑坑底、坑顶设置排水沟、集水盲沟、集水井,配合管井降水,控制地下水位。基坑底部排水沟按盲沟设置,宽深 300 mm×300 mm,集水井尺寸 500 mm×500 mm×500 mm,排水沟集水井均距坡脚≥300 mm。③回灌措施保证帷幕外地下水位稳定。为减少基坑降水引起帷幕外地下水绕流,导致地面不均匀沉降,止水帷幕外侧设置 33 眼回灌观测井;井深设计为 13.0 m,水平间距约 30 m,井径 700 mm,井管径 500 mm。

三、地基加固技术

(一)地基加固技术

目前铁路客站施工中可用于地基加固的技术包括:换填垫层、重锤表层夯实、强夯、土桩及灰土桩挤密、振冲、桩基础、砂石桩、水泥搅拌桩及高压注浆加固等。

1. 换填垫层

随着建筑物的荷载越来越大,当天然地基已不能满足支承上部荷载和控制建筑物变形时,必须对地基进行加固,也就是把建筑物支承在经过人工处理的地基上,这种地基称为人工地基。人工地基从处理深度上可分为浅层处理和深层处理。一般认为地基浅层处理的范围大致在地面以下 5 m 深度以内。地基浅层处理与深层处理相比,一般使用比较简便的工艺技术和施工设备,耗费较少量的材料,以下所介绍的换填垫层法就是量大面广,简单、快速和经济的处理方法。换填垫层法适用于浅层软弱地基及不均匀地基的处理,应根据建筑体型、结构特点、荷载性质、岩土工程条件、施工机械设备及填料性质和来源等进行综合分析,进行换填垫层的设计和选择施工方法。该法是将基础底面以下一定深度范围内的软弱土层挖去,然后以质地坚硬、强度较高、性能稳定、具有抗侵蚀性的填料分层填充,并同时以人工或机械方法分层压、夯、振动,使之达到要求的密实度,成为良好的人工地基。

2. 重锤表层夯实

重锤表层夯实是在基坑内的基础底面标高以下待夯实的天然土层上进行的。它与土垫层法相比,可少挖土方工程量,而且不需要回填,其夯实土层与土垫层的作用基本相同。重锤表层夯实加固原理是将 18~30 kN 的重锤提高到 4~5 m 后自由落下,并如此重复夯打,使土的密度增大,土的物理力学性质改善,以减少或消除地基的变形。在重锤夯实区域附近有建筑物以及正在进行砌筑工程或浇筑混凝土时,应注意防止建筑物、砌体和混凝土因受震动而产生裂缝,应采取适当的措施。

3. 强夯法

强夯处理技术广泛应用于碎石、砂土、低饱和度的粉土与黏性土、湿陷性黄土、杂填土、素填土等地基。对于饱和度较高的黏土和淤泥质地基通过辅以置换等措施也可以取得一定的加固效果,如形成硬壳层,可作为工业项目的厂区、道路、一般建筑物地基。关于高饱和度黏土和黏性土等地基,采用夯坑内回填块石,碎石或其他粒径材料进行强夯置换亦取得了一定效果。强夯法具有以下特点:(1)处理范围广泛;(2)加固效果显著;(3)节省材料,降低工程造价;(4)施工速度快,工期短;(5)施工机具简单。

4. 土桩及灰土桩挤密

土桩及灰土桩挤密法是利用成孔时的侧向挤压作用,使桩间土得以挤密;随后将桩孔用素土或灰土分层夯填密实,前者称为土桩挤密法,后者称为灰土桩挤密法,其共同点是对土的侧向深层挤密加固。土桩或灰土桩挤密地基均属于人工复合地基,其上部荷载由桩体和桩间挤密土共同承担。土桩和灰土桩法具有原位处理、深层挤密和以土治土的特点,用于处理厚度较大的湿陷性黄土或填土地基时,可获得显著的技术经济效益,在我国西北和华北地区已广泛应用。土桩和灰土桩法适用于处理地下水位以上的湿陷性黄土、素填土或杂填土地基。处理深度宜为 5~15 m。当以消除地基土湿陷性为主要目的时,宜选用土桩法,当以提高地基的承载力为主要目的时,宜选用灰土桩法。

5. 振冲

振冲法作为一种简单而有效的复合式地基处理加固方法而得到广泛的应用,其原理简单来说是一方面依靠振冲器的强力振动使饱和砂层发生液化,砂粒重新排列,孔隙减少,另一方面依靠振冲器的水平振动力,在加回填料情况下还通过填料使砂层挤压加密,所以这一方法称为振冲密实法。振冲器借助本身的质量和强大的激振力,在高压水的配合下下沉造孔,在振冲孔内填入骨料,经振密,形成一根碎石桩,振冲碎石桩与原地基土共同作用,形成复合地基,可成倍地提高地基复合承载力,减少压缩变形量。

6. 桩基础

打入预制桩。钢筋混凝土预制桩造价较高,但它的施工机械化程度高、施工速度快、承载力高,所以近几年在一些重要的工程中采用的较多。在湿陷性黄土层较厚或地下水位较高而建筑物的荷载又较大的情况下使用预制桩是特别合适的。预制混凝土桩为国内使用最多的一种桩型,常用截面有普通混凝土方桩和预应力混凝土管桩两种。尤其是方型桩,生产制作运输堆放都比较方便。有的地区采用三角形截面的空心桩,此桩具有材料耗量少、质量轻、界面周边惯性矩较大的特点。钻孔灌注桩。钻孔灌注桩是高层建筑常用的一种基础形式,它将上部结构的荷载传递至深层稳定的土层或岩层上去,以减少建筑物的不均匀沉降。它能适用于不同的场地和多种地层的施工,在工业与民用建筑及道路桥梁工程中得到普遍的应用。钻孔灌注桩具有施工工艺和机具设备的多样性,但各种工艺和机具设备同样要受到施工场地的环境、地质条件的约束。爆扩桩基础。爆扩桩是先用钻机或大直径洛阳铲掏孔(也可用炸药爆扩)形成桩孔,然后在孔底安放炸药包,浇入部分混凝土,将炸药引爆后在桩底形成扩大头空腔,继续浇灌桩身混凝土而成为爆扩桩。爆扩桩施工方便,不需要复杂机具,土方量很少。

7. 砂石桩法

碎石桩、砂桩和砂石桩总称为砂石桩,它是指利用振动或冲击形式,在软弱的地基成孔后,填入砂、砾石、卵石、碎石等材料并将其挤入土中,形成较大直径的砂石体而构成的密实桩体。砂石桩可用于处理松散砂土、粉土、黏性土、素填土及杂填土地基,该方法处理可液化地基是很有效的。其工作机理主要靠桩的挤密和施工中的振动作用使桩周围土的密实度增大,从而使地基的承载力提高,压缩性降低。因软弱的地基土的渗透性较小,灵敏度较大,成桩过程中产生的超孔隙水压力不能迅速消散,挤密效果较差,而且因扰动而破坏了土的天然结构,降低了土的抗剪强度。根据国外的经验,在软弱黏性土中形成砂石桩复合地基后,再对其进行加载预压,以提高地基强度和整体稳定性,并减少工后沉降。因此,采用砂石桩处理饱和软弱黏性土地基应根据工程对象区别对待,通过现场试验来确定地基处理方法。地基土的土质不同,对砂石桩的作用原理也不尽相同。在松散砂土和粉土地基中,其主要作用有挤密作用、振密作用及抗液化作用;而对于黏性土地基,其作用是置换作用和排水作用。

8. 水泥土搅拌

我国地域广大,有各种成因的软土层,其分布范围广、土层厚度大。这类软土的特点是含水量高、孔隙比大、抗剪强度低、渗透性差、沉降稳定时间长。近年来根据工业布局和城市发展规划,经常需要在软土地基上进行建筑施工。由于软土地基不良的建筑性能,因此需要进行人工加固。软土就地加固是基于最大限度的利用原土,经过适当的改性后作为地基,以承受相应的外力。

水泥土搅拌法是利用水泥、石灰等材料作为固化剂,用特制的搅拌机械,在地基深处就地将软土和固化剂强制搅拌,利用固化剂和土之间所产生的一系列物理化学反应,使软土硬结成具有整体性、水稳定性和一定强度的水泥加固土,进而提高地基土强度和增大变形模量。在软土地基中搅拌掺入各类固化剂,使软土固化,是一种通用的地基加固方法。常用的固化剂有:(1)水泥类:普通硅酸盐水泥、矿渣水泥;(2)石灰类:生石灰、消石灰;(3)沥青类:地沥青、沥青乳剂;(4)化学材料类:水玻璃、氯化钙、尿素树脂、丙烯酸盐等。水泥土搅拌法的基本原理是基于水泥土的物理化学反应过程。它与混凝土的硬化机理不同,混凝土的硬化主要是水泥在粗填充料中进行水解和水化作用,所以凝结速度较快。而在水泥加固土中,由于水泥的掺量很小,水泥水解和水化反应完全是在有一定活性的介质土的围绕下进行,所以硬化速度缓慢且作用复杂,因此,水泥土的强度增长较混凝土缓慢。

9. 高压注浆加固

高压注浆法又称旋喷法。其原理是利用钻机把带有特殊喷嘴的注浆管钻进至土层预定的位置后,用高压泵将水泥浆液通过喷嘴水平射入土中,借助射流的压力将土层切割破坏,水泥浆液把泥浆置换地表,同时钻具依一定的速度向上旋转提升,使水泥浆与土体充分搅拌混合,凝固后形成具有一定强度的圆柱桩体或墙体,使地基得到加固,提高地基的承载力。高压喷射注浆加固法是当今现代工业提供了大功率高压泵、钻机和硬质合金喷嘴等先进设备后,由水力采煤和高压水射流技术应用到土木工程中来的新的土体加固法。该方法适用于处理淤泥、淤泥质土,流塑、软塑或可塑黏性土、粉土、砂土、黄土、素填土和碎石土等地基。施工工序包括准备工作、射水试验、打管、配浆、注浆和冲洗等。

(二)地基加固实例

清河站总实施工期30个月,工期紧张,施工任务繁重,尤其是客站的结构基础形式为桩筏基础,总共4 030根工程桩中有2 860根为50 m以上超长混凝土灌注桩,在基坑支护未完成无法进行降土情况下,实现超长混凝土灌注桩质量目标、进度目标成为影响项目工期的重中之重。

1. 超声波成孔检测技术应用

因桩基普遍孔深达到60～70 m,成孔后下笼过程中易出现卡笼情况,施工单位采用超声波成孔检测技术提前对桩孔的孔径、孔深、垂直度等关键数据进行有效掌握,避免出现孔口对接后钢筋笼卡孔壁。

超声波检测的基本原理是利用超声波反射技术,获取孔壁信息并进行数据分析,对成孔质量进行综合检测。超声波检测成孔质量比较成型的仪器是超声波孔壁测定仪,它由超声仪、声波探头(由发射和接收换能器组成)、记录仪(或由计算机组成的数据采集系统)和提升机构等组成。桩基超声波检测原理如图4—8所示。

超声波检测仪工作原理将超声波探头沿充满泥浆的钻孔中心以一定速率下放,在连续下放过程中,发射探头垂直孔壁发射超声波脉冲,接收探头接收孔壁反射信息。当孔壁坚实牢固(或缩径),超声波传播双程旅行时间短反射强度大;当孔壁疏松、塌孔(或扩径)时,超声波传播双程旅行时间长、反射强度小甚至接收不到反射信号。这样,从孔口到孔底通过记录反射时间和反射强度,可计算出钻孔在不同深度处的孔径值并可反映出孔壁状况,进而还可计算出孔深、垂直度等参数。现场实测时,超声波探头的下放与提升由绞车自动控制完成,反射信号从接收探头传至地面的记录仪,通过计算打印成图。输出结果如图4—9所示。

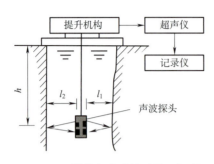
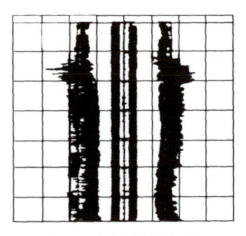

图 4—8　桩基超声波检测原理如图　　　　图 4—9　超声波监测输出结果

2. 分体式钢筋连接器应用

随着装配式建筑的日益成熟,越来越多的延伸技术日益成熟,应用在预制装配式建筑中的钢筋连接技术层出不穷,施工单位将这种针对不转动钢筋的连接器应用至超长混凝土灌注桩当中,应用效果良好,大大节约施工时间成本。

该钢筋连接技术针对单根钢筋锁定或多根钢筋锁定无法转动的情况,在钢筋两端增设两个螺母,长螺套可在螺母上自由转动,通过增设两个自由端,将两端的固定端连接。施工细节如图 4—10 所示。

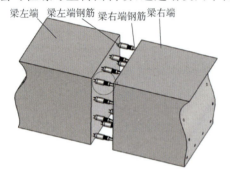

图 4—10　分体式钢筋连接示意图

分体式钢筋连接器应用在超长混凝土灌注桩中的应用中,钢筋笼制作采用定位工装,钢筋丝头端插入定位工装孔内底部并将螺丝顶紧,防止钢筋位置错动,其他部分与加劲箍筋焊接。钢筋笼连接端钢筋平面度误差控制在 5 mm 内,钢筋间的位置误差由定位工装保障。钢筋笼连接端如图 4—11 所示。

图 4—11　钢筋笼连接端示意图

钢筋笼加工完毕后,将对应的 WL 双螺套套筒分别装配到钢筋笼上。套筒连接如图 4—12 所示。

图 4—12　钢筋笼套筒连接示意图

将上部钢筋笼起吊至垂直位置,下落钢筋笼将套筒对齐并接触。将外螺套旋入下部内螺套根部,锁紧锁母。套筒吊装如图 4—13 所示。

图 4—13　钢筋笼套筒吊装示意图

采用分体式钢筋连接器进行钢筋笼接长技术,减少现场钢筋搭接焊工程量,缩短成孔成桩间隔时间,且连接质量能到得到有效控制,提升钻孔灌注桩成桩质量。

3. 后注浆技术运用及优化

采用超长混凝土灌注桩桩端、桩侧后压浆施工技术,注浆管布置采用"不同层次单管环形注浆"装置,沿着钢筋笼纵向设置桩侧压力注浆器。施工单位通过与设计单位等共同研究,针对桩侧注浆预留管进行优化设计。桩侧注浆管采用焊管与钢丝软管相结合,钢丝软管可环绕桩体一周,通过压力将软管压破形成环状结石体,有效增大桩基承载力。每处桩侧注浆管只控制单一断面桩侧注浆,即每根焊管仅与一根钢丝软管连接。传统一根注浆管控制多处注浆点装置无法实现钢丝软管环状结石体(每根管仅能压破一根钢丝软管)。且此布置方式可针对地质条件不同,针对土层渗透性能较好位置布置桩侧注浆。后压浆导管设置如图 4—14 所示。

四、检测技术

在客站基坑施工中,由于地质条件、荷载条件、材料性质、施工条件和其他因素的复杂影响,很难单纯从理论上预测工程中可能遇到的问题,且理论预测值还不能全面而准确地反映工程的各种变化。所

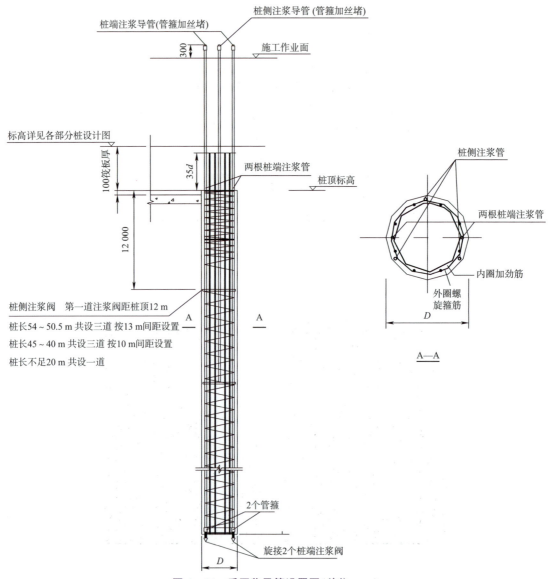

图 4—14 后压浆导管设置图（单位：mm）

以，在理论分析指导下有计划地进行现场工程监测十分必要。

（一）监测技术要求

施工期间应根据监测资料及时控制和调整施工进度和施工方法，对施工全过程进行动态控制。监测数据必须做到及时、准确和完整，如发现异常现象更要加强监测。监测数据未达到报警值期间，应向设计单位每周提交一次书面监测结果（包括每天的监测数据及周报），监测材料上应注明对应的施工工况及工况平面分布图等施工信息，便于相关各方分析监测结果所反映的情况。监测数据如达到或超过报警值应及时通报有关各方，以期尽快采取有效措施保证本工程进展顺利。

对原始数据要进行分析，去伪存真后方可进行计算，并绘制观测读数与时间、深度及开挖过程曲线，按施工阶段提出简报。监测工作贯穿基坑工程的始终，待全部资料齐备后，应提供完整电子版监测数据、监测时程曲线图及监测报告相关各方。

（二）监测内容

一般来说，基坑周边建筑物、地下管线及基坑本身变形检测是监测的重点。监测点的布置应在基坑开挖深度2倍范围内布点，方案且应由专业监测单位制定、实施监测方案，具体监测内容包括：(1)基坑坡顶水平位移;(2)既有运营线路轨顶竖向、水平位移;(3)周边建筑物水平位移、竖向位移和倾斜;(4)基坑内外地下水位;(5)基坑周边地表沉降;(6)周边建筑、地表裂缝;(7)周边管线位移,等等。

(三)基坑自动化监测系统

京张高铁清河站基坑施工自动监测系统通过在工地现场安装自动监测仪器,实现全天候、连续、网络化的自动监测工地现场的情况。自动监测仪器按照功能分为传感器和数据采集器。通过工地现场的自动监测平台,数据被采集并保存在自动监测平台数据库中。数据自动采集平台共分为采集端与云服务端两部分。采集端安装在工地现场。监测仪器通过电缆线与采集器相连,然后在该采集器自动采集仪器数据读取程序,通过各仪器不同读取程序读取仪器中数据后自动生成该仪器的数据文件,再将数据由采集器通过GPRS传递给云平台,经过数据自动采集平台进行解析处理后,保存至数据自动采集平台的数据库中,完成仪器数据的自动读入。然后通过网络通信设备,将数据传送至服务应用端以供查询分析。从工地上采集来的监测数据被导入数据库以后,系统将自动判断工程当前所处的状态是安全区、预警区还是警戒区,然后用醒目的、具有人性化的界面向用户显示分析结果。比如说在沉降曲线和测斜曲线中用绿颜色表示安全,黄颜色表示预警,红颜色表示报警,便于用户使用。自动化监测系统平台网络拓扑如图4—15所示。

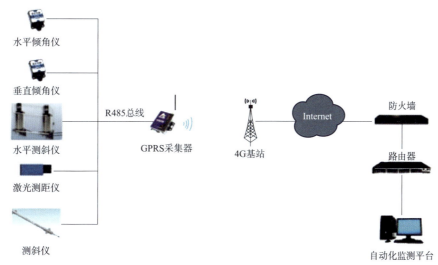

图4—15 自动化监测系统平台网络拓扑图

1. 围护墙顶部的水平位移监测

围护墙顶部水平位移监测点位沿围护墙的周边布置,围护墙周边中部、阳角处应布置监测点。监测点间距不宜大于20 m,每边监测点数目不少于3个。监测点宜设置在围护墙顶冠梁处。通过围护墙水平监测可以掌握围护墙在基坑施工过程中,围护墙顶部的水平位移情况,用于同设计比较,分析基坑的健康状况与对周围环境的影响。围护结构桩顶水平位移基准点观测采用导线测量方法,监测点水平位移观测根据现场条件,采用激光测距仪GLLM10C-NNN-485进行观测。

(1)GLLM10C-NNN-485工作原理。本系列激光测距传感器采用相位比较原理进行测量。激光传感器发射不同频率的可见激光束,接收从被测物返回的散射激光,将接收到的激光信号与参考信号进行比较。最后,用微处理器计算出相位偏移所对应的物体间距离,可以达到毫米级测量精度。

(2)无线传输设备。监测系统的数据传输系统采用的是移动GPRS网络。移动GPRS网络传输数据的特点:传输效率高,数据包长度不同时的传输效率也不相同,假设在数据包长度为最长情况下,最大传输效率可达$w=97.3\%$。传输延迟低,200字节之内的数据包可以在1秒之内完成准确传输,大于200字节的数据包在3秒之内也能传输完毕。稳定性高,网络条件正常的前提下,数据包的成功率不低于99.9%。

(3)软件系统。可将数据直接对接现有的客户边坡监测软件系统。也可根据传输回的数据格式,客户自行根据需要进行开发使用。

(4) 分析修正。激光测距主要误差:由于在激光测距实际应用中,受到参数和仪器本身的影响,测得的数据反映的往往不是真实的距离值,因此需要对其进行修正。仪器本身参数误差可通过校正;大气折射率误差:当距离较近时,可忽略;如果实测 100 m 以上,可用固定公式进行修正。

2. 围护墙顶部的纵向位移监测

(1) 观测范围。竖向位移包括围护墙(边坡)顶部的竖向位移。

(2) 测点布设。围护墙顶部的竖向位移监测点沿围护墙的周边布置,围护墙周边中部、阳角处应布置监测点。监测点间距不宜大于 20 m,每边监测点数目不少于 3 个。监测点宜设置在维护墙顶冠梁上。监测点预警判断根据变形速率及累计变形量双控指标与预警、报警、控制指标进行比较给出。

(3) 安装方法。①安装储液筒:将所有容器安装在相同的标高,这在监测程序开始前是非常重要的。将各托架用螺栓固定于设计的墙面上或者测墩上。托架为一"L"形角钢,一面有三孔,一面有两孔。两孔的一面用于和墙面或测墩相连,三孔的一面用于和储液筒底部相连。托架和墙面或测墩相连可用直径为 ϕ10 mm 的膨胀螺栓,每一螺栓应拧紧固定。各托架应处于同一水平位置。托架安装完毕后,再在托架上安装储液筒。托架和储液筒用三螺纹支撑杆相连,在储液筒上面放一水平尺来抄平,调节螺纹支撑杆上的螺帽使储液筒水平。②连接通液管:通常在每个储液筒的底部有两通液孔(在出厂时用两螺纹堵头封住,如果此点只和两个测点相连,可只卸一个通液孔),卸下螺纹堵头,在原孔上安装三通阀门(此配件已随仪器配置)。在安装三通阀门时应保证它和储液筒的密封,可在三通阀门螺纹上缠生料。安装完三通阀门后,根据各测点间的距离,裁取通液管的长度。然后用通液管和三通上的接口相连,把各测点串联在一起。③系统充液:在系统内应充入纯净水,通过任意储液筒对系统充液(如果系统所处的环境温度有可能下降到零度以下,应在纯净水中加入一定比例的防冻液)。操作时,应小心排除管内的空气和气泡。加液时应缓慢不间断加入,可通过水位显示管观察系统内液位的高度。当液位距储液筒口有 8 厘米左右时,应停止充液。检查系统的密封性能,观察各接头部位有无液体渗出。如无渗漏可进行下一步操作。④安装传感器:将浮球取出与传感器感应杆连接好,在螺纹处打螺纹胶,感应杆穿过储液罐上盖,并扭紧上盖打螺纹胶。感应杆插入传感器感应槽内,旋紧传感器,螺纹处打胶即可。⑤连接通气管:通气的作用是使所有容器内液面以上压力保持恒定,整个通气系统应相互连通并仅在一点和大气连通。先用配置的通气管把各传感器通气孔串联,再用储液筒通气管把各储液筒通气孔串联。松开干燥管一端的螺帽,使其和大气导通。静力水准仪安装如图 4—16 所示。深基坑监测如见及界面显示如图 4—17 所示。

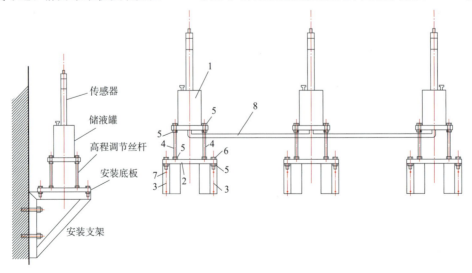

图 4—16 静力水准仪墙面安装示意图

1—静力水准仪;2—底座;3—支架;4—螺杆 M10;5—螺母 M10;
6—螺栓 M10;7—膨胀螺栓 M10;8—液管

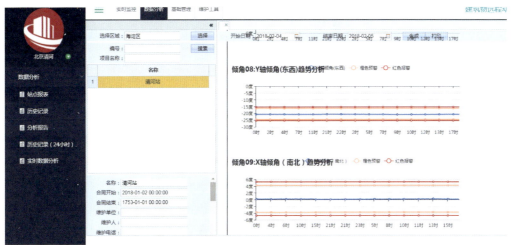

图 4—17　深基坑监测软件

第二节　大跨度与大空间钢结构施工

一、钢桁架拼接技术

京张高铁是 2022 年冬奥会的重要交通基础设施,清河站是该线路上最重要的交通枢纽站之一。清河站站房候车大厅屋盖系统最大跨度 84.5 m,外部悬挑端最大长度为 20.5 m,桁架呈空间交叉型,支撑点为钢管混凝土柱。站房钢结构的安装构件多,由主桁架、次桁架、悬挑桁架及相应的钢梁组成。结构单元截面尺寸大,构件重,场内作业现场狭小。施工中采用合理的半逆作施工方法进行分段吊装,先施工屋盖钢结构,再施工站房内部结构,将吊装设备走行于承轨层,通过临时支撑结构完成屋盖钢结构的安装,其他内部钢框架直接吊装就位。施工中确保钢结构施工安装的质量,同时保证其他专业各工序合理进行平行流水是施工重点。

1. 工程概况

清河站西侧紧邻地铁 13 号线和京新高速公路,由主站房、高架落客平台以及站台雨棚组成,如图 4—18 所示。该工程总投影长度为 560 m,其中主站房长 195 m,高 39 m;高架落客平台长 90 m,高 8.1 m;C 雨棚长 184 m,高 9.6 m。

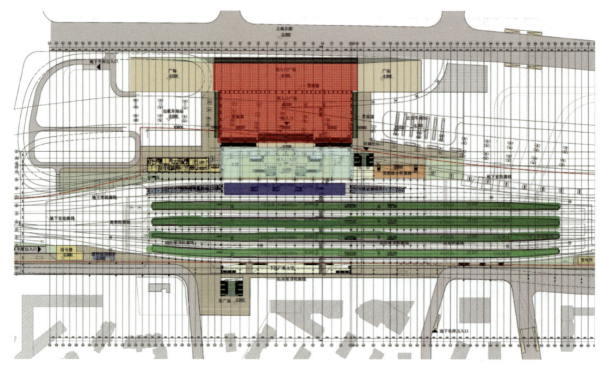

图 4—18 主站房平面图

主站房平面尺寸 195 m×161 m，由 8 榀大跨度主桁架、238 榀次桁架以及系杆、支撑和主次檩条构成，是本工程的主要建筑物。主站房候车层高 8.65 m，两侧 14.15 m、19.25 m 高度处布置两个夹层。屋盖主桁架由东侧椭圆钢管柱、西侧 A 形柱以及中部 Y 形柱承重。主桁架高 3.5 m，跨度分别为 43.5 m 和 84.5 m，主桁架东侧悬挑 12.5 m，西侧悬挑 20.5 m。A 区次桁架高 1.5～3.5 m，跨度 25 m，两侧悬挑 10 m。候车层采用框架结构，由 H 型钢梁和普通圆管柱构成，南北柱距 25 m，东西柱距 21～23 m。主站房钢柱采用 Q390GJC 钢材，内灌 C60 混凝土。其中椭圆柱截面 Pl 500 mm×1 200 mm×40 mm～Pl 800 mm×1 200 mm×50 mm，A 形柱截面 Pl 800 mm×1 200 mm×40 mm，Y 形柱有 Y-1、Y-2 和 Y-3 三种形式，Y-1 为 D1 200 mm×40 mm、Y-2 为 D1 200 mm～900 mm×40 mm、Y-3 为 D900 mm～700 mm×30 mm。主站房屋盖采用垂链线设计，屋顶向西出挑并尽量抬高，主站房侧面如图 4—19 所示。

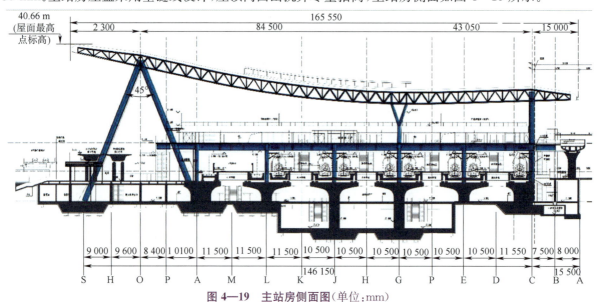

图 4—19 主站房侧面图（单位：mm）

2. 施工难点

由图4—18和图4—19可知,本工程A区主站房结构复杂、造型别致,因此,施工难度大,主要存在以下不利因素:(1)干扰多,A区西侧紧邻13号地铁线和京新高速公路,因地铁线需要改道,主站房分段施工必须采取合理的方法避免交叉影响;(2)吊车轨道布置困难,由于主站房主桁架与铁路线垂直,而站台层与桥面均无法布置大型履带吊的行走通道,因此,现场吊车轨道设置及钢构件转运存在困难;(3)跨度大,A区屋盖主桁架最大跨度84.5 m,悬挑20.5 m,支承在异形柱上,施工过程中不易控制钢结构的安装精度及变形,临时支撑的设计至关重要。

3. 施工分析

(1)施工方案。本工程A区主站房的主次桁架和钢柱重量大,采用分段起吊、高空原位拼装的施工形式。支承候车层的框架柱分上、下两段制作,每段重量控制在15～25 t之间;支承屋盖的异形柱分上、中、下三部分及若干段制作,每段重量控制在25～35 t之间;主桁架则分成八段,如图4—20所示。

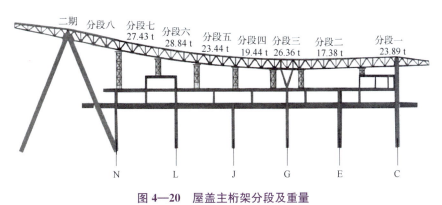

图4—20 屋盖主桁架分段及重量

主站房按照以下方式分期施工,站房东侧A～N轴区域为一期施工区、西侧N～S轴区域为二期施工区。一期施工时,地铁正常运营,二期则在地铁改道后再施工。为了减少相互影响,一期采取自下而上、由西向东退装的方式,靠近地铁线的N～L轴首先进行屋盖、候车层、夹层施工使N～L区域形成整体,然后依次进行L～J、J～G等轴线区域的整体施工直至一期完成,二期从一期N轴处由东向西、由中间向两侧推进。一期和二期共分17个施工工况,见表4—1所示。

表4—1 主站房施工工况

施工流程	工作内容	施工流程	工作内容
工况1	N～L轴线区域柱梁安装	工况10	G～E轴线区域柱梁
工况2	N～L轴线区域临时支撑和主梁安装	工况11	安装G～E轴线区域主次桁架安装
工况3	N～L轴线区域次桁架安装	工况12	E～C轴线区域梁柱、桁架安装
工况4	L～J轴线区域柱梁安装	工况13	C轴线悬挑屋盖安装
工况5	L～J轴线区域临时支撑和主梁安装	工况14	E、H轴临时支撑卸载
工况6	L～J轴线区域次桁架安装	工况15	二期中间区域安装
工况7	J～G轴线区域柱梁安装	工况16	二期两侧区域安装
工况8	J～G轴线区域临时支撑和主梁安装	工况17	全部临时支撑卸载
工况9	J～G轴线区域次桁架安装		

本工程A区主站房屋盖跨度大,施工过程中,在每榀主桁架与纵轴E、H、K、M、N交界处都设置了截面1.5 m×1.5 m的格构式临时支撑,总共布置40个支撑。一期完成后拆卸E、H轴的临时支撑,二期完成后拆卸N、M、K轴即全部临时支撑。

(2)施工过程模拟。根据表 4—1 所列的施工工况,采用 Midas Gen 2018 有限元软件进行了施工全过程的仿真分析,模拟结果见表 4—2。

表 4—2　各工况的模拟结果

施工流程	候车层最大应力（MPa）	候车层最大竖向位移（mm）	屋盖层最大应力（MPa）	屋盖层最大竖向位移（mm）	临时支撑最大应力（MPa）
工况 1	－29	－14			
工况 2	－32	－15	－9	－2	－13
工况 3	－35	－15	－23	－6	－28
工况 4	－30	－14	－23	－5	－28
工况 5	－32	－14	－23	－7	－41
工况 6	－40	－14	－42	－11	－59
工况 7	－40	－15	－43	－11	－59
工况 8	－47	－16	－38	－11	－62
工况 9	－55	－16	－40	－15	－71
工况 10	－58	－16	－42	－16	－75
工况 11	－57	－16	－43	－16	－72
工况 12	－57	－16	－43	－16	－69
工况 13	－57	－16	－43	－16	－69
工况 14	－80	－17	81	－41	－106
工况 15	－79	－17	82	－42	－117
工况 16	－79	－17	81	－41	－110
工况 17	77	－17	77	－80	

由以上模拟结果可知,在主站房施工过程中,候车层的最大竖向位移为－17 mm、最大应力为 80 MPa;屋盖最大竖向位移为－80 mm、最大应力为 82 MPa;临时支撑的最大应力为 117 MPa,所有应力和变形都在设计允许范围之内。

根据表 4—2,本工程主站房施工的最大应力和最大变形都与临时支撑部分和全部拆卸密切相关,这是由于临时支撑的拆除是一个结构体系转换且内力重分布的过程,在拆撑过程中,主体结构将从部分受力逐渐转化为完全受力而引起内力和位移增加。目前,国内外关于钢结构临时支撑拆除过程中体系受力转化的研究尚处于探索之中,因此,为了保证拆撑过程安全可控,对结构体系进行变形监测十分必要。

(3)变形监测。遵循"分区、分级、均衡、缓慢"的拆撑原则。卸载操作主要采取对支撑顶部胎架模板割除的办法,根据支撑的卸载位移量控制每次割除的高度,一般情况下,每次的割除量控制在 5～10 mm 之间,至某一步割除后结构不发生位移时再拆撑。本工程主站房二期完成后,在 N、M、K 轴临时支撑拆除时进行了变形监测,监测点设置在屋盖上,如图 4—21 所示,监测结果如图 4—22 所示(个别测点因施工干扰没有得到数据)。

由图 4—22 可知,在临时支撑全部拆卸过程中,主站房 E、S 轴发生正向位移而 N、K 轴发生负向位移,其中 S 轴比 E 轴位移大、K 轴比 N 轴位移大,最大竖向位移为－65 mm,出现在 K 轴与 8 轴的交点,这与屋面垂链线设计形式有关。屋盖两侧上移、中间下移的变形规律与仿真分析结果相似,两者数据也接近,充分说明了仿真模拟的合理性。因此,本工程临时支撑的拆除是安全的,该主站房施工方案可行。

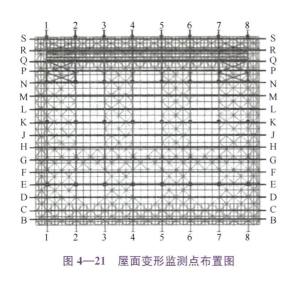

图 4—21 屋面变形监测点布置图

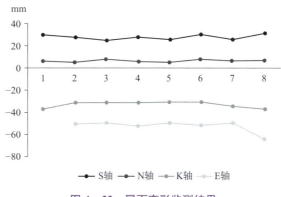

图 4—22 屋面变形监测结果

二、网架分区整体提升技术

津秦铁路客运专线的重要枢纽滨海站,位于滨海新区先进制造业产业区中心,距滨海新区核心 12 km,距塘沽城区新北路约 5 km,东临泰达开发区和天津港,西临高科技产业园区。滨海站由主站房和站台雨棚组成。滨海站站房建筑面积约 78 381 m²,其中出站层 21 016 m²、站台层(含夹层)19 547 m²,高架层 34 990 m²,高架夹层 2 828 m²。站房整体效果如图 4—23 所示。

图 4—23 滨海站站房效果图

站房屋盖为大跨拱形钢结构屋盖,屋盖最高点标高为 34.0 m,檐口最低标高为 28.5 m。屋盖网架节点采用焊接球节点和相贯焊节点结合的节点形式。站房平面尺寸顺轨道方向为 207 m,垂直轨道方向为 308 m。整个屋盖主要支承在高架候车层上的钢管混凝土框架柱上。线侧站房屋盖支承柱网布置不均匀,支承柱顺轨向为 18.0 m 和 63.0 m,横轨向为 39.25 m、33.5 m,屋盖周边带 8～24.2 m 不等的悬挑。滨海站站房屋盖见图 4—24。

线上站房顺轨方向屋盖跨度为 18.0 m+63.0 m+18.0 m,悬挑 8.0 m;垂直轨道方向跨度为 39.25+33.5+43.5+33.5+39.25 m。本工程屋盖采用两向正交正放钢网架结构,局部采用桁架结构,整个屋面多点支承,连接方式以焊接球节点为主,局部采用管管相贯节点。网架高度为 3.3 m 左右;构件种类多,杆件共 31 种规格,最大为 $\phi 600$ mm×36 mm,最小为 $\phi 76$ mm×3.75 mm。节点最大焊接球为

WSR800 mm×40 mm,最小为 WSR200 mm×8 mm。

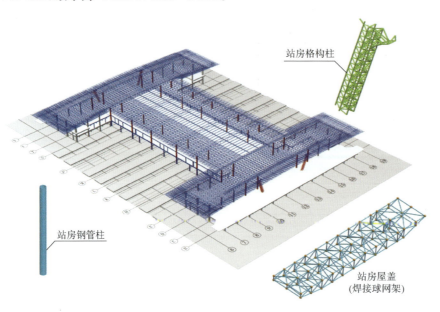

图 4—24 滨海站站房屋盖透视图

(一)施工难题

根据本工程屋盖网架施工作业面大,各分部工程交叉施工范围广,结构类型众多且复杂,单个构件重量重及工期紧等特点,经综合研究、分析、计算,拟选用"分区施工、楼面整体拼装、分区分块整体提升安装"的施工方案。南北站房网架正立面悬挑为 17.2 m,东西两侧悬挑 24.2 m,悬挑下方与市政单位交叉作业,施工难度尤其大;B、C 区屋盖中间采光天窗采用 34.3 m 跨拱形箱梁,拱形箱梁通过两端节点球与网架衔接,整个屋盖为网架与箱梁的组合结构。网架结构和箱梁的平均重量相差大,提升时屋盖整体的变形难以控制。网架截面为圆弧形,中间厚两侧薄,网架大部分为两层局部为三层。整个网架结构全部为焊接球网架,焊接量非常大。施工过程中带来了如下技术难题:(1)根据现场土建流水施工节奏,需对网架合理分区提升。(2)网架结构形式复杂,整体拼装时对网架精度要求高。(3)A、D 区网架整体拼装需甩开混凝土夹层,夹层采用逆作法。(4)液压同步提升施工技术。(5)提升过程中的结构稳定及变形。(6)上、下吊点选择,柱帽、提升架的设计。(7)网架提升过程中的测量控制。通过对以上技术难题的攻关,认真研究这一技术操作要点、施工方法及劳动组织,对以后钢结构网架工程施工提供了宝贵经验。

(二)关键技术

1. 网架施工合理分区划分

根据本工程的施工总体方案,土建施工与钢结构的施工存在大量的交叉施工作业,钢结构的施工作业面受土建施工作业面的影响较大,根据本工程土建高架层结构施工分区为主,将钢结构屋盖划分为四个施工分区,分区原则既要依托土建高架层流水施工分段又要结合网架自身的结构特点和跨度,保证网架提升的可实施性。由南向北分为 A、B、C、D,四个区单独提升(提升顺序为 B→A→C→D),具体分区划分见图 4—25。

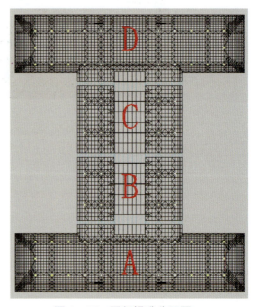

图 4—25 网架提升分区图

2. 网架拼装工艺

施工准备→预埋件放线定位→立工装→调整下弦球标高→组装下弦→组装上弦、腹杆→自检→校正→焊接→无损检验→自检→补、刷漆→最终验收。现场网架拼装见图4—26。

图4—26 现场网架拼装图

(1)楼面整体拼装。楼面整体拼装中焊接球的摆放顺序,弦杆和腹杆的安装顺序直接决定整个网架的拼装误差。利用原混凝土楼面承载网架自重,通过球下立方管作为网架拼装临时支撑点,总体采用以杆找球的拼装原则,该工艺符合本工程网架的特点和提升方案要求。为了减小网架在拼装过程中的积累误差,每个小区段网架下弦的组装应从中心开始,先组装纵横轴,随时校正尺寸,认为无误时方能从中心向四周展开,其要求对角线(小单元)允许误差为±3 mm,下弦节点偏移为2 mm,整体纵横的偏差值不得大于±2 mm,下弦球节点定位好后马上连接下弦杆以固定好球节点位置,然后进行上弦球节点安装定位,连接腹杆,最后安装上弦杆。网架楼面组装顺序是按照由内往外,中间到两侧进行扩散组装,在楼面区域的网架组装完成后,再进行外围悬挑网架与楼面网架的对接。见图4—27和图4—28。

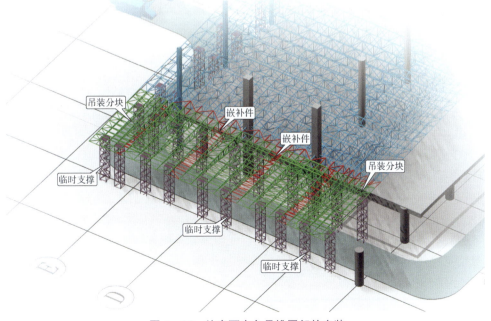

图4—27 站房西南角悬挑网架的安装

图4—28 网架临时支撑格构柱

(2)悬挑网架拼装单元。在楼面上的网架拼装完成后,紧接着安装悬挑网架,悬挑网架在地面拼装成块,用吊车安装在临时支撑架上,与楼面的网架连成整体,一同提升至设计标高。

B、C区网架拼装时,应先进行箱梁拼装上胎。箱梁位于正中间,在高架层上的水平运输量大,且箱梁重量大倒运不方便。箱梁分三段拼装就位,考虑到箱梁跨度较大制作时应起拱。箱梁与网架结合拼成整体后提升,由于箱梁本身自重较大提升后相对网架下挠,拼装时相对网架应有整体起拱。

3. 计算机控制液压同步提升

液压同步提升施工技术采用行程及位移传感监测和计算机控制,通过数据反馈和控制指令传递,可全自动实现同步动作、负载均衡、姿态矫正、应力控制、操作闭锁、过程显示和故障报警等多种功能。操作人员可在中央控制室通过液压同步计算机控制系统人机界面进行液压提升过程及相关数据的观察和(或)控制指令的发布。

(1)技术特点。通过提升设备扩展组合,提升重量、跨度、面积不受限制;采用柔性索具承重。只要有合理的承重吊点,提升高度不受限制;液压提升器锚具具有逆向运动自锁性,使提升过程十分安全,并且构件可以在提升过程中的任意位置长期可靠锁定;液压提升器通过液压回路驱动,动作过程中加速度极小,对被提升构件及提升框架结构几乎无附加动荷载;液压提升设备体积小、自重轻、承载能力大,特别适宜于在狭小空间或室内进行大吨位构件牵引安装;

设备自动化程度高,操作方便灵活,安全性好,可靠性高,使用面广,通用性强。

(2)主要设备。在本工程中采用了液压同步整体提升的新型吊装工艺。配合本工艺的先进性和创新性,主要使用如下关键技术和设备:超大型构件液压同步提升施工技术;液压提升器;液压泵源系统;计算机同步控制系统。液压提升器如图4—29所示,液压泵源系统如图4—30所示。

(3)屋盖结构提升施。在土建施工阶段,部分支撑柱顶部设置液压提升所需提升上吊点预埋件;网架结构在混凝土楼面上拼装成整体(除无法整体提升的杆件和节点球),同时在网架上安装好提升下吊点(提升地锚);在支撑柱顶部安装提升支架(提升上吊点)等结构;在每一提升支架上方安装液压提升器;安装液压提升专用钢绞线,通过钢绞线将提升支架上的上吊点(液压提升器)与提升下吊点(提升地

图4—29 液压提升器

图4—30 液压泵源系统

锚)连接,并对上、下吊点间的钢绞线张拉预紧;待一切准备就绪,液压同步提升系统设备调试,预加载;利用液压同步提升系统设备整体预提升屋盖结构,使之离开地面拼装胎架,约 250 mm;提升离开拼装胎架约 100 mm 后暂停,全面检查和观测提升临时结构系统及支撑柱的承载情况,通过同步提升系统监测各提升吊点的提升反力值分布(并与设计值对比);在确认整个提升工况绝对安全的前提下,利用液压同步提升系统设备整体同步提升;各吊点液压提升器整体同步提升,直至设计位置;测量控制,利用液压提升设备对各吊点进行竖直方向微调,确保各吊点均到达设计标高,并为后装杆件的安装做准备;安装网架柱顶周边嵌补杆件,柱顶及周边杆件安装采用在支撑柱周围搭设脚手架平台进行高端散拼。后装杆件补杆完毕,使屋盖结构整体成型;液压同步提升系统设备卸载作业,至钢绞线完全松弛,使屋盖结构整体落位至原结构支撑柱上;液压同步提升系统设备及其他提升用临时设施全部拆除,完成屋盖结构的整体提升安装。

与传统的卷扬机或吊机吊装不同,液压提升泵源系统可通过计算机调节提升压力和输出的流量,可使提升过程中起动和制动的加速度忽略不计,保证提升过程中结构和支撑柱等结构的稳定性和同步性。通过预起拱来消耗提升后网架的变形,使网架变形控制在规范要求范围内。

4. 网架提升变形控制

对网架制定合理的提升分区,根据设计要求,在拼装网架时对部分进行预起拱处理,以抵消网架提升后变形。本工程网架拼装需注意起拱的几个部位:网架中间 63 m 跨起拱;四周悬挑位置起拱;天窗箱梁的起拱;各提升分区高空组对位置的起拱。部分网架起拱平面布置如图4—31所示。

B、C区网架为网架和箱梁组合结构,提升时中间箱梁部分中,两侧网架较轻。选择中间 4 根钢柱位置作为提升点,经验算提升后两侧网架上翘,中间箱梁下挠。中间 4 个提升点位置提升到位时,外侧 4 根钢柱位置处网架已超过设计标高。经研究决定等中间 4 根钢柱提升到位,外侧 4 根钢柱处通过外加配重和倒链张拉的方法调整到设计标高,8 根柱子周围一起开始嵌补。网架提升前应在各个提升分区设置提升监测点,贴上十字放射片,一步提升后利用全站仪测量各个控制点标高,测出的数值与设计值做对比,同时测量各个分区提升后两端发生偏转大小,便于与相邻分区的高空对接。网架提升状态时杆件实际受力与原设计不同,况且提升时柱子周围和塔吊位置的杆件暂不安装,该部分需加固处理。需提升单位模拟计算网架提升整个过程中所有杆件的受力和变形,对应力比大于 0.8 的杆件必须全部替换。替换后最大应力比为 0.796。

5. 上、下吊点选择,柱帽、提升架的设计

提升吊点利用原结构支撑柱设置,综合考虑结构受力及经济性指标,吊点布置如下:提升 B 区原结构共计 8 根支撑柱,借用其中 4 根支撑柱(蓝色)设置提升吊点,采用 8 个提升器对称布置,提升支架设置在柱顶,通过埋件与柱连接。相关布置情况如图4—32所示。

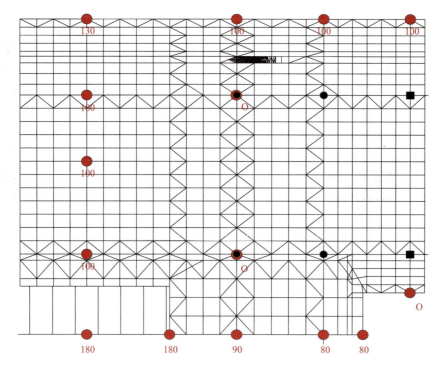

图 4—31 部分网架起拱平面布置图

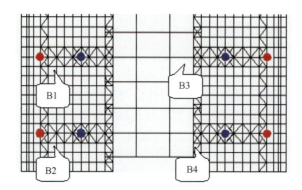

图 4—32 支撑柱 B1、B2、B3、B4 处各布置两台提升器(以 B 区为例)

6. 提升测量控制

测量控制点主要用于网架提升过程中监测网架的提升高度,以便于网架顺利提升至设计位置。网架提升 1 米后,对吊点的下方的控制点用全站仪全部测一遍。对标高不同步的吊点通过单独提升进行微调,保持网架下一步的整体同步。提升至离柱顶还有 3 m 时,对吊点下方控制点再统一测一遍,根据测量数据计算好剩余提升行程,一次提升到位。提升到位后,对所有控制点全部测量一遍,整理好测量数据,为下一步调整做准备。控制点测量方法,在焊接球中心位置贴"十字反射片",通过全站仪测十字点中心坐标从而得出该焊接球的标高。十字反射片如图 4—33 所示,控制点布置如图 4—34 所示。

(四)质量控制及效果评定

本工程通过对网架分区整体提升施工技术的研究和应用,通过一系列技术措施解决了大跨度网架结构的安装,三维空间定位和焊接等技术难点。整个滨海站网架屋盖焊缝长度达到了 2.5 万 m^2,自检探伤部分:根据设计要求和《建筑钢结构焊接技术规程》的要求,一级焊缝 100%探伤,二级焊缝 100%探伤;第三方探伤检测:检测比例为 5%,所有探伤均达到了 100%合格率。优良的工程质量为创海河杯、国优打下了坚实的基础。A区钢屋盖现场提升如图4—35所示。

图4—33 十字反射片

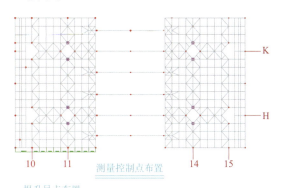

图4—34 控制点布置

图4—35 A区钢屋盖现场提升

(五)技术经济效益等分析

采用现场楼面拼装后整体提升,减少了高空拼装、高空焊接等高空作业带来的安全隐患,极大地降低了安全事故的发生率。通过本技术的应用,在缩短工期的同时,也为后续施工赢得了宝贵的施工时间。主体施工过程中按照流水段分为现场材料倒运班组、钢构件组装班组、钢构件吊装班组、钢结构焊接班组等四个班组。整个现场组织有序,责任到班组,便于现场管理。通过本技术成果的应用,安装使用工装材料仅占钢结构总用钢量的7%。减少了周转材料的租赁费用,节约了施工成本,提高了工效。在缩短工期的同时,也为后续施工创造了工作面。经统计,本项技术成果的应用较传统安装工艺节约工费及机具租赁费约500万元,取得了良好的经济效益。

滨海站站房屋面钢结构分区整体提升技术的研究及成功应用,为类似钢结构的安装施工提供了工程实例,同时也为大空间屋面、吊顶同步穿插施工创造了条件。本项目研究成果与国内钢结构提升技术处于国内领先水平。

第三节 室内外装饰装修技术

一、干挂石材、陶土板幕墙施工技术

(一)干挂石材幕墙技术

我国建筑产业历经几十年的发展变革,建筑工程幕墙形式变化多种多样,现阶段常用的幕墙的形式就是干挂石材幕墙。干挂石材幕墙的施工质量不仅会对整个建筑工程的外观造成影响,同时对于建筑工程应用的耐久性以及安全性将会造成一定的影响。

1. 干挂石材幕墙应用优势

干挂石材幕墙是通过连接构件将石材饰面安装至建筑工程表面。干挂石材幕主要应用组装预制手段取代了传统作业形式。

（1）干挂石材幕墙施工技术的应用能够有效避免幕墙面被污染情况，传统施工手段常常出现幕墙表面被污染等问题，干挂石材幕墙施工技术能有效避免此类问题的出现，同时还能保证花岗石板材表面始终保持良好的颜色状态。

（2）干挂石材幕墙施工技术的应用能够有效降低建筑工程施工成本，由于干挂石材幕墙的隔热保温作用极佳，而且干挂石材幕墙在后期应用过程中也有极大可能不会出现花岗石板材脱落问题，降低建筑工程的后期维修成本。

（3）干挂石材幕墙施工技术应用于建筑工程中可有效提升建筑物的抗震性能。由于干挂石材幕墙板材的受力特性，在对其进行安装、更换期间拥有极大的变通性，在提升幕墙稳定性的同时还能保证幕墙的整体性能，降低连接点被破坏的概率，继而有效提升建筑物的抗震能力。

（4）干挂石材幕墙的应用能够有效提升幕墙的施工进度。在开展幕墙骨架施工期间，施工人员可进行花岗石板材下料、加工等工作，预制板材尺寸能够得到保证，也因此幕墙表面的平整性也能得到保证，在现场安装施工过程中施工人员不需要过多进行项目调整。

2. 干挂石材料质量控制

（1）饰面石材。干挂石材幕墙的饰面石材选择多为花岗石，石材切割规格已及磨边规格均需要进行厂房操作，继而确保干挂饰面石材出厂规格完全统一，在干挂石材完全进入施工现场之后，需要加强对于各项施工程序的检查力度，确保饰面石材满足设计文件及施工规范要求。饰面石材进入施工现场后需要将受到污染的饰面石材剔除，并对其进行边角垂直测量、石材裂缝度检查以及饰面石材的平整度检查。

（2）结构骨架。应用的型钢骨架需要满足国家应用标准，施工人员需要在安装前就对其材料质量进行检查，若钢材表明存在斑点、划痕等情况，施工人员可借助镀锌手段对其进行完善，确保结构骨架应用期间的完整性。

（3）膨胀螺栓。施工人员在选择膨胀螺栓型号时，需要考虑到膨胀螺栓的荷载问题，因此在干挂石材幕墙建筑工程中所选择的膨胀螺栓型号大多是M10或是M12。同时选择膨胀螺栓产品时也要审查产品的合格证书。

（4）树脂胶。干挂石材幕墙建筑工程应用的树脂胶大多数是在短时间内能被硬化的树脂胶，以此来保证干挂石材在幕墙上的固定效果，避免干挂石材固定后发生松动、变形等问题。

（5）密封胶。干挂石材幕墙建筑工程常应用的密封胶性能标准为防水、抗老化，以因此大多数选用聚氨酯类、硅酮胶类的密封胶。此类密封胶在空气中结固后并不会出现干裂、收缩的问题，也不会受到光照以及雨淋等外界因素的影响，因此密封胶的弹性能够始终保持良好性。

（6）沉淀材料。干挂石材幕墙建筑工程常应用的沉淀材料为聚乙烯材料以及聚氨酯材料，通过将沉淀材料加工制作为方形结构或是圆形结构后，将其嵌入板缝之中，继而保证板缝施工深度满足项目设计要求。

（7）石材干挂胶。干挂石材幕墙建筑工程应用的石材干挂胶主要应用在石材以及金属的粘结中，石材干挂胶的主要成分为环氧树脂A以及环氧树脂B，具备良好的防水、抗老化成效。

3. 干挂石材幕墙施工技术

（1）现场测量放线技术：①测量放线人员需要以设计方案为基础，结合施工图纸不同部位进行放线编号，严格按照整体至局部的施工原则，开展测量放线工作，确保测量放线误差在允许范围之内。②根据不同工程类别、结构图纸要求，对结构控制点、进出位以及轴线位置进行详细检查，确定每个轴线位置与位线位置，提升测量放线的精准度。③正式测量放线过程中，可借助经纬仪控制放线垂直度，利用水准仪控制测量放线的水平线。④现场测量放线过程中需要有效排除外部干扰因素,进行饰面石材干挂施工期间,需要对测量控制线进行复核审查,在监理人员以及质检人员审核无误后方可开展下一道施工工序。

(2)构件预埋技术:①构件预埋位置选择可将测量放线结果作为参考依据,并将其标注在图纸上,确保预埋件外面与模板面紧密相贴,同时还要将预埋件与工程主体钢筋紧紧绑扎在一起。确定预埋件的安装位置,确认无误后便可正式开展预埋构件安装。②预埋件安装期间需要监理人员全程监督参与,确保构件预埋工序开展的规范性,等待构件预埋安装完成并检验合格后,才能进行混凝土浇筑环节。③混凝土浇筑期间需要严格控制混凝土浇筑速度以及浇筑高度,避免浇筑期间预埋构件发生位移。

(3)龙骨安装技术:①施工人员需要以设计图纸为依据对龙骨提前进行选料、切割,确保龙骨切割尺寸规格符合相关要求,选取相适应的焊接手段焊接龙骨结构,有效提升龙骨结构的整体稳定性,确保龙骨结构能够满足幕墙施工要求。②龙骨正式安装期间,施工人员需要准确把握龙骨安装位置的精准度,确保钢角码以及墙体预埋件焊接的可靠性。施工人员在安装龙骨期间需要根据设计图纸将钢转接角材料安装在竖向钢龙骨侧部位置,在安装横向龙骨期间需要测量龙骨安装的水平度,根据测量结果来调整安装龙骨的位置。③将转接件与龙骨进行竖向焊接,以此来确保龙骨安装期间具备极高的稳定性,为了提高安装效率,施工人员需要严格按照先竖向再横向的龙骨安装顺序。

(4)干挂件安装技术:①施工人员需要严格按照先下再上、先大后小以及先面后点的施工顺序,确保每项施工流程开展的规范性,进而有效提升干挂石材幕墙安装质量。②进行第一块石材安装时,借助单向不锈钢挂件从石材底部挂入下槽内,利用双向不锈钢挂件固定石材上面上槽,在上下槽均安装完成后向内部灌注环氧树脂。灌注过程中需要严格把控灌缝的均匀性,确保灌注厚度高于 3 mm,施工人员还要利用干挂胶全部填满连接槽。③所有石材全部安装完成后,需要全面清理石材表面的污渍,避免污渍对幕墙美观度的影响。

4. 京张高铁张家口南站站房干挂石材幕施工实例

(1)石材加工异形尺寸繁多,拼接难度大,色差难控制。需派专人到石材厂家盯控加工质量及色差,在加工厂完成预拼及独立编号,合格后方可发货出厂。主龙骨为 120 mm×60 mm×5 mm 热镀锌方管,单根长度 6 m,采用焊接法安装,石材采用背栓法固定,垂直运输难度大,安装难度大。为保障生产安全,加快施工进度,石材全部采用吊车垂直运输,然后用 40 组吊篮及曲臂车同时作业。石材现场搬运及吊装施工如图 4—36 和图 4—37 所示。

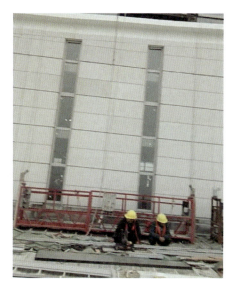

图 4—36 现场吊篮安装石材幕墙

图 4—37 现场曲臂车进行幕墙施工

(2)张家口南站施工工期紧,施工人员组织,管理难度大,安装拼接要求高。综上所述石材幕墙施工难度大,队伍选择是关键。由于施工工期紧,安装难度大,需要组织大量施工人员进行施工。高峰时期站房幕墙施工人员多达600人(24 h不间断施工)。为配合施工人员施工,管理人员分区(空间上)分段(时间上)对施工人员进行现场管理和盯控。利用样板引路制度,同时引入多家样板施工队伍制作样板,对比综合施工水平,择优选择队伍进行正式工程施工,样板一次成活,得到各方一致认可。外幕墙施工样板及站房东立面亮相图如图4—38和图4—39所示。

图4—38 外幕墙样板施工

图4—39 站房东立面干挂石材幕墙亮相

二、陶土板幕墙施工技术

伴随着我国工程管理人员对在用技术的不断探索,陶土板幕墙作为一种新式墙体装饰面材料而出现,其优秀的性能为人们的生活带来了很大的便利,当下陶土板幕墙广泛应用于我国的建筑工程行业中。作为新式幕墙结构满足了我国大多建筑物的复杂立面,其充满时尚感的外观为建筑物的建造添姿加彩,陶土板幕墙的应用发展前景也被我国大多数的技术人员所看好。

1. 陶土板幕墙概述

陶土板幕墙作为建筑构件式幕墙被广泛应用于我国的建筑工程行业的施工中,陶土板幕墙偶尔也作为装饰工艺被应用于房屋的装潢装修之中,其主要构成部分分别包括横梁立框和陶土板、连接件。支撑幕墙的主体部分是陶土板,陶土板主要是由纯天然的陶土组成,天然陶土板的优点是不会对空气质量产生任何影响。通过对陶土板幕墙的加工精细化,并逐个运用挤压法、烘干法和窑烧多道制作工序制成,最后幕墙才会变成具有高强度、硬度及精度的特征的陶土板幕墙。通常情况下由于建筑物各部位结构不一致,导致幕墙要分成两种立框形式(竖向立框形式和无方向立框形式)。目前陶土板幕墙由于其优势明显的特征已经被广泛应用于我国的建筑工程行业的施工当中,其良好的功用性能受到设计师的广泛好评,具有自然美观的外观,绿色环保的制作用料,高性能和抗气候损害、抵挡辐射、较强的隔离性等等优点。最重要的是在建筑施工过程中,陶土板面板更方便于施工使用,清洗也比较方便。

2. 陶土板幕墙施工前的准备工作

陶土板幕墙安装前的准备环节是整个安装过程中最为重要的环节,在施工人员对陶土板幕墙正式进行安装前,施工人员要基于陶土板幕墙的基础设计理念准备对应的施工用材料,检查陶土板面板的质检书和采用的非标准五金件是否符合工程的设计标准,与此同时还要特别注意对陶土板尺寸的核对以及陶板结构的材质确认工作等。然后对安装陶土板幕墙的器械进行确认,器械准备主要是筹备施工过程中所使用的机械器材和施工场地的准备工作,在逐步实施这些环节后,确保安装工作不会因为上述内容出现任何施工中的失误。最后技术人员要对陶土板幕墙安装方案进行确认和技术交底,从而保障施工的顺利进行。

3. 陶土板制作工艺流程

陶土板的制作工艺流程大致有:根据墙体的实际情况进行测量并放线、安装支撑陶土板的钢骨架结构、在钢骨架上安装陶土板、最后将陶土板进行修整做最后收尾处理。

(1)测量放线定位。测量放线工作主要是反复审查墙面的土建工程交接单的基准线,通过对建筑墙面尺寸的偏差值进行测量以及计算陶土板面板的标准线得出排版图的排版顺序,然后将面板进行分割处理,将分割线放置墙面位置,用定位笔做好标记,最后施工人员就可以以此工序为例展开陶土板幕墙的施工安装工作。

(2)预埋件的设置方法。预埋件处理的具体操作步骤如下:①在设置预埋件之前首先要做的是检测将要设置预埋件的墙体或者是楼顶是否足够平整;然后是计算预埋件的数量和将要设置预埋件的位置,在墙体上画好方格标示清楚。最后是利用两线交叉的地方检测预埋件的位置是否与原计划有出入。②画好预埋件的分布图后,要对预埋件进行各项检测,检测预埋件的数量是否与计划相符,检测预埋件的中心是否与墙体垂直以及预埋件的抗压抗拉能力是否合格,对于不合格的预埋件要采取相应的手段进行处理。③后补预埋件的处理方式与预埋件的处理方式类似,但是后补预埋件要使用与预埋件质量相同的镀锌的钢板,在钢板连接时要用化学螺栓进行固定。④在施工的过程中难免会出现失误,预埋件位置出现偏差是在设置预埋件时最常见的问题之一,所以施工单位在施工方案就应该考虑到这种情况的发生。在设置完预埋件之后,要将预埋件的分布图交给相关质检部门,让其对预埋件位置进行检测,及时纠正补救出现偏差的预埋件。在预埋件布置完成之后还要将预埋件的计划书以及设计图交给监理人员,经监理人员批准同意后才能进行下一步的施工工作,而且施工之前还要对一些零部件进行检测试验。

(3)钢龙骨的安装。预埋件设置好后就要进行钢铁支架的安装,钢龙骨的安装首先要校准钢柱是否与墙面或者是楼顶垂直,然后再固定粘贴陶板的胶条,拉设钢板之间的钢线,最后用螺丝固定并检测其稳定性,同时记录下来。

(4)安装陶土板。在将陶土板安装到钢龙骨上之前,要在陶土板的四周安装槽口,以便陶土板与钢龙骨的粘结。其具体操作过程如下:①首先将胶条贴在铝合金上,然后在胶条上垫上减震的垫片,再将铝合金安装在陶土板的槽口处,最后是对陶土板进行调节,使其保持水平与墙面有更好的贴合。②陶土板的准备工作完成后,将陶土板运送到楼顶进行安装,并运用垂直钢丝以及横向钢丝,对有误差的地方及时进行调整,接着就可以进行大面积的施工。

4. 陶土板幕墙的实践安装

(1)立柱安装。作为整个陶土板幕墙安装中最为重要的一道工序,其施工步骤复杂、工作量大以及对工序步骤的精度要求都是它作为重要工作的关键,这道工序的失误将会影响整个陶土板面板的施工安装工作,因此,需要针对这一工序中的注意事项展开分析:为应对繁琐的施工步骤,施工人员应准确的按照每一步陶土板幕墙安装工序的设计进行施工,为了令立柱的安装工作能够顺利进行,首先施工人员要运用垂直运输的方式依靠人力自底层传送到顶层再进行安装工作,这道工序的主要包括对即将安装的立柱的规格进行仔细的检查,要做到对号就位、固定住横梁上端位置的螺栓等步骤。最后在立柱进行安装后,为了保障幕墙的质量,一定要对立柱进行精细的校正验收。

(2)横梁安装。在横梁正式安装之前,还必须通过试钻等方式对钻具的各项性能进行检验,其次应检查横梁定位线是否有遗漏或疑问,确定无误后才能开始钻孔紧固横梁。一定要在准备好各项工具后再进行钻孔紧固安装。

(3)质量检查和控制。陶土板幕墙的现场安装质量检查对施工质量尤为重要。一般可分为两个部分:预埋件的节点与连接检查、主要构件与板材组件的安装检验。对预埋件的节点检验,可通过抽样检验的方式,对已完成的幕墙金属框架应该提供验收记录,如发现记录欠缺时,可对节点进行拆开检查。

5. 京沈高铁朝阳站陶土板幕墙施工实例

陶土板幕墙主要使用在朝阳站西站房 10 m 层以下及中央站房部位,陶板幕墙采用 30 mm 厚优质灰色陶板,挂件使用铝合金挂件,立柱根据跨度的不同分别采用了 60 mm×90 mm×4 mm,80 mm×120 mm 和 80 mm×160 mm 方钢管,横梁采用 L50 mm×4 mm 角钢,表面处理均为热镀锌。焊缝等级为 3 级,焊缝高度 4 mm。陶板后侧设置 1.5 mm 厚镀锌铁皮作为防水层,保温采用 120 mm 厚憎水保温岩棉,保温岩棉与结构层采用 8 mm×150 mm 塑料膨胀螺栓固定,每块岩棉板 5 个胀栓,锚栓安装的纵向间距 300 mm,横向间距 400 mm,呈梅花形布置。陶板排版为 3 种深浅灰色跳色排布,单块陶板在三个方向上均可调节,不仅能够确保安装平整度,亦方便日后维护更换。10 m 层以下采用陶板,突出表达了陶板基座的挺拔硬朗,烘托出古朴大气的北方古建氛围。北京朝阳部陶土板施工效果如图 4—40 所示。

图 4—40　北京朝阳站陶土板施工效果图

三、高大空间吊顶施工技术

1. 铁路客站高大空间吊顶的特点

综合一些学术论文的观点,这里定义高大空间为高度≥6 m,且空间体积≥1 000 m² 的建筑空间。新时期铁路客站大空间吊顶与一般民用建筑空间吊顶有较大的不同:

(1)吊顶所依附的基体结构型式或条件不同。一般民用建筑吊顶工程所依附的结构跨度较小,通常为钢筋混凝土梁板结构,且造型规整;而车站大空间结构(尤其是雨棚和站房屋盖部分)通常为大跨度的钢结构,如焊接钢梁结构、管桁架结构、网架结构等;不仅跨度大,而且造型多样,弧形、双曲等也常被采用。

(2)吊顶悬挂支承和支撑体系不同。一般民用建筑吊顶采用均布的吊杆体系,通常采用间距 900~1 200 mm 的钢筋吊杆,通过连接件直接固定的主体楼盖或屋盖上;而大空间吊顶的支承结构一般要设转换层,以满足一般吊顶工程所需要的吊杆悬挂要求。

(3)使用环境和条件不同。一般民用建筑吊顶用于室内,通常不考虑风荷载的作用;而车站顶棚尤其是雨棚吊顶,须考虑风荷载(含列车风)的影响,安全要求高。

(4)施工条件和措施不同。一般民用建筑吊顶面积小、高度低,通常采用简易平台或满堂脚手架来满足施工的需要,人员在吊顶下操作;而对于车站大空间吊顶,这些措施从实际可操作性和经济性两方面评估均不会是合理方案。

(5)吊顶功能和材料不同。一般民用建筑的吊顶材料品种较多,活动板块、石膏板固定板块、金属格栅类吊顶等;而车站大空间吊顶出于空间感、耐久性等需要,基本上采用铝条板、铝垂片等条格类金属板吊顶。

2. 高大空间吊顶常规施工平台应用技术

由上述特点分析可知,车站、机场等交通建筑高大空间的顶棚施工,从可操作性和经济两方面通常都不会接受类似满堂红脚手架的施工平台,但并不等于说大空间吊顶施工不需要"施工平台"。高大空间吊顶仍然需要一个供施工人员操作和存放物料使用"平台",常用的解决方案有满堂红脚手架类平台、移动式脚手架平台、悬挂吊篮类平台等,每一类中又有不同的形式,具体工程空间适用于哪一类中哪一种平台,还要视工程实际情况而定。

(1)满堂红脚手架平台。这一类脚手架平台主要包括扣件式钢管脚手架、门式脚手架及模块式脚手架等。最常用的是扣件式钢管脚手架,费用低,材料容易获得;有的为了降低周转料的用量,采用脚手架的方式。门式脚手架,使用也较多,安装方便,配件少,容易管理。满堂红脚手架的优点是施工适用性强,操作最方便。缺点是搭拆周期长,费用高,不能满足交叉作业和突击工期的要求。

(2)移动式脚手架平台。在高度较低的顶棚工程,为减少辅助工作量、降低费用,常用钢管和移动脚轮搭制成可移动的操作平台,可移动流水作业。移动平台的优点是一次制作搭设、多次使用、移动方便;缺点是搭设高度和平台面积受限,目前的使用高度均在 10 m 以下,要解决好稳定性问题和自重及方便移动的问题,对下部场地要求较高,不仅要平整度,还要有一定承载力,使用范围也因此受限。

(3)悬挂平台。通常有钢管扣件式悬挂脚手架和简易轻钢框架平台两种型式。钢管扣件式悬挂脚手架的优点是就地取材,节约材料;缺点是要多次搭拆,费工费时,周转性差,大面积使用效率低下。定型轻钢框架平台的优点是一次制作,多次周转使用,重量也较轻;缺点是需要专门吊车配合,移动性和安全性较差,工程应用的通用性差。

(4)溜索式施工挂篮。溜索式挂篮主要由溜索和简易挂篮两部分组成,利用结构(一般为钢结构)桁架作为溜索安装承载结构,溜索上悬挂简易操作吊篮作为人员操作的平台,挂篮可沿溜索上滑动,移动时利用预设的拉绳拉动。这种挂篮较为轻便,适用范围较小,适用于吊顶后主桁架外露的屋架结构,给溜索和挂篮提供空间。

(5)电动升降的钢结构吊顶施工平台。通过对各类吊顶操作平台的研究,尤其是几种悬挂平台的研究,发现其共性的弱点是平台结构制作简陋、安全性较低,升降用卷扬机反拉或专门吊车配合安装,工程通用性差,一般只在一项工程中使用等。

3. 反吊顶施工技术

(1)技术原理。铁路客站的吊顶体系一般均由支承架转换体系和吊顶面板支撑体系两部分构成,因为吊顶转换层结构具有较大承载力,且转换层龙骨间距(900~1 200 mm)较密,通过设计选型和计算,能够承受吊顶施工荷载(人员和铺脚手板等必要安全设施)的要求,可以采用非传统脚手架或施工平台的方法进行施工,即反吊顶施工,其特点或与传统吊顶施工最大的不同是,传统方法为"顶上人下"操作,而反吊顶操作是"顶下人上"。

(2)适用条件。适用这项技术的工程应满足如下条件:①基体结构上无直接安装吊顶吊杆的条件,需要设置吊顶支承转换层;②吊顶内有足够空间能满足人员操作活动的需要;③吊顶的面板体系适合于在吊顶上部进行安装。

(3)安全技术要求。①安全平网的铺设:根据吊顶构造形式、转换层和铝板安装的施工顺序,沿钢结构分区、分段设置安全平网,安全平网的安装位置要满足人员防坠和操作的要求。②安全绳和安全带:在结构网架上沿人员行走和操作部位,设便于使用的钢丝绳安全生命线,施工人员在行走移动和操作时均须将安全带钩挂在安全绳上,高挂低用。③操作区地面防护:为防止小件物体掉落伤人,在施工区域的正下方设置警戒区进行防护,专人监护。④施工操作人员要有良好的身体素质、心理素质和遵章守纪安全意识。

4. 高大空间吊顶施工技术应用实例

某站房高架候车大厅吊顶长 163.95 m,宽 108 m,面积 17 707 m^2,主体结构为 6 m×6 m 球型网架,吊顶材料为铝条板,吊顶距地面最高处 30 m,大部分高 20 m,采用反吊顶施工技术进行施工。

工程的吊顶支承转换架体系:由抱箍、角钢连接件、C 型轻钢龙骨和龙骨拉杆等构成。在球型网架每一单元组下弦杆间,顺铝条板方向每隔 1 200 mm 安装规格为 140 mm×60 mm×20 mm×2.5 mm 的 C 型轻钢龙骨。C 型轻钢龙骨两端通过用 4 厚钢板制成的抱箍和 40 mm×4 mm 的角钢吊件固定在网架下弦杆上,间距 1 200 mm。相邻 C 型檩条用 ϕ12 mm 的丝杆拉杆定位,丝杆的间距为 2 000 mm。该承重型轻钢转换层既做吊顶转换架,又可作为脚手架吊架使用。

工程的吊顶面板支撑体系:由 ϕ10 mm 的吊顶吊杆和卡式龙骨和条板面板组成,转换层龙骨间距已满足常规吊顶所需的吊杆悬挂点间距(900~1 200 mm)的要求。

5. 北京朝阳站吊顶施工实例

北京朝阳站高架候车大厅吊顶面积约为 42 000 m^2,该方案经过多次研究决定做成双曲造型贴近屋盖钢结构且平行布置,结构体现建筑功能,实现了建筑和结构的统一,同时,减小吊杆高度,节约吊顶钢结构用量,体现了经济艺术。面层采用 250 mm×150 mm×2.0 mm 厚铝方通@250 mm 进行布置,通过抱箍形式与钢结构进行连接,下端采用 C 型钢与防风龙骨相连接,与幕墙连接处增加金色铝单板背板进行延伸,表面进行氟碳喷涂,与室外屋面檐口形成渐变的效果。同时结合屋盖结构,天窗最大化,增加候车空间自然采光通风。高大空间由传统的吊顶一体照明方案调整为吊灯、灯柱和壁灯结合的照明方案,降低灯具高度,减少 30%电量能耗,并实现空间吊顶简洁连续,便于灯具运营维护,营造出绿色节能、温馨宜人的室内空间环境。北京朝阳站候车大厅吊顶效果如图 4—41 所示。

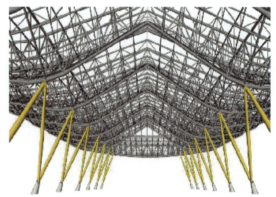

图 4—41 北京朝阳站候车大厅吊顶效果图

北京朝阳站折线吊顶主要使用在出站层顶面,吊顶面积约为 15 000 m^2,吊顶采用装配式龙骨,利用万能角钢与吊杆相连接,吊杆下端与方通卡尺龙骨立柱进行栓接。吊顶采用了 150 mm×50 mm 银灰色铝方通,表面进行氟碳喷涂,同时增加闪银效果,使出站层更加明亮。出站层吊面采用折线形式,延续建筑设计理念,力图体现北京古建之美,从"灰砖、红墙、金瓦"等传统建筑意向中汲取灵感。既丰富室内外效果又能够起到装修自身对重要功能空间人行流线的引导的作用。北京朝阳站出站层折线吊顶如图 4—42 所示。

图 4—42　北京朝阳站出站层折线吊顶效果图

四、特殊幕墙施工技术案例

1. 无横梁系统玻璃幕墙

北京朝阳站主站房无横梁系统玻璃幕墙是一个工程亮点,也是一个施工难点,该系统方案经过多方共同研发,于 2019 年 7 月经过幕墙专家论证并顺利通过。无横梁玻璃幕墙主要设置在站房 10 米平台以上外立面,整体效果干净通透。幕墙立柱间距 2 m,主要突出了竖向线条造型,营造出秩序迥然的风格。面板采用 HS8/1.52PVB/HS8＋12A＋HS8/1.52PVB/HS8Low～E 夹层中空玻璃,幕墙玻璃自重通过钢托(Q345B)板传递到立柱上,风荷载由玻璃面板以单向板的形式传递到立柱上,板块基本分格尺寸为 2 780 mm×2 000 mm,24.1 m 以上竖向立柱为 106×335 mm 矩形钢管,表面氟碳喷涂,室外侧铝合金扣盖装饰,24.1 m 以下立柱为钢结构专业 250×350 mm 钢立柱,表面氟碳喷涂,室外侧采用铝合金扣盖进行造型装饰。超大板块无横梁明框幕墙的设计,使整个站房通透、视野开阔,充分为室内引入自然光线,横向无框,使得竖向龙骨更现挺拔,钢立柱做凹槽,细节丰富精致。北京朝阳站幕墙效果和施工细节如图 4—43 和图 4—44 所示。

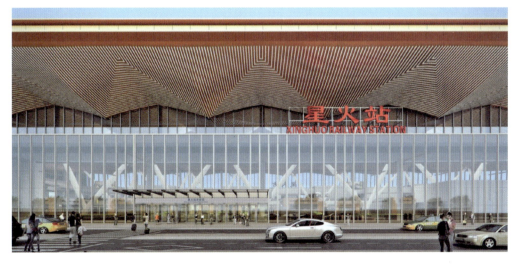

图 4—43　北京朝阳站无横梁系统玻璃幕墙效果图

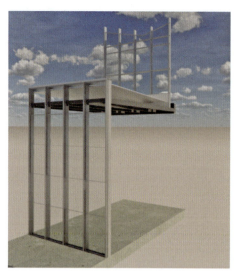
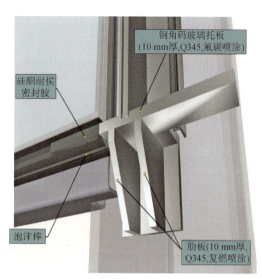

图 4—44　超大板块无横梁明框幕墙施工细节示意图

2. 折线玻璃幕墙

北京朝阳站折线玻璃幕墙主要位于西站房 17 m 至 23.5 m 位置，面积约 2 900 m²，幕墙全长约 254 m，相邻玻璃面板之间成 90°折面，采用坐立式安装，上下两端采用入槽式固定，整体效果纯净、通透，呈现出建筑简洁现代的气质。折面玻璃幕墙单扇玻璃高度 6.0 m，宽度 1.076 m。面板采用 HS12＋2.28SGP＋HS12＋16A＋HS12＋2.28SGP＋HS12 超白半钢化夹层中空玻璃，竖向折线位置两块成 90°的玻璃互成玻璃肋，相互支撑。上下收口采用 3 mm 氟碳喷涂铝单板，收口铝板与玻璃斜交，形成棱镜效果。折线玻璃幕墙简洁纯净、通透效果好，系统结构受力体系清晰简洁。北京朝阳站折线玻璃幕墙施工效果和细节如图 4—45 和图 4—46 所示。

图 4—45　北京朝阳站折线玻璃幕墙效果图

图 4—46　北京朝阳站折线玻璃幕墙施工细节示意图

第四节　客站过渡施工技术

一、铁路、地铁拨线过渡施工

京张高铁清河站站房在原址上拆除重建,建筑高度达 40 多米,建筑系统复杂,施工场地狭小,管线多,工期紧张,施工难度大,北京地铁 13 号线拨线前,深基坑工程、钢结构吊装作业邻近营业城铁线施工安全风险高;13 号线拨入新建站房后,施工作业同时面临营业线运营安全保障、邻近既有京新高速高架桥风险管控及工期紧张、质量要求高多方面压力。建设单位统筹策划,智慧化管理,勇于创新,打造过程精品,按时保质完成了清河站站房主体工程施工,为铁路大型客运站房主体工程施工积累了宝贵的施工经验。13 号线拨入清河站前后的位置对比见图 4—47。

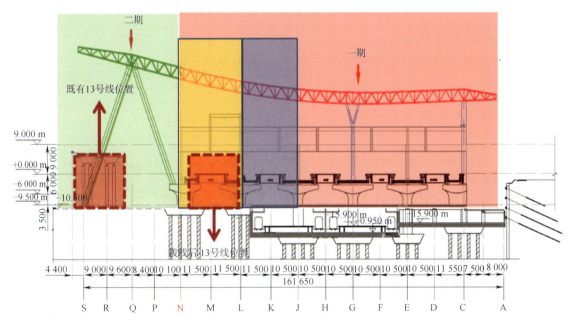

图 4—47　13 号线拨入清河站前后位置对比示意图(单位:mm)

1. 工程概况

为缓解北京地铁 13 号线西二旗站压力,以及未来实现与京张高铁清河站的换乘,13 号线在上地站至西二旗站区间东侧增设清河站,并与清河站形成综合交通枢纽。13 号线清河站站台与京张高铁清河站站台同高程平行设置,新建上地站至清河站区间以及清河站至西二旗站区间的部分线路,与既有 13 号线在地面路基段接驳。在临近运营铁路和地铁地段修建客站的施工过程中,涉及大量物料搬运、特种设备使用和人员通行,对铁路运输安全有潜在影响。运营铁路在新建客站的平面位置永久性拨入前后,对轨道专业、站房专业各项的施工要求高,对相互间有序衔接的要求高,对既有线物理隔离措施的设置要求高。

13 号线清河站线路改移工程分为预铺线路、封锁点内新建线路和封锁点内拨接线路 3 个部分,预铺线路指在不停运 13 号线的条件下提前铺设的线路;封锁点内新建线路指受现场条件限制不能提前预铺,需要在既有 13 号线停运期间进行新建的线路;封锁点内拨接线路指在 13 号线停运期间利用对 13 号线既有线路进行拨接施工所形成的区段,北京地铁 13 号线过渡施工平面图如图 4—48 所示。

2. 工程特点分析

针对封锁点内施工线路,主要包含南北 2 个区域。南侧区域如图 4—49 所示,包含 K1+443～K11+

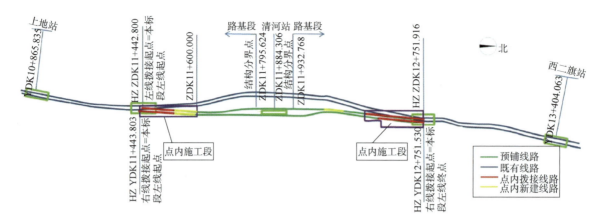

图4—48 北京地铁13号线清河站过渡施工平面示意图

542范围既有线左右线拨接以及K1I+542～K1I+600范围既有线右线拆除和新建左右线;北侧区域如图4—51所示,包含K12+427～K12+502范围既有线右线拆除和新建左线以及K12+606～K12+751范围既有线左右线拨接。结合13号线线路改移工程现场实际和总体要求,封锁点内施工线路具有以下特点。

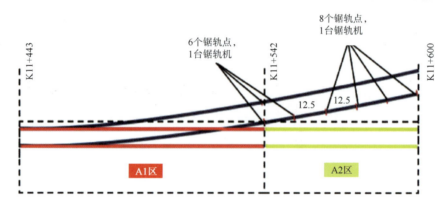

图4—49 南侧区域施工平面示意图(单位:m)

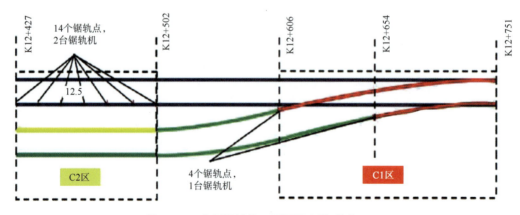

图4—50 北侧区域施工平面示意图(单位:m)

(1)施工组织难度大。13号线线路改移工程不仅包含既有线拨接施工,还包含既有线的拆除和部分线路的新建,且南北两侧区域同步施工,新建段和拨接段同步施工,施工组织难度大。

(2)工期紧张,施工时间不间断。为尽可能降低对13号线停运造成的影响,线路改移施工需要在集中的时间段内不分昼夜不间断地进行,对施工和管理人员的精力和体力都是巨大的考验。

(3)涉及专业广,联合协调部门多。13号线线路改移涉及轨道、线路、供电、通信、信号、车辆等多个专业,需要在机务、车务、电务、工务等多个部门间进行跨系统的联合协调工作,任何一个环节出现问题或是不配合的情况,都将对整个工程带来严重的影响和后果。

(4)作业环境复杂。既有线施工的作业面小,材料存储和运输以及大型设备施工场地受限,调度难度大,且施工处于冬季低温环境,这些客观因素都大大增加了施工的难度。

(5)管理任务重,安全风险高。因施工需要,现场同时作业人员最多高达几百人,各型设备众多,交叉施工严重,不仅需要在保证施工安全的基础上,对设备和人员进行合理配置、高效调度,还要达到前后工序间的无缝衔接,现场管理难度大、任务重。

3. 施工组织分析

(1)工艺流程。根据点内施工内容,结合工程现场实际,为最大程度降低停运造成的影响,将南北区段分为4个区域,即 A1 区(南侧拨接段)、A2 区(南侧新建段)、C1 区(北侧拨接段)、C2 区(北侧新建段),采取南北侧区域同步施工,新建线路和拨接线路同步施工的方式,施工工艺流程如图4—51所示。

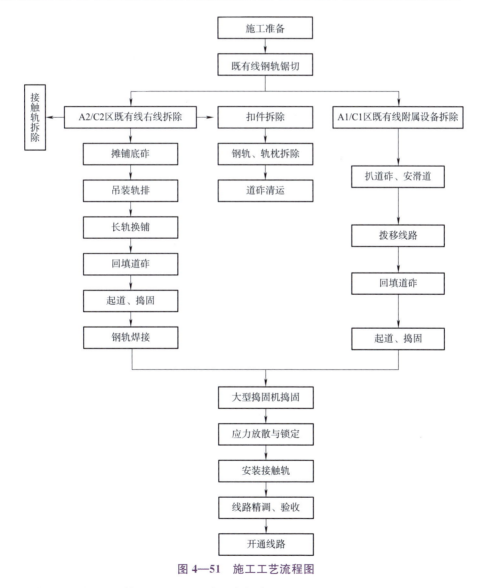

图4—51 施工工艺流程图

(2)施工准备:①根据施工筹划和施工要求,编制专项施工方案和应急预案,并经地铁运营公司审批。②完成闪光焊机的型式试验,确定焊轨参数。③封锁施工前3天,根据审批的施工方案,对参加施工的所有人员进行施工交底,使其熟知本次施工的具体内容、作业程序、工作职责和安全注意事项等;测量人员对线路进行测量,现场标记出中线控制桩、高程控制桩、拨量控制桩、滑道位置和钢轨切割点。④封锁施工前2天,将封锁点内新建段所需轨排在现场组装完毕,所需道砟堆放于线路东侧,南侧新建段58 m线路焊接成4根60 m轨条,北侧新建段75 m线路焊接成2根75 m轨条,并存放于预铺段两线间。⑤封锁施工前1天,施工所需要的工机具和材料全部准备到位,吊车等大型机械进场停放在指定位置,并进行清点、调试。⑥封锁施工前1 h,所有参与施工的人员全部就位;机械人员对机械设备进行最后一次调试,确认状况良好;施工负责人组织对工机具进行最后一次清点。

(3) 施工程序及方法

①钢轨锯切。施工负责人接到封锁施工命令后,立即通知锯轨人员在提前确定好的位置开展锯轨工作,南北两段同时进行。锯轨前,需将锯轨位置钢轨底部的道砟向下挖深至轨下200 mm,以保证锯轨作业安全要求,为消除钢轨焊接顶端量和无缝线路应力放散和锁定的影响,拨线段锯轨比计算长度预留至少1 m的富余量,拨线完成后再锯轨合拢。根据地铁运营公司将既有钢轨锯成12.5 m回收的要求,封锁点内需锯轨32处,南段配置2台锯轨机,北段配置3台锯轨机,锯轨作业范围如图4—50和图4—51所示。锯轨完成后,A1、A2、C1、C2区域同步开始施工。

②封锁点内新建段施工。既有线右线拆除。既有线右线需要拆除的内容包含接触轨和防护罩、防脱护轨、轨距拉杆、扣件、钢轨、轨枕及道砟,A2区域和C2区域各分2组,采用人工拆除配合平板车运输的方式实施。1组负责接触轨和防护罩的拆除,另1组在对防脱护轨和轨距拉杆拆除完毕后进行扣件的拆除,2组同步施工,同时完成。扣件拆除完毕后,利用车辆将待拆钢轨拖拽至指定区域存放,然后利用挖掘机将轨枕移出道床,人工摆放于线路一侧,最后利用挖掘机将既有线道砟移至新建段东侧,统一运输出场。

新铺轨道。包括:摊铺底砟,利用4台铲车将A2区域约120 m²和C2区域约80 m²底砟摊铺到位,并用压路机碾压密实;吊装轨排,A2区域和C2区域各设置2台吊车,将A2区域的6组和C2区域的3组预拼装完毕的轨排吊装就位,并根据中线桩位进行初步调整;长轨换铺,轨排就位后,松开扣件,将工具轨移出线路,并利用滚筒、撬棍配以人工拖拽方式将存放于预铺段的长轨条安装到位,并紧固扣件,以减少现场焊轨数量;回填道砟,轨道铺设完成后,利用铲车将道床剩余道砟补齐,并配合人工进行道床边坡整修;起道、捣固,根据标高控制桩,采用起道机将轨排抬升至设计标高,同时A2区域和C2区域各配置2台小型捣固机进行捣固作业,捣固作业分别进行,配合人工对道床断面进行修整,道床宽度按3.3 m,边坡按1:175收坡。

钢轨焊接。由于预铺段提前完成了钢轨焊接,A1区和C1区的拨接段因轨面存在一定的磨耗,无法与新建段钢轨进行焊接(采用冻结接头连接方式),因此封锁期间的焊接任务为左线6个焊头,右线2个焊头。因施工处于冬季,为保证焊轨质量,除提前完成焊机的型式试验外,焊接过程中严格控制焊前钢轨预热、钢轨除锈、焊后正火以及保温等工序,并通过探伤检验验证焊头的质量。

③封锁点内拨接段施工。拨接段既有线附属设备拆除。与封锁点内新建段既有线右线拆除施工同步,在A1区域和C1区域各安排1支队伍将既有线上接触轨及防护罩、过轨管线、线路中心设备等附属设备拆除。

扒道砟、安滑道。为降低拨线过程中道床对轨排的阻力,首先将砟肩道砟(拨线一侧)和道床中心枕木盒内的道砟人工扒出至轨枕底齐平,安装滑道位置扒至轨枕底10 cm,轨枕头外侧设5%坡度顺坡,然后将拨移范围内的轨枕扣件松开,以便拨道时钢轨应力能够释放。在拨距大于0.5 m点至拢口段每隔5 m安装1处滑道,滑道由50 kg/m钢轨和自制单轨轮小车组成,安装滑道时应注意滑道方向与曲线法线方向一致,且不能出现反坡。

拨移线路。线路拨移前,技术人员先根据计算拨移量(10 m间距)将枕木边缘到达位置用白灰线在现场标识清晰,本工程南侧区域左右线最大拨移量为498 m,北侧区域左线最大拨移量为663 m,右线最大拨移量为322 m。待滑道安设完成后,即可组织力量从小拨距向大拨距依次循环进行线路拨移。拨移施工采用人工持撬棍支拨为主,在拢口位置向小拨距方向以20 m为间距设置挖掘机拖拽的方式辅助进行，先拨移右线至指定位置后再拨移左线。拨移过程中，测量人员紧跟，随时检测拨移量，确保不超不欠，当拨移后的线路中线与设计中线偏差在 5 cm 以内时，再细拨到位，并根据计算的锯轨位置结合现场情况锯轨拢口。拨移到位后，降轨排，抽出滑道，人工方枕、紧固扣件螺栓。

回填道砟。线路拨移完毕后，A1 区和 C1 区各用 2 辆铲车将道床剩余道砟补齐，并配合人工进行道床边坡整修。

起道、捣固。与新建段施工方式相同，采用起道机将轨排抬升至设计标高，拢口处与相邻轨道临时连接，同时 A1 区域和 C1 区域各配置 2 台小型捣固机进行捣固作业，捣固作业分 3 遍进行，配合人工对道床断面进行修整，道床宽度按 33 m，边坡按 1：1.75 收坡。

④大型捣固机捣固。为保证有砟道床的稳定性，待 A1、A2、C1、C2 区域的轨道施工完成，道床经小型捣固机捣固完毕后，采用大型捣固机对线路进行统一捣固养护处理，捣固频数控制在 20 次/min 以内，作业速度保持在 1 km/h 左右，同时辅以人工整理道床、检查线路并消除线路不良因素。

⑤应力放散与锁定。应力放散与锁定施工分南北 2 个区域同时进行，由于温度较低，采用拉伸器拉伸配合撞轨的方式进行。首先进行 A2 区和 C2 区的施工，将 K11+650～K12+370 范围内扣件全部紧固到位作为固定端，将 K11+542～K11+650 以及 K12+370～K12+606 扣件松开，并在轨底以 6 m 左右的间隔安装滚筒，在 K11+542 和 K12+606 位置设置拉伸器，A2 区域向小里程拉伸，C2 区域向大里程拉伸。根据实测轨温与设计锁定轨温差计算拉伸量，拉伸过程中，调整拉伸器拉力并配合撞轨使钢轨上位移观测点的拉伸量逐步达到计算拉伸值再锁定扣件。A2 区和 C2 区放散与锁定完毕后开始 A1 区和 C1 区的施工，方法类似，将拨线起点向外延伸 50 m 作为固定端，在拢口处设置拉伸器进行拉伸，拉伸过程中还应注意防止曲线段钢轨的侧翻，拉伸到位切除多余钢轨并与相邻线路采用冻结夹板连接。结合地铁运营公司要求，为减少气温回升对线路局部应力的影响，在北侧拨接点合拢口位置插入 2 对 12.5 m 钢轨设置缓冲区，待气温回升后更换长钢轨，进行二次应力放散并冻结锁定。

⑥线路精调与验收。线路精调工作与接触轨安装同步进行，采用万能道尺和弦线对轨道几何尺寸进行检测，对不符合要求的位置进行精调整理，使其满足轨距±2 mm，高低、水平、方向和扭曲 4 mm 的误差限定，最后会同建设、设计、监理和运营单位现场检查验收通过，并经冷热滑实验确认后达到开通条件。封锁解除后开通，前三列车限速通过，第四列车恢复正常运营速度。

(4) 施工进度筹划。为推演点内施工总耗时，明确关键线路，减少运营中断时间，合理安排人员和设备配置，根据施工工艺流程，结合各工序的工程量，制定施工进度筹划如图 4—52 所示。在新建段和拨接段同步施工的情况下，施工总耗时为 46 h，且新建段位于关键线路上，应严格控制其进度，拨接段施工具有 3 h 的机动时间。

(5) 设备及人员配置。本工程现场施工共计投入人员 280 人，为保证线路拨道施工的顺利进行，确保施工中既有设备安全，成立施工指挥组，负责本次施工的组织协调；同时下设设备拆改组、钢轨切割连接组、线路拨接组、线路新建组、技术保障组、安全防护组。主要机械设备配置为锯轨机 5 台、起道机 20 台、小型捣固机 4 台、挖掘机 4 台、焊轨机 1 台、压路机 2 台、大型捣固机 1 台、小型平板车 9 辆、轨道车 1 辆、大型平板车 2 辆、破碎炮车 4 辆、铲车 4 辆、吊车 4 辆。

4. 实施效果

北京地铁 13 号线既有线线路改移工程自 2019 年 2 月 10 日开始，2 月 16 日顺利完成，历时 157h，其中轨道专业在保证安全质量的前提下仅历时 46 h，大大缩短了 13 号线的停运时间，为京张高铁清河站的施工创造了良好条件。临近既有地铁 13 号线范围的施工，按照北京市地铁安全运营管理的有关文件提出申报和审批，完善过程施工管理方案，在取得相关部门的认可后方可施工，施工中严格按照批准的施工计划和方案执行。为确保既有线路的运行安全，对运营的 13 号线进行完全硬隔离，搭设临时隔离防护棚，设置安全防护管理人员，会同地铁运营监管部门做好沟通与协调，做好现场的安全监控，切实做到施工材料和人员不越线、不侵限。尤其是基坑施工、钢结构吊装等编制切实可行的实施方案，组织专门的安全评估会议，经论证后再行实施，实施中加强过程变形监控，严控各项参数，确保地铁的运营安全。

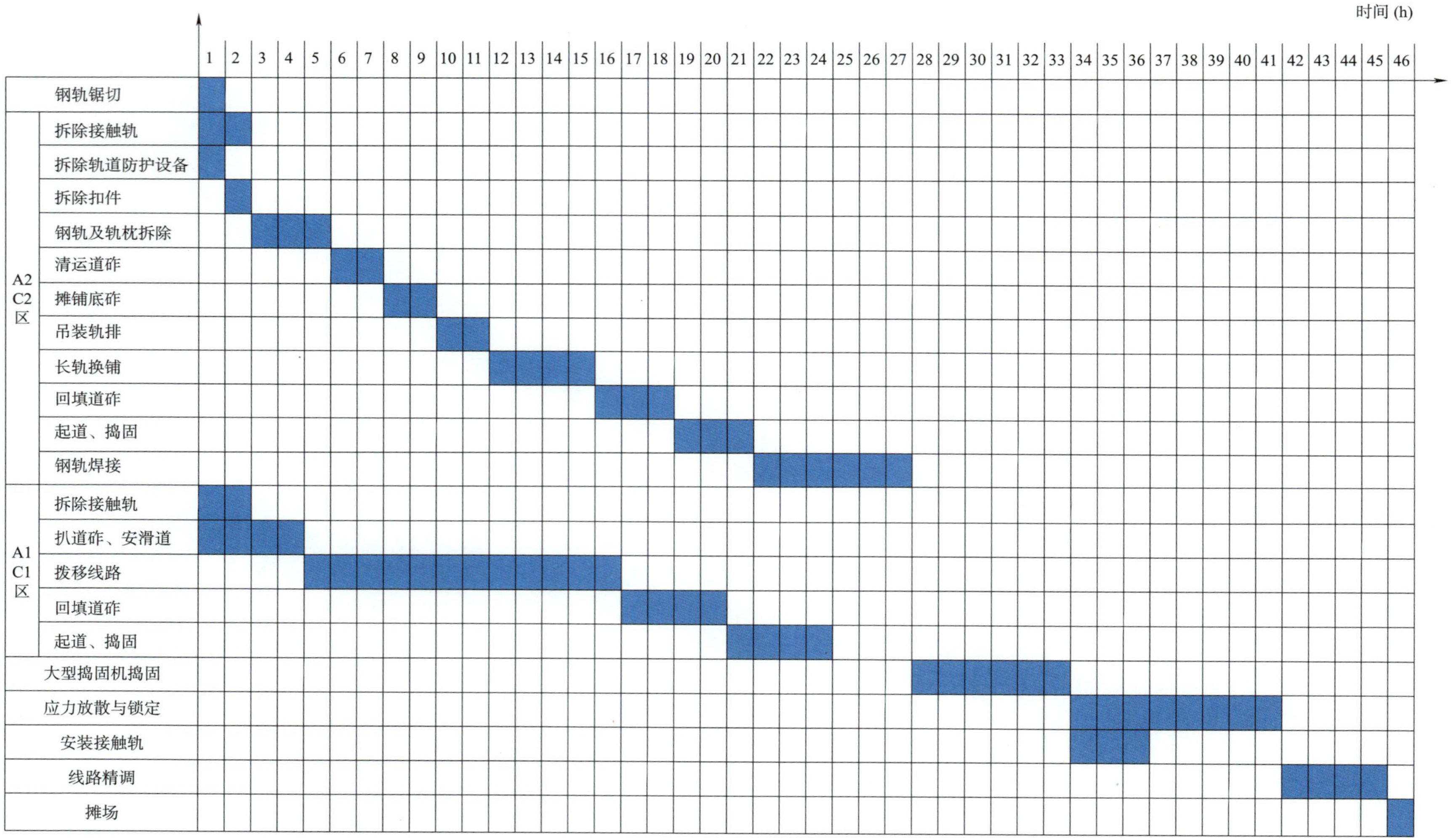

图 4—52 地铁13号线过渡施工总体进度示意图

二、客站过渡施工

在营业线原位修建客站,必须对运营铁路进行过渡,而过渡施工有一整套严密的程序要求,且时间节点明确,直接影响客站建设的总工期。运营铁路在新建客站的平面位置永久性拨入前后,对轨道专业、站房专业各项的施工要求高,对相互间有序衔接的要求高,对既有线物理隔离措施的设置要求高。须综合考虑运营铁路的平面条件、周边地形、建筑拆迁、市政配套工程体量和站房结构布局等。张家口南站施工过渡方案案例如下。

（一）京张高铁张家口南站概况

站房中心里程京张铁路 DK192+370,京包改建线 GDK192+370。站场规模 6 台 16 线。北侧 3 台 8 线为高速场（京张场）,设 450 m×11.3 m×1.25 m 侧式站台 1 座,450 m×11.5 m×1.25 m 中间站台 2 座;南侧 3 台 8 线为普速场（京包场）,中间为高速普速合用站台。站房工程地上主体 2 层,地下 1 层,局部设夹层,总建筑面积 9.5 万 m²。站房地下负二层预留张家口市轨道交通 L2 线。四电工程包括张家口南普速场通信、信号、电力工程,张家口南配套牵引供电工程。张家口南站施工平面示意见图 4—53～图 4—55。

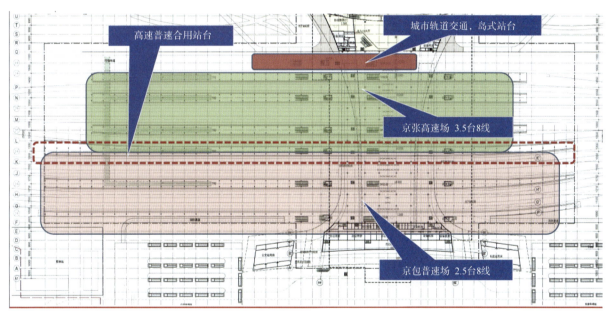

图 4—53　张家口南站站场施工平面示意图

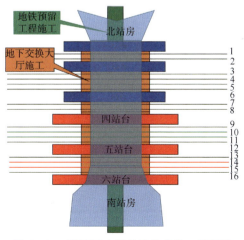

图 4—54　张家口南站站房站台施工示意图

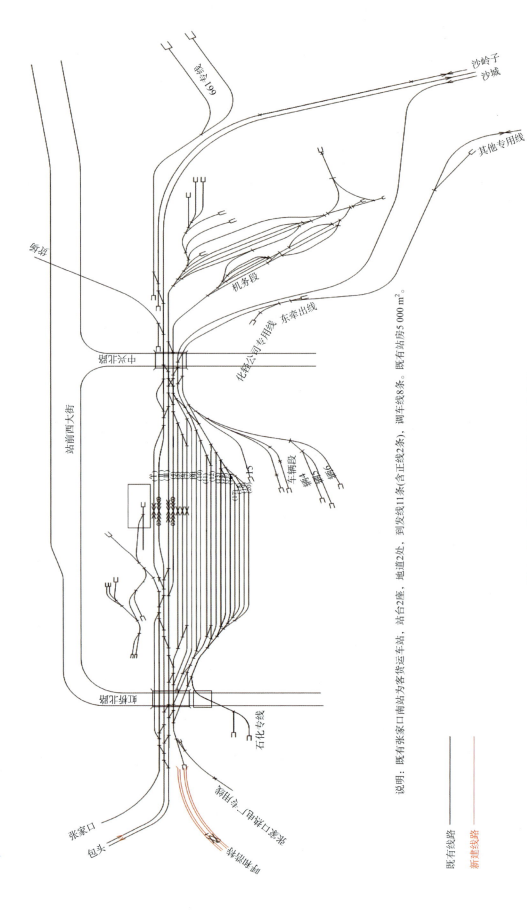

图4—55 张家口南站既有线平面示意图

(二)施工主要内容

(1)地铁预留工程。L2号线预留区间隧道位于张家口南站地下二层,为矩形框架结构,全长330 m,北侧起点段12 m范围内采用两层三跨钢筋混凝土结构,其余318 m范围左右线均采用单洞单线钢筋混凝土结构,埋深19~20 m。断面示意如图4—56所示。

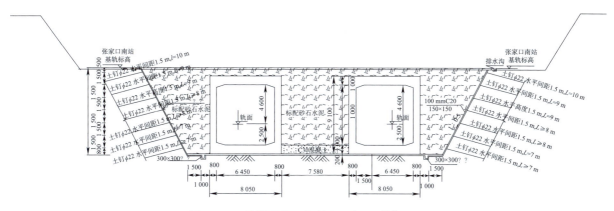

图4—56 地铁预留工程断面示意图(单位:mm)

(2)站前工程。张家口南站改造及配套工程,主要工程量为路基113万 m^3、铺轨40.6 km、清水河特大桥一座、闫家屯大桥一座、涵洞6座、框构桥3座、给排水管道6.6 km、行包地道一座、站台6座、配套房屋10间,共计:4 479.57 m^2。见表4—3。

表4—3 站前工程量表

序号	建筑名称	建筑面积(m^2)	结构形式	层数
1	信号楼	1 724.73	框架结构	3
2	分区所	264.9	框架结构	1
3	闫家屯AT所	264.9	框架结构	1
4	工区综合楼	1 008.33	框架结构	2
5	轨道车库	496.06	框架结构	1
6	轨道基地办公楼	615.86	框架结构	2
7	油泵间	51.18	框架结构	1
8	扳道房	13.69	砖混结构	1
9	车号探测站(东)	19.96	砖混结构	1
10	车号探测站(西)	19.96	砖混结构	1

(3)站房工程。本工程地上主体2层,地下1层,局部设置夹层;以站台面为基准,屋顶最高标高36 m,总建筑面积约9.5万 m^2。结构形式为:钢筋混凝土框架结构。幕墙局部设置桁架抗侧力体系。标高9 m处站厅层采用钢~混凝土组合梁结构。

站房采用梁板式筏基,站台采用雨棚钻孔灌注桩基础。钢结构屋盖:大屋盖结构采用钢结构双向桁架体系;自基础顶面起35 m高,部分悬挑20 m。主站房结构平面尺寸为160 m×90 m,采用梁柱结构体系。

(三)张家口南站改造总体过渡方案

根据铁路总公司要求,2018年2月10日张家口南站东咽喉过渡工程计算机联锁改造完成,南站既有设施拆除后,阶段性封闭施工。2018年5月底张家口南站普速场4、5站台间开通10、11道。2019年

7月1日联调联试,2019年12月底京张高铁开通。总体过渡施工为五步:

第一步:2018年2月10日,开通张家口南站东咽喉过渡工程计算机联锁,既有工务轨道基地利用西咽喉京包上行线取送车,拆除张家口南站1~20道及站房;

第二步:2018年5月31日完成普速场范围内4、5站台间的地铁层、地下一层施工,同步完成临时便线铺设、接触网、信号改造等工程,开通临时便线;

第三步:2018年12月1日,临时便线从4、5站台间过渡至5、6站台间;

第四步:2019年7月1日具备联调联试条件;

第五步:2019年12月31日具备高铁、普速开通条件。

(四)施工组织安排

1. 张家口南站第一步改造施工(2018年1月26日~2018年2月10日)

2018年2月10日,开通张家口南站东咽喉计算机联锁,既有工务段轨道基地利用西咽喉京包上行线至孔家庄站取送车,拆除张家口南站1~20道及站房,张家口南站站内阶段性封闭施工改造。张家口南站第一步改造施工如图4—57所示。

2. 张家口南站第二步改造施工(2018年2月11日~2018年5月31日)

张家口南站普速场10~11道开通,东咽喉开通京包改建线,西咽喉利用既有京包上下行运行。10~11道两侧安装临时护网。

(1)站场范围内施工组织安排。2018年5月31日前站内需完成普速场范围4、5站台间地下二层预留轨道交通L2线,地下一层结构(交换大厅、城市通廊及停车场等),开通4、5站台间10、11道。张家口南站第二步改造施工如图4—58所示。

张家口市预留轨道交通L2线施工安排。L2号线划分为三个区域,普速场范围内(①)80 m,南站房及以南区域(②)85 m,高速场及以南区域(③)165 m。首先施工普速场80 m,然后施工两侧区域。工期计划安排:普速场80 m区域:2018年2月3日~2018年3月31日;南站房及以南区域:2018年2月25日~2018年4月19日;高速场及以北区域:2018年3月1日~2018年4月30日。见图4—59。

站房及高架候车进度:2018年2月21日~2018年5月10日完成4、5站台间9~12道范围内站房地下结构主体工程。2018年3月11日~2018年5月31日完成5、6站台间13~16道范围内高架及以下结构主体工程。

站前及四电工程,站房180 m范围以外(站内地下工程不影响的部分)进度:①路基工程普速场于2018年3月10日~2018年4月20日完成;高速场:2018年3月20日~2018年6月1日完成。②站台墙于2018年5月1日~2018年8月10日完成。③行包地道于2018年3月15日~2018年5月10日完成(先完成10~11道范围)。④轨道工程于2018年4月20日至2018年5月15日完成普速场10~11道轨道铺设。⑤四电工程于2018年5月1日至2018年5月30日完成普速场10~11道四电工程。⑥信号楼、分区所等10间房屋于2018年3月15日至2018年5月30日全部完成。站房180 m范围以内(受地下结构影响部分)进度:2018年5月10日~2018年5月25日,完成10、11道轨道铺设及大机捣固;2018年5月10日~2018年5月31日,完成四电工程;5月31日开通普速场9~12道。

(2)区间部分施工计划安排

沙岭子站至张家口南站区间开通京包改建线(东区间),张家口南站至孔家庄区间利用既有京包线运行(西区间)。京包改建线(东区间)设计里程为GDK189+200~GDK196+308.24,在2018年6月30日前,需完成京包改建线GDK189+200~GDK193+700(虹桥北路西侧),GDK193+700~设计终点利用既有京包上下行。

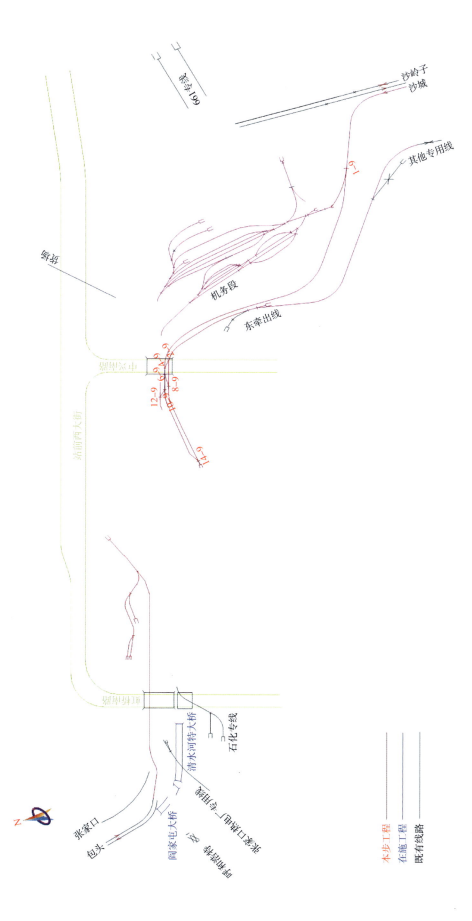

图 4—57 张家口南站改第一步施工改造示意图

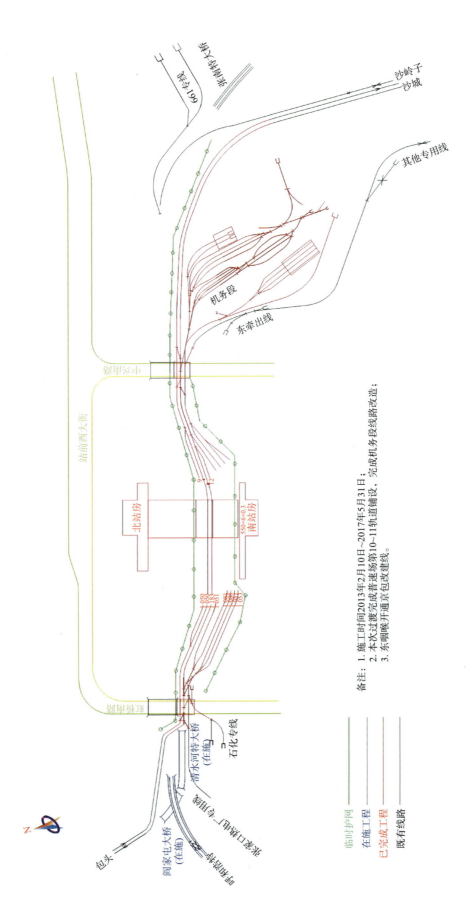

图4-58 张家口南站改第二步施工改造后示意图

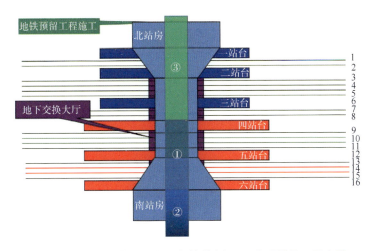

图 4—59　张家口南站预留预留轨道交通 L2 分区域施工示意图

京包改建线范围内涉及涵洞 6 座,框构桥 3 座,预留轨道交通 L3 线一座,工期计划安排如下:
①桥涵工程
A. 涵洞工程:2018 年 3 月 10 日～2018 年 4 月 20 日,完成 6 座涵洞施工。
B. 框构桥
中兴北路框构桥:2018 年 3 月 5 日至 2018 年 3 月 31 日,完成防护桩施工。2018 月 4 月 1 日～2018 年 5 月 10 日,完成南侧 2 节主体工程施工。
虹桥北路框构桥:2018 年 3 月 25 日至 2018 年 5 月 15 日,完成南侧 1 节主体工程施工。
钻石南路框构桥:2018 年 3 月 25 日至 2018 年 5 月 20 日,完成南侧主体工程施工。
②预留 L3 线
2018 年 3 月 1 日～2018 年 3 月 8 日完成防护桩。
2018 年 3 月 9 日～3 月 13 日完成土方开挖及边坡喷锚。
2018 年 3 月 12 日～3 月 18 日完成纵梁。
2018 年 3 月 19 日～3 月 31 日完成盖板。
③线路工程
京包改建线路基工程:2018 年 3 月 15 日至 2018 年 4 月 20 日;
京包改建线轨道工程:2018 年 4 月 21 日至 2018 年 5 月 15 日;
京包改建线路基附属工程:2018 年 4 月 15 日～2018 年 5 月 31 日;
四电工程:2018 年 5 月 10 日～2018 年 5 月 31 日。
信号工程选择三种方案:
A. 利用 2018 年 2 月 10 日开通的信号楼增加联锁及区间设备,新设道口机械室和道口设备。
B. 拆除既有张家口南站 6502 设备,增加微机联锁设备。区间维持既有,新设道口机械室和道口设备。利用张家口南普速场新建信号楼进行过渡改造,新设道口机械室和道口设备。

3. 张家口南站第三步改造施工(2018 年 6 月 1 日～2018 年 12 月 1 日)
2018 年 6 月 1 日～2018 年 12 月 1 日:高速场及普速场第 5～6 站台间部分排水沟、电缆槽、给排水、综合接地、站台、铺轨、四电工程全部完成;西咽喉清水河特大桥、闫家屯大桥施工完成,既有京包上下行拨接至新建京包改建线;普速场第 5～6 站台间高架候车主体结构完成,施做屋面钢结构、幕墙工程,并在高架候车结构两侧搭设防护棚架,保证站房钢结构及外幕墙施工安全,并在第 14～15 道两侧安装临时护网。2018 年 12 月 1 日开通普速场第 14～15 道,第 10～11 道停运。见图 4—60。

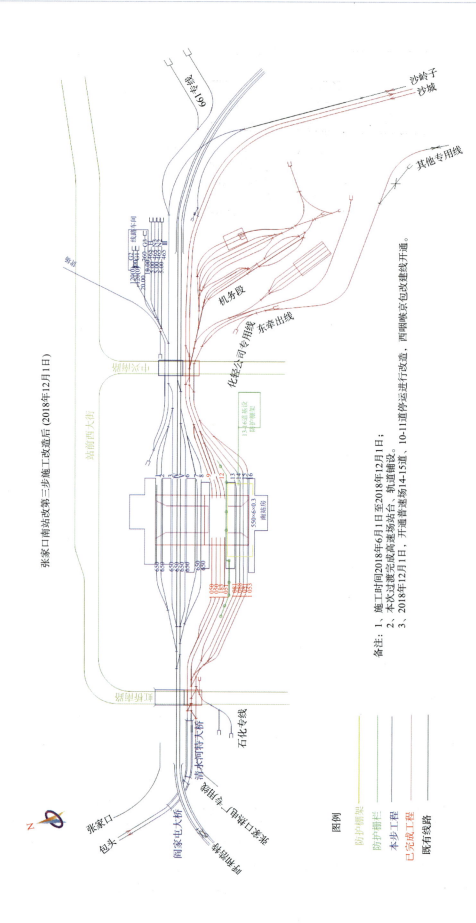

图 4—60　张家口南站改第三步施工改造后示意图

(1)站房施工安排。2018年5月31日前完成普速场5~6站台间高架候车主体结构。2018年7月31日前完成北站房、高速场高架及以下主体结构。2018年12月1日前完成高速场、普速场间(不含4、5站台间)雨棚。并在14~15道开通前,在高架候车结构两侧搭设防护棚架,保证站房钢结构及幕墙工程施工。2018年12月31日前提供四电设备房屋。

(2)站场施工计划安排。1~6站台站台墙及站台面:2018年6月15日至2018年11月25日全部施工完成;给排水管道及客车上水:2018年10月15日前完成;站场排水沟:2018年11月1日前完成;高速场铺轨:2018年12月25日前全部完成;普速场13~16道铺轨:2018年11月10日前全部完成;普速场13~16道四电工程:2018年11月25日前全部完成;开通普速场14~15道:2018年12月1日开通。区间部分施工计划安排

①清水河特大桥、闫家屯大桥。2018年3月1日~2018年4月15日完成基工程;2018年3月20日~2018年6月30日完成承台、墩台工程;2018年3月10日~2018年7月15日完成清水河特大桥11~14#悬浇梁;2018年3月15日~2018年5月30日完成清水河特大桥0~3#刚构桥;2018年4月20日~2018年6月30日完成清水河特大桥14~16a#现浇梁;2018年7月1日~2018年8月5日完成架梁工程;2018年7月20日~2018年8月30日完成桥梁附属工程。

②中兴、虹桥、钻石框构桥。2018年7月5日~2018年7月15日,完成既有桥梁拆除施工;2018年7月16日~2018年11月10日,完成剩余中兴北路、虹桥北路、钻石南路框构桥施工。

③西咽喉京包改建线。2018年9月1日~2018年9月25日,完成京包改建线西咽喉GDK193+700~GDK196+308.24铺轨施工。

4.张家口南站第四步改造施工(2018年12月1日~2019年6月30日)

(1)站房工程。2018年12月1日,开通普速场14~15道后,拆除4、5站台间10、11道线路,开始4~5站台上部高架结构施工。2018年7月1日~2019年6月30日,完成5~6站台区域与南站房钢结构屋面,幕墙工程。2018年9月1日~2019年6月30日,完成1~4站台与北站房区域钢结构屋面,幕墙工程。2018年12月1日~2019年7月30日,完成4~5站台间高架结构、钢结构屋面,幕墙工程。

(2)站场工程。普速场9~12道范围排水沟、电缆槽、给排水等附属工程:2019年3月10日~2019年5月10日完成;普速场9~12道铺轨:2019年4月26日至2019年5月10日完成;普速场轨道精调:2019年5月26日至2019年6月15日完成;高速场轨道精调:2019年5月1日至2019年5月25日完成;四电工程:2019年6月30日前全部完成。见图4—61。

5.张家口南站第五步改造施工(2019年7月1日~2019年12月31日)

2019年7月1日高速场开始联调联试,高、普速场高架候车进行装修工程施工,2019年10月30日前完成室内装修、水电安装、通风、消防、静态标识等工程。2019年11月份开始验收、安全评估。2019年12月底张家口南站全站开通。见图4—62。

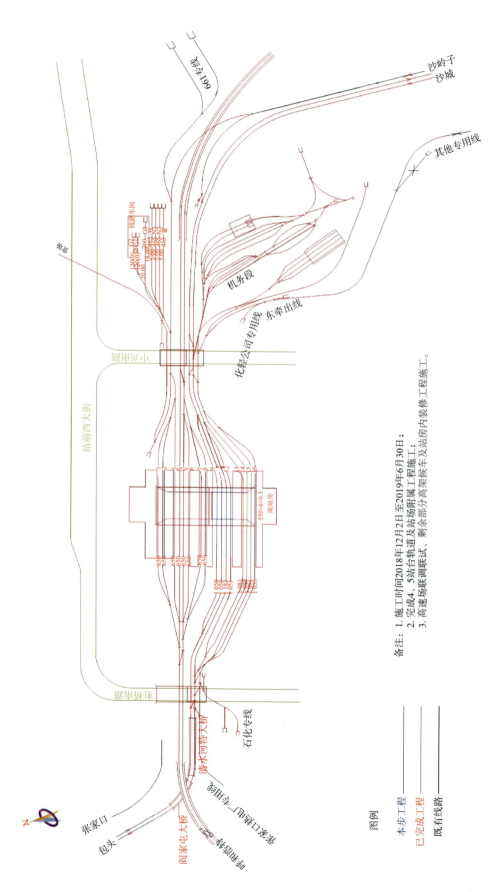

图4—61 张家口南站改第四步施工改造后示意图

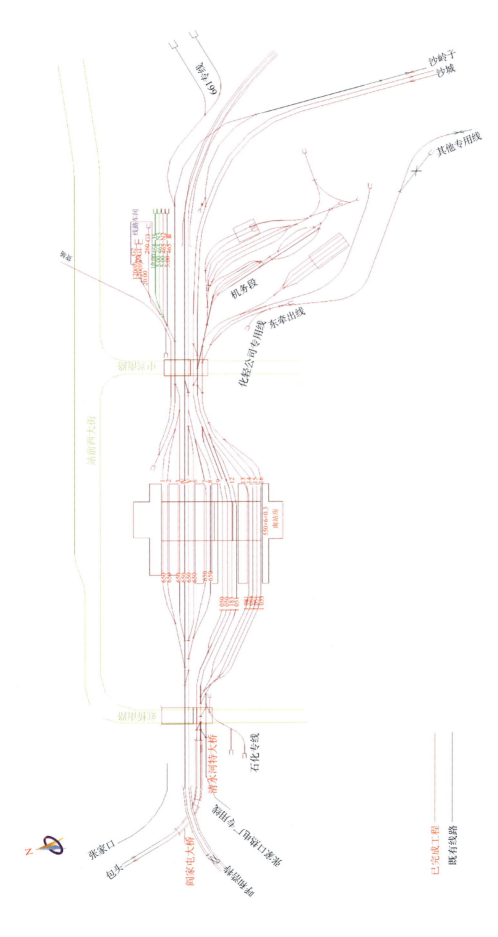

图4-62 张家口南站改第五步施工改造后示意图

本章参考文献

[1] 王峰.铁路客站建设与管理[M].北京:科学出版社,2008.
[2] 尹韶哲.铁路客运站房施工管理综述[J].建设科技,2014(7):106-109.
[3] 徐帮树,张芹,李连祥,等.基坑工程降水方法及其优化分析[J].地下空间与工程学报,2013,9(5):1161-1165.
[4] 马伟平.谈桩网结构与桩筏结构路基加固技术在济西客站工程中的应用[J].科技创业月刊,2010,23(1):151-152,155.
[5] 崔强,巫明杰,孙振华,等.新建京张高铁清河站钢结构工程施工关键技术[A].中国建筑金属结构协会钢结构专家委员会.钢结构技术创新与绿色施工[C].:中国建筑金属结构协会,2020:10.
[6] 张乃明.天津滨海火车站站房大跨度网架结构健康监测研究[D].石家庄:石家庄铁道大学,2018.
[7] 刘丰.浅析幕墙工程在铁路客站中的设计应用[J].铁道勘测与设计,2014(3):42-45.
[8] 朱兴磊.建筑工程干挂石材幕墙的施工技术与质量控制分析[J].建材与装饰,2020(15):24-25.
[9] 吴均雪.关于陶土板幕墙施工技术的研究[J].建材与装饰,2020(19):26,28.
[10] 武利平.铁路客站高大空间装饰吊顶施工技术研究[J].建筑技术,2014,45(2):181-184.
[11] 李军.建筑装饰工程中的石材幕墙施工技术管理研究[J].房地产世界,2020(23):94-96.
[12] 闫龙,刘力.北京地铁13号线既有线线路改移施工组织分析[J].现代城市轨道交通,2020(4):89-95.
[13] 陈彬,方锐,龚小标.如何推进全方位绿色施工管理:以新建北京至张家口铁路项目为例[J].施工企业管理,2019(4):39-41.

第五章 铁路客站新技术应用

第一节 铁路客站的 BIM 技术应用

BIM 是 Building Information Modeling 的缩写,意为建筑信息模型,以基于三维几何模型、包含其他信息和支持开放式标准的建筑信息为基础,利用强有力的软件,提高建筑工程的规划、设计、施工、管理以及运行和维护的效率与水平;实现建筑全生命周期信息共享,从而实现建筑全生命周期的优化。BIM 技术是以三维数字技术为基础,集成了建筑工程项目各种相关信息的工程数据模型。

随着我国铁路设施建设规模的扩大,建设速度的不断加快,BIM 技术成为未来铁路工程设计建设的主要技术。为此,国铁集团推动了 BIM 技术在铁路工程上的应用研究。目前我国大型的铁路施工项目都在积极推进 BIM 技术的应用,力图建立起以 BIM 为核心的施工管理体系,优化工程管理模式,实现工程项目管理的信息化、科学化和精细化。乌鲁木齐站、兰州西站、杭州南站、乌兰察布站等铁路站房均采用 BIM 技术进行辅助设计和施工,取得了一定成果,但 BIM 应用的侧重各不相同。杭州南站从管线综合优化、图纸查询管理、可视化交底等方面做了应用探索;乌鲁木齐站利用 BIM 模型开展了详细的绿色设计方面的研究,在光照模拟、能耗分析、空调荷载计算等方面进行了探索,同时在管线综合、工程量计算、施工图出图等方面进行了应用;乌兰察布站重点在孔洞预留、三维技术交底方面做了应用。清河站工程存在参与专业多、协同难度大、结构复杂、内外部管线系统繁多等难题,通过 BIM 技术优化设计、指导施工,提升了清河站整体的设计施工管理水平。

一、清河站 BIM 技术应用

(一)工程概况

清河站在几百米长的狭长地带上,打造了北京北部全新的综合性客运交通枢纽,实现了多种交通方式的零换乘。清河站设计为地下两层,地上两层,局部三层,其中地下二层为城铁昌平线南延及 19 号支线站台层及设备层,地下一层为城市通廊、国铁与地铁换乘空间、地下车库等,首层为国铁进站厅、站台层和新建城铁 13 号线站台,二层为高架候车层,局部三层为商业服务,分层模型如图 5—1 所示。清河站主体结构 BIM 模型如图 5—2 所示。清河站钢结构深化模型如图 5—3 所示。

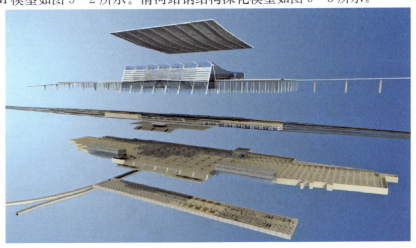

图 5—1　清河站分层模型

主站房依托建筑造型160 m的大跨度屋盖,采用了钢管混凝土A形柱、Y形柱及直柱3种柱形作为竖向主要受力构件,承托顶部大跨度钢结构屋盖,屋盖最大跨度80 m,最大悬挑长度18 m,使整个候车大厅空间更加通透。

清河站工程规模大,总体建筑面积达14.6万 m^2;其次工程结构复杂,地下空间大,专业众多,协调困难,且主站房设计方案不稳定,变更频繁,工期紧,任务重,是京张高铁的控制性工程。

(二)BIM实施内容

1. 编制BIM实施大纲及BIM标准

工程开工伊始,建设单位组织各参建单位就成立BIM应用实施小组,保障清河站BIM及信息化应用目标的实现。在BIM实施小组的推进下,编制清河站BIM应用实施大纲,并参照铁路BIM联盟相关BIM标准,制定清河站站房项目信息化及BIM应用流程,建立各专业族库模型,开展BIM施工管理应用。

2. 建立站房工程实体结构分解

结合建筑标准、铁路BIM联盟发布的EBS等标准,采用系统分析方法,对工程结构的分解重新进行优化,根据施工方案添加分区、流水段等作业信息,结合高铁站房工程特点补充形成高铁站房工程信息模型分类及编码标准,实现了建筑、结构、水暖、机电、给排水、桥梁、电扶梯等专业的工程实体分解,并在清河站验证分类及编码标准,初步形成一套适合高铁站房的工程实体分解、分类编码标准。

3. 建立BIM模型

根据清河站BIM应用场景,制定了BIM建模的标准,分别建立了站房主体、钢结构、机电专业和幕墙BIM模型,并对各专业构件附加相关编码,将图纸中存在的问题和施工期间可能遇的难题,以虚拟施工的方式提前可视化预演和预判,提高每道施工工序施工质量,完成装饰装修的深化设计,同时要求细部处理做到美观、实用。

(1)建立清河站结构模型(图5—2),能够直观立体的体现该工程结构的设计情况,提取了结构工程量,更快、更准地找到结构冲突,如上下柱不对应、降板不正确、楼梯设计缺项等问题。

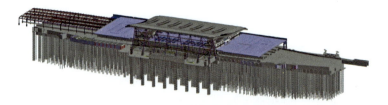

图5—2 清河站主体结构BIM模型

(2)钢结构施工从深化详图就开展BIM应用,由于设计院的蓝图无法直接指导钢结构加工制作和现场安装,需要在专业的详图深化软件中建模,深化出构件详图和构件布置图,用于指导加工和场定位拼装。因此,采用TEKLA软件对钢结构进行全方位的深化设计工作(图5—3),将深化设计的钢结构零件、节点精细化切分,形成钢架构加工清单,交由工厂加工。构件加工制作完成后对其进行检测,并将检测数据输入电脑软件中生成构件的实体二维码,在实体模型基础上进行虚拟预拼装,优化拼装方案。

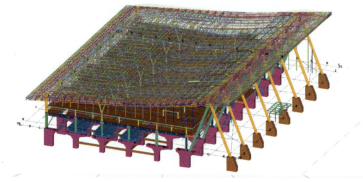

图5—3 清河站钢结构深化模型

(3)建立机电专业BIM模型(图5—4),通过在三维模型中调整管线的三维空间位置,预留出施工和检修空间,形成可指导施工的管综模型,提前发现并解决机电施工中可能发生的错漏碰缺等问题,提高机电安装准确度和施工效率。

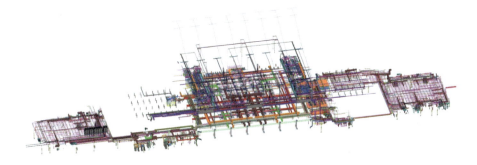

图5—4 清河站机电管线深化模型

(4)通过建立清河站幕墙专业模型(图5—5),直观反映设计意图,展示建筑外立面效果,同时可便捷展示设计施工方案,统计材料用量。

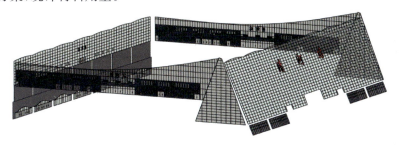

图5—5 清河站幕墙专业模型

4. 开展BIM施工应用

(1)场地布置优化。根据清河站工程特点,利用BIM技术主要开展基坑工程及综合办公区的场地布置优化方案(图5—6),其中,基坑工程面积为37 000 m²。基坑支护形式复杂,为悬臂桩+卸压放坡、悬臂桩+斜钢支撑、悬臂桩+混凝土角撑等不同高程,不同形式的复杂组合,采用BIM技术建立基坑阶段的支护模型,所有支护形式一目了然,在方案研究和论证中效果显著。

图5—6 清河站场地优化布置模型

二、BIM 技术在客站施工深化设计中的应用

BIM 技术可以实现精装修深化设计中的节点设计、墙面、天花板和地面装饰造型设计,管线排布等,能够结合设计将施工的效果整体呈现,在施工前实现精调,避免施工过程中的返工或质量问题,实现提高施工质量,节省工期的效果。利用 BIM 技术,通过对施工方案的模拟、预演等方式,实现施工方案的选择,充分发挥 BIM 技术在施工管理过程中的作用,为铁路工程的建设提供智能化工具。

1. BIM 技术在装修专业深化设计中的应用

利用 BIM 技术的可视化赋予了它相对于传统的二维图纸所达不到的效果,它极大程度的降低了原本施工图纸中会出现的错误,在经过一系列的模拟展示以及优化后,它可以提供更加精准的成果,避免了修改过程中的繁琐程序,减少了不必要的返工。

将模型结合材料特性进行模拟,通过对采光进行模拟,在三维视图中感受装修效果,对模型进行三维空间渲染,达到照片级的真实感图像,能够提前发现装修材料颜色搭配,地砖拼缝对接等问题,减少后期不必要的返工,实现材料成本和施工时间的节省。地下通廊风管设计深化实例如图 5—7。

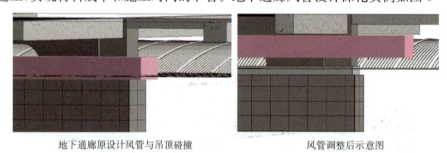

地下通廊原设计风管与吊顶碰撞　　　　　风管调整后示意图

图 5—7　地下通廊风管设计深化实例

2. BIM 技术在钢结构专业深化设计中的应用

张家口南站利用 BIM 模型对钢结构施工方案进行优化,对提升单元、拼装单元及施工方案进行优化调整。钢结构屋盖安装采用"地面拼装、分单元液压同步提升"的方法完成。其中,钢结构各提升单元的划分,是钢结构提升的基础和重点。在保证质量、安全的前提下,根据计划的现场施工进度及站房整体结构,根据土建进度分区按照柱网布置对钢结构的三维模型按照柱网布置划分为 4 个提升单元,将各个提升单元按照其设计姿态在其投影面的正下方的楼面上(+8.80 m)拼装为整体提升单元。其中,最南侧的提升单元 1 又划分为 3 个拼装单元。各提升单元三维轴测图如图 5—8 所示。各拼装单元整体三维模型图如图 5—9 所示。

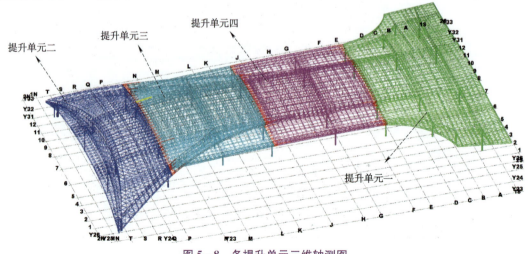

图 5—8　各提升单元三维轴测图

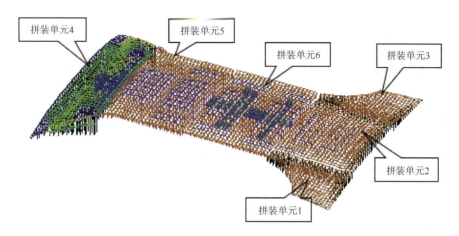

图 5—9　各拼装单元整体三维模型图

对钢结构利用 BIM 技术进行方案优化,比通常制定的方案更加形象化,使得管理人员思路更加清晰,方案的制定更加有理论支撑。通过 BIM 技术对方案优化,快速确定施工方案,为人员、材料、机械的组织带来的很大的便利,使得施工单位有充足的时间为钢结构的施工做准备,同时利用 BIM 技术对钢结构部分节点完成了优化,为施工现场的施工质量及进度有了很大的提升,上述两项初步预估为施工单位节省成本约 200 万。

3. BIM 在机电安装专业的深化设计

将不同专业的 BIM 模型进行整合,以便调整优化各机电管线的走向、高度。再对模型进行碰撞检查,按照设计方案净高以及考虑实际施工的情况合理排布清理碰撞点,对于管廊和结构特殊的位置,现场进行勘察测量,真正的做到与现场实际结合。

管廊中各专业管线复杂,管道交叉严重,结构空间小,利用 BIM 技术,在要求范围内充分规划仅有空间,对管道标高进行综合分析,各专业共同会审,确定最终的位置和标高。(调整前)底部风管标高过高与上部风管碰撞,消防水管与空调水管碰撞,如图 5—10 所示。(调整后)降低底部风管标高,重新排布管道位置,避开冲突,如图 5—11 所示。

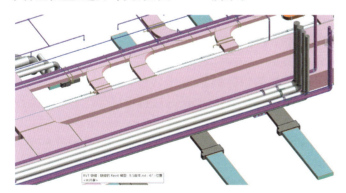

图 5—10　管线调整前示意图

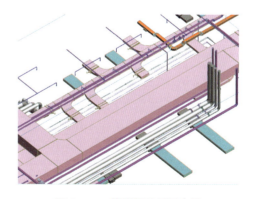

图 5—11　管线调整后示意图

机电设备安装施工过程是整个站房工程至关重要的一步,安装工程预留孔洞的位置准确性在机电设备安装中起着非常重要的作用,在实际施工过程中往往会出现一些问题,主要是漏留孔洞、孔洞位置不准确或者预留尺寸不对。一旦出现这些问题,对施工质量、施工进度、后续工序等诸多方面带来严重影响。因此,有必要对其原因、造成的危害、控制措施进行系统的分析和研究,以便指导后续施工。应用 BIM 技术对三维空间管线的模拟碰撞检查,这不但在设计阶段能够彻底清除硬碰撞,而且能优化净空和管线排布方案,减少由设备管线碰撞、预留孔洞错设引起的拆装、返工和浪费。如图 5—12 所示。

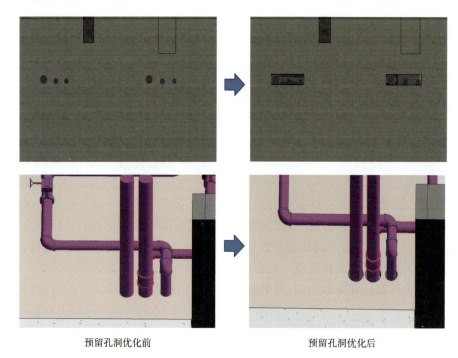

预留孔洞优化前　　　　　　　预留孔洞优化后

图 5—12　预留孔洞 BIM 优化设计

三、BIM 技术在装配式机房施工中的应用

站房制冷机房在施工过程中受空间限制，无法利用大型设备，且设备、管件数量多，对施工工艺和施工方法的选择存在很大的局限，导致施工质量、施工工期的控制需要投入大量的资源，但达到的效果往往不理想。随着 BIM 技术的发展，提出装配式机房的施工方法，通过对机房建模后进行管线优化、设备模块化拆分、工厂化加工、现场拼装的方式，实现了机房施工的新突破。

1. BIM 建模

首先建立机房的模型，包括结构、二次结构、设备及管线模型，并开展现场勘查，现场实际测量机房各项相关数据，包括实际层高、实际土建结构尺寸、预留洞口实际位置等，以防实际施工与图纸存在误差。利用 3D 激光全站扫描仪对项目现场进行全方位的精确扫描测量（误差为 ±1 mm），根据测量的数据对 BIM 模型进行修正，保证模型的精度。机房系统二次深化设计完成后，对机房进行三维建模工作，模型精度达到工厂预制加工精度。

(1) 设备模型。如图 5—13 所示，根据深化后的设计图纸，首先对设备在模型中的位置进行布置，充分考虑机房内所有专业，对机房主管道标高进行确认，依据系统原理，对各设备管道进行连接绘制，管道绘制完成依据管综排布原则，对各专业管道进行优化，确认管道最终标高。对于阀门部件安装则依据系统原理图，对提前绘制的各类阀部件安装于模型管道，安装位置便于观察，维护。最后进行支吊架布置，根据管路布置情况确定支吊架形式，对机房进行支吊架布置，冷冻换热机房大小共计 27 套，并出具受力计算书。

(2) 模型优化。基于搭建好的模型和制作的三维漫游视频相结合，并组织技术人员和具有项目多年施工经验的工程师在设计、施工、加工、运输、运维检修等全方面进行评审，提出评审意见并根据评审意见，依据行业规范及施工经验对机房设备、管道进行优化，保证模型的精确度，直接落地指导项目施工。机房漫游截如图 5—14 所示。

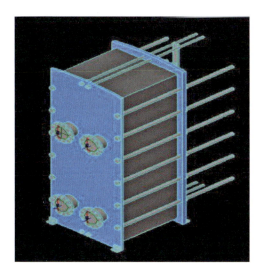
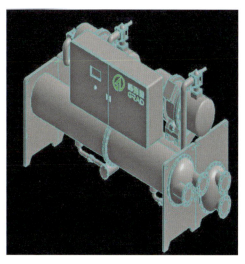

图5—13　板式换热器和主机模型

图5—14　机房漫游截图

(3)优化展示。冷冻换热机房共优化10余处,集中在设备位置和设备进出水口位置以及管道标高的优化,机房优化如图5—15所示。通过BIM技术的应用,做出了以下的优化调整:①板式换热器向西移动,热水泵安装于板换东侧。原因:按原设计,导致热水二次循环水管道弯头较多,不利于循环;导致与板换连接的一侧热水管支管较长,不利于安装;不利于管道在支吊架安装。②冷却水泵、冷冻水泵统一于两根柱梁之间竖向安装。原因:减少水管的折弯,更利于水路循环;利于建立模块化系统,利于安装支吊架;节省出右上侧两根柱梁间空隙,利于使用叉车等设备对冷水机组、组合式模块的搬运、安装。③冷水机组间距缩小。原因:腾出空间,在两侧安装组合支架;保证冷冻供水、回水管更好与集分水器连接的空间;便于机组与各系统支管连接成模块后运输安装。④调整集、分水器进出水口位置。原因:减少冷水机组至分水器的冷冻供水管的翻弯,减小水阻,降低材料成本;调整出水口位置后,利于集、分水器间压力旁通管路直接相连,节省管道,利于装配安装,机房设计更美观。⑤管道标高的调整。原因:原设计图纸主管道标高均为4.5 m,整体机房地面完成高度为6.6 m,去除最大梁高外净高为5 m,考虑桥架(200 mm)、喷淋(DN100)、风管(600 mm)及各专业间间距,管道上顶高度最高为4 m,经模型调整,管道中心高度定为3.65 m和3.05 m。

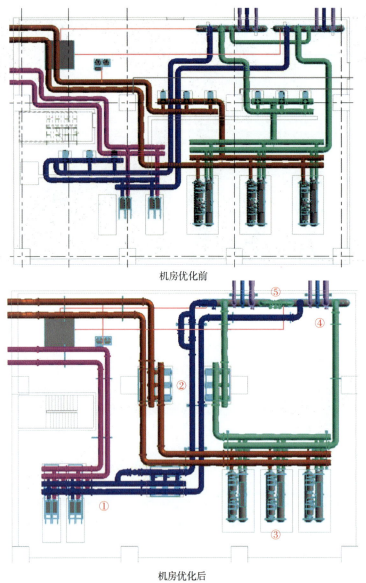

机房优化前

机房优化后

图 5—15 机房优化示意图

2. 工序模拟

建立工装机具 BIM 模型,将各类设备、管线的安装顺序进行三维虚拟建造模拟仿真,可在施工前提前发现问题并解决,并形成可操作的现场装配方案,形成三维技术交底的方案,避免因工序错误导致拆改和返工。

3. 系统拆分组段

基于 BIM 模型的高精度、可视化特点,将水泵、阀部件、管道、支吊架进行一体化整合设计,形成循环泵组装配单元和预制管组装配单元。装配单元分组划分考虑因素:循环水泵的选型、数量、系统分类等;机房内的综合布置情况;装配单元的运输、吊装就位、安装条件等限制因素。本机房共计分为 7 组设备模块、10 组管道模块,模块拆分如图 5—16 所示。

4. 工厂化加工

根据 BIM 模型分解导出的预制加工图纸,在工厂集中加工,为保证质量部分预制构件采用数字化自动焊接和自动加工技术,规避人为误差,降低废品率,保证机电模型与现场机电管线的高度一致,提高施工质量和可观赏性。

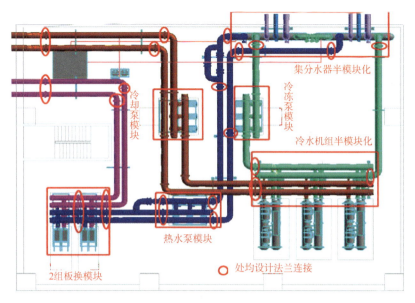

图 5—16　模块拆分示意图

5. 现场机房装配施工

完成工程加工后,在机房具备施工条件情况下,大批量的将各类管段运输至现场,根据工序模拟形成的方案进行组装,可根据管段编码和二维码识别其位置,提高安装效率。安装前,精细策划所有预制构件的装配顺序、装配方法等,并且自三维模型中进行虚拟建造,确保装配方案的可行性。同时,依托BIM模型,编制装配实施方案,向装配工人进行装配方案的三维技术交底。机组施工顺序如图 5—17 所示。

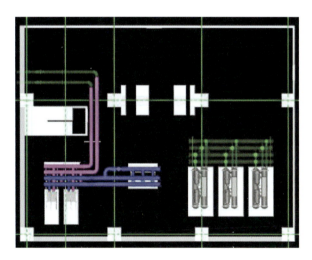

图 5—17　机组施工顺序展示

6. 装配式预制加工优势

(1)数字化加工,规避人为误差,降低废品率,保证机电模型与现场机电管线的高度一致,提高施工质量和可观赏性。

(2)数字化生产与传统施工方式相比,大大提高生产效率,将 BIM 技术与数字化生产相结合,模型数据信息可直接导入数字化生产设备,并进行自动排布,规避数字化生产技术人员的人工排布和数据录入工作,施工现场只需要进行组合拼装即可,装配效率提升 90%,降低人工投入,减少施工时间,从而降低施工成本。利用传统施工方法,完成机房的施工需 25 天左右,采用装配式方法后,大量的工作可在前期场外进行,预计施工场地内约 30 个小时就可完成机房内大部分的安装工作。

(3)保障安全文明施工,将部分现场加工转移至数字化加工厂,大幅减少现场施工噪声、施工垃圾,采用数字化焊接,焊接作业减少 100%,避免焊接火花四溅,从源头规避危险源。BIM 技术在装配式预制加工中的应用如图 5—18 所示。

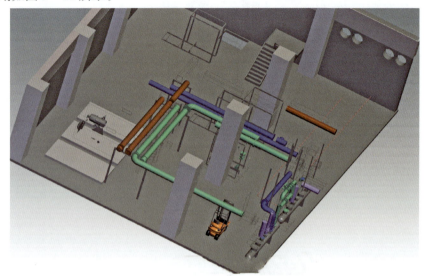

图 5—18 装配式预制示意图

四、BIM 技术在客站施组进度管理中的应用

(1)WBS 分解:按照工区、楼层、专业、流水段、构件等进行站房工程 WBS 分解,并进行 WBS 统一编码,与 BIM 模型自动挂接,实现 WBS 结构树—BIM 模型—业务数据一一对应。

(2)基于 BIM 进度管理:实现 APP 进度功能填报上传功能、基于 BIM 的施工组织计划动态模拟、基于 BIM 的实际进度实时跟踪、基于 BIM 的进度精细分析(工序级精细化管理)、基于进度填报自动生成进度日报等核心功能应用。

(3)进度简报:同时基于进度简报实现对日报、周报和月报的格式进行结构化,自动进行周报、月报的汇总;结合施工进度 BIM 模型截图或本工程的网络计划图(前锋图)展示当前的项目施工情况,减少重复劳动,提高工作效率。

BIM 技术在客站施组进度管理中的应用如图 5—19～图 5—21 所示。

1 基础与结构　2 水专业、暖通专业　3 通信及智能专业、场地及室外专业　4 动力专业、电气专业　5 装饰装修专业

图 5—19 铁路工程管理平台示意图

图 5—20　清河站 BIM 应用管理平台示意图

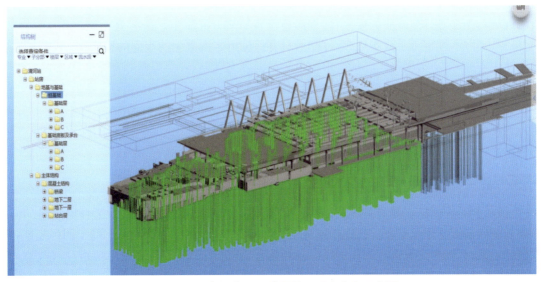

图 5—21　清河站 BIM 应用管理平台内容示意图

第二节　清水混凝土技术

在我国,清水混凝土是随着混凝土结构的发展不断发展的。20 世纪 70 年代,在内浇外挂体系的施工中,清水混凝土主要应用在预制混凝土外墙板反打施工中。后来,由于人们将外装饰的目光都投诸于面砖和玻璃幕墙中,清水混凝土的应用和实践几乎处于停滞状态。直至 1997 年,北京市设立了"结构长城杯工程"奖,推广清水混凝土施工,使清水混凝土重获发展。近些年来,少量高档建筑工程如海南三亚机场,首都机场,上海浦东国际机场航站楼、东方明珠的大型斜筒体等都采用了清水混凝土技术。

一、清水混凝土的优势

清水混凝土在工艺上是一次浇筑成型,表面给人平整光滑、浑然天成的感觉,其自然而统一的色泽、分明的棱角、整体的美感都体现了返璞归真、极简主义的建筑美学。因此它本身就是装饰面,不需要额外做装饰面,只需涂上一层或者两层透明的保护层即可,节省了工程原料。同时也避免了传统装饰面存在色差、颜色不统一影响美感的缺陷，也避免了装饰面材料脱落的安全隐患。清水混凝土技术简约而不简单，对建筑工艺、建筑施工管理、混凝土的施工质量提出了相当高的要求。因此清水混凝土是一种极具美感、节约材料、环境友好、高品质、高质量的施工技术。清水混凝土是混凝土结构中最高级的表达形式，它显示的是一种最本质的美感，体现的是"素面朝天"的品位。清水混凝土具有朴实无华、自然沉稳的外观韵味，与生俱来的厚重与清雅是一些现代建筑材料无法效仿和媲美的。这是一种高贵的朴素，看似简单，其实比金碧辉煌更具艺术效果。清水混凝土是一种环保混凝土，它不需要装饰，省去了大量的涂料和装饰，由于清水混凝土是一次成型，不进行修凿、不抹灰，减少了大量建筑垃圾的产生，符合我国当前节能环保的发展理念。清水混凝土工程作为绿色建筑的一种，是实现高效率地利用资源并最低限度地影响环境的生态建筑。同时，可以降低后期维护难度和费用，减少二次装饰添加也可以降低影响行车安全的不确定因素。

二、我国清水混凝土的发展现状和存在的问题

近几年，我国清水混凝土发展迅速，建设规模不断扩大，施工技术快速发展。然而总体上我国清水混凝土技术还处于比较低的水平。其中制约我国清水混凝土技术发展的最主要因素是成本高、技术要求高，这在模板使用和管理上尤为明显。目前，我国清水混凝土施工主要采用的是木模板，使用三次左右就会出现坑坑洼洼、爆皮、鼓胀的现象，其表面还很容易沾上混凝土。这时就不能再用于清水混凝土施工，木模板废弃快，模板施工成本较高。此外，只有保证清水混凝土的表面的密实度，才能确保其表面的质量和使用寿命，这对混凝土工艺的要求十分高。混凝土麻面、表面裂缝等常见的问题必须被严格控制，这对建筑施工尤其是结构柱、剪力墙等部位的施工精度提出很高的控制要求，势必要投入更多的人力、物力，客观也会影响施工进度。因此主流市场上较少的开发商使用清水混凝土技术，较少的施工单位尝试工艺复杂的清水混凝土。

三、清水混凝土的施工技术一般要点

（1）施工测量的精度。清水混凝土是一次浇筑成型，对施工精度的要求十分高。为了保证施工精度，首先要做的就是控制施工测量精度。第一，轴线和高基准点的准确设置是后续精确测量的基础，是施工精度控制的前提。因此必须反复确认校核轴线和高基准点，还要保证其标志的牢固可靠性，避免被移动或破坏。第二，如果房屋内部的结构尺寸存在偏差，就可能导致不同楼层出现错台、轴线对不上等问题，因此施工过程中应该始终以基准点为观测点进行施工的检测和校准。第三，不仅要保证露出的竖向钢筋与相对应的构件位置的准确，还应该避免其出现位置移动的现象。一旦出现了位置移动，就必须及时进行位置校准，这个过程必须在混凝土终凝之前完成。

（2）钢筋的绑扎。在普通混凝土施工中，钢筋工程经常会出现保护层厚度不足、露筋的问题，严重影响混凝土工程的质量。这在清水混凝土中是要避免的，因此钢筋工程对清水混凝土施工十分重要，这就要求施工人员在钢筋绑扎过程中，尤其是在进行墙体钢筋绑扎、梁柱钢筋绑扎时，严格按照要求施工。对于墙体的钢筋绑扎，施工人员必须确保位置的准确性，不允许发生钢筋移位或者扭曲的现象。对于重要部位如剪力墙水平钢筋的绑扎，应该要事先采取"梯子筋"等方式来辅助钢筋的绑扎。对于钢筋网，为了确保其位置的准确性与牢固性，每一个相交点都应该被有效固定，相邻绑扎口上的铁丝要绑成八字状，多余部分的铁丝要向内弯折，最后还要对绑扎完成的钢筋网设置保护层卡。对于梁柱位置的钢筋绑扎，施工人员要采取措施以确保暗柱质量。防止暗柱扭曲的现象，必须保证上部的箍筋与主筋的垂直度，可以通过增加上部钢筋的定位箍数量来加强角度控制。为了保证主筋和箍筋转角部位的绑扎质量，可以按照规范要求适当增加绑在箍筋上的柱筋垫块数量，还应该尽量避免设置柱子直螺纹接头。

（3）模板工程的质量。模板与混凝土的表面直接相贴，模板施工不当容易出现蜂窝、麻面等一系列混凝土表面质量问题，其材料质量与施工质量对于强调表面装饰功能的清水混凝土来说尤为重要。对

于模板材料,应该选取平整度好、厚度均匀、耐水性强、密实度高的优秀模板。设计模板时应该尽量选择大面积的拼块,减少拼缝以避免影响观感与质量。对于施工质量要求高、尺寸变化较大的剪力墙部分,建议采用全钢大模板。选定模板材料并确定模板尺寸后,需要做好模板管理,应该提前对模板进行编号,有序进行模板的存放和取用。在混凝土浇筑之前,应该采取相应措施以填塞模板的缝隙,防止混凝土烂根的现象。

(4)清水混凝土原材料、配合比的控制。为了保证清水混凝土的色泽一致,在原材料的选取过程中,应该遵循产地一致的原则,要求砂石色泽相近、颗粒集配均匀,不允许出现分层离析的现象,一定要保证混凝土拌合物的粘聚性和工作性能。另外,应该严格控制混凝土的坍落度、水灰比、搅拌时间等重要参数,并配备一名具有丰富现场经验的优秀技术人员进行现场的混凝土的制备与监督。要求能够根据现场的气温变化灵活应对,保证混凝土的拌合质量。

(5)清水混凝土的浇捣过程。混凝土的浇捣过程控制是清水混凝土施工过程中最关键的环节。施工人员应该对气候温度进行严密的监控,针对每日的气候温度变化,制定当日混凝土的浇捣控制方案。浇筑时间段的选择对浇捣质量影响非常大,应该选择在温度合理、变化小的、有利于坍落度、含水量控制的时间段完成浇筑,在气温高的夏季应该选择在凌晨浇捣,在气温低的冬季应该选择温度较高的中午,并做好防冻保温工作。对于大面积混凝土的浇筑振捣工作,施工人员需要采取设置诱导缝等措施以避免裂缝的产生。在混凝土的浇筑与振捣过程还要严格防范气泡与孔洞的产生,严格按照施工作业规范进行施工,控制搅拌力度,保证充分搅拌、振捣。要在清水混凝土达到可拆卸的强度时,进行模板的拆卸,拆卸过程为了保障其表面质量并且不对表面产生颜色污染,应该选用无色脱模剂。

(6)清水混凝土的养护。清水混凝土的养护应该根据当地的气候与水泥的品种特性的不同采取相应的养护方案,可以采取洒水、覆盖等不同方式确保混凝土的湿润度,避免缺水。值得注意的是,不可以用草垫等覆盖物直接覆盖养护,否则会对清水混凝土表面造成颜色污染。混凝土的养护关键在于温度与湿度的控制,措施也是多种多样的,应该针对湿度、温度的变化及时采取应对措施。拆模后清水混凝土的强度仍不足,比较脆弱,应该对其进行保护,设置路障与标志,尽量避免施工人员靠近;对于棱角脆弱的部位,还应该采取相应措施以防施工中不慎撞击导致缺棱掉角。

四、清水混凝土技术在京张高铁客站雨棚中的应用

京张高铁沿线多数车站站台雨棚采用清水混凝土结构,符合"重结构、轻装修、简装饰"的设计理念,应用清水混凝土材料体现结构美感、减少二次装修,减少了大量建筑垃圾,符合我国当前节能环保的发展理念。另外,京张高铁沿途各站处于高寒、大风沙地区,采用清水混凝土结构后,站台雨棚结构上无附加装饰和附属装置,避免了因大风恶劣天气造成附属装置坠落影响行车安全的风险。京张高铁与张呼高铁(张家口至呼和浩特)、大张高铁(大同至张家口)连接,起自北京北站(适应性改造),途经清河、沙城(适应性改造)、昌平、八达岭、东花园北、怀来、下花园北、宣化北,抵至张家口站,全线长约174 km。京张高铁建成后,将是世界上第一条设计时速350 km/h的高寒、大风沙高速铁路。工程正线共设10个车站,其中清河、昌平、八达岭、东花园北、怀来、下花园北、宣化北、张家口站8个车站共计18座站台(张家口站6座站台,其余车站每站2座站台)雨棚采用清水混凝土结构。

1. 站台雨棚设计方案

京张高铁站台雨棚结构形式设计主要分为:8 m宽雨棚设计为单柱双悬挑结构(图5—22),11.5 m宽站台设计为双柱双悬挑结构(图5—23)两种。设计为清水混凝土,直接采用现浇混凝土的自然表面作为饰面,不做任何外装饰,要求混凝土表面平整光滑,色泽均匀,棱角分明,无碰损和污染,并涂刷清水混凝土保护剂。由于站台雨棚线形复杂、弧形多且半径不一、预留预埋管路多、结构强度要求高(钢筋排布密集),对模板加工、安装质量要求高、且所属地区供应的混凝土质量水平不稳定,给清水混凝土施工带来很大难度。

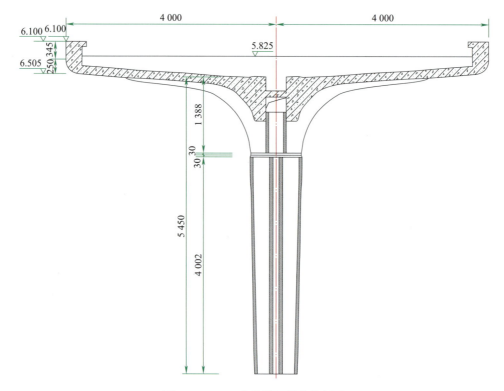

图 5—22　8 m 宽单柱雨棚结构剖面

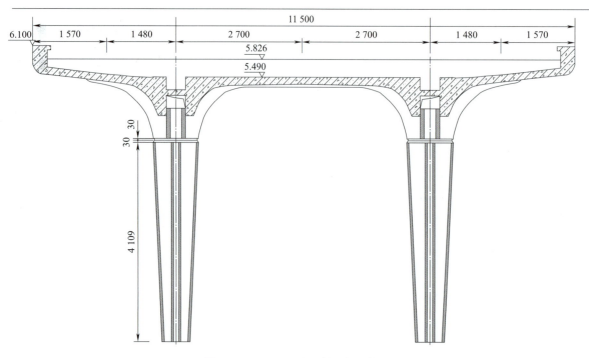

图 5—23　11.5 m 宽双柱雨棚结构剖面

2. 站台雨棚工程混凝土强度要求

钢筋混凝土框架,设防烈度 8 级,抗震等级一级。基础垫层 C15 普通混凝土,桩基础 C35 普通混凝土,桩基承台 C40 普通混凝土,柱、梁、板 C40 清水混凝土 2.3 站台雨棚混凝土表面质量要求。清水混凝土雨棚结构的实体质量除满足《混凝土结构工程施工质量验收规范》(GB 50204—2015)要求外,应满足工程所处条件下的耐久性的要求:清水混凝土在同一视觉空间内,表面颜色一致,色泽均匀;自然光下,对于饰面清水混凝土,应在距混凝土 4 m 处肉眼看不到明显的颜色差别;混凝土表面不得出现蜂窝、麻面、砂带、冷接缝和表面损伤等;不得受到污染和出现斑迹;饰面清水混凝土表面裂纹宽度不得超过 0.15 mm;饰面清水混凝土表面 1 m 面积上的气泡面积总和不大于 3×10^{-4} m²,最大气泡直径不大于 3 mm,深度不大于 3 mm);饰面清水混凝土分隔缝直线度偏差不大于 2 mm;对拉螺栓孔眼排列整齐匀称,拆模后封堵密实,颜色同墙面一致;如封堵的孔眼颜色与墙面不一致,应形成有规律的装饰效果;梁柱节点或楼板与墙体交角、线、面清晰、起拱线、面圆滑平顺;饰面清水混凝土墙面的细微冷接缝,不超过 1.5/500(m/m²);模板拼缝印迹整齐、均匀,在同一视觉空间交圈,且印迹宽度不大于 2 mm,等等。

3. 京张高铁站台清水混凝土雨棚工程建设情况

为确保京张高铁清水混凝土雨棚工程质量,最大程度的规避质量通病以及因缺乏统一标准而引起的判断尺度不一现象,建设单位实施了样板引路制度,要求每个施工单位在京张高铁各站选择适当位置(工程实体以外)建 1 个跨度的清水混凝土雨棚,样板工程经验收合格后方可进行工程实体施工。京张高铁站房及雨棚相关工程分别由五家施工单位承建,由于各施工单位人员素质、技术水平、工艺工法、材料投入不同,造成已经完成的样板工程的工程质量存在很大差异。

4. 站台雨棚清水混凝土的质量通病

(1)烂根。主要表现为雨棚柱根部或梁柱节点处混凝土表面有蜂窝麻面甚至钢筋外露的现象。其出现的原因主要有:在雨棚柱模板安装过程中,柱底模板封闭不严密,根部漏浆或混凝土浇筑过程中振捣棒未插到底部,根部混凝土振捣不密实。

(2)漏浆、错台。主要表现为模板拼缝或预留孔洞处水泥浆外露导致混凝土表面有蜂窝麻面或混凝土表面不平整的现象,其出现的主要原因有:模板拼缝处模板加工精度不足、拼缝不严密导致漏浆、错台,或者模板加固点间距过大、模板刚度不足导致浇筑过程中模板变形导致漏浆、错台。

(3)色差。主要表现为不同部位或者不同时间浇筑的混凝土表面颜色不一致。色差出现的主要原因有:①水泥、骨料等不是同一批次;②配合比或者外加剂添加量不同;③现场私自加水或者减水剂。

(4)气泡。主要表现为混凝土表面气泡聚集。其主要原因有:①振捣时间不足,气泡未排出;②脱模剂选择不合理,对气泡吸附作用过强;③混凝土配合比问题,混凝土气泡过多。

(5)漏筋。主要表现为柱根或梁柱节点处钢筋外露。其原因主要有:①钢筋下料尺寸偏大,保护层不足;②钢筋安装过程中偏位。

(6)表面污染、破损。主要表现为上部结构施工时,对已完成雨棚柱表面的污染。模板拆除、架体拆过程中或材料运输过程中已施工完成混凝土结构磕碰破损。

5. 站台雨棚清水混凝土质量控制措施

为确保清水混凝土雨棚工程质量,成立了清水混凝土管理小组,建设单位牵头,分析病害存在的原因,制定整改措施,通过 4～5 次的样板制作,使问题得到了解决,避免问题在工程实体施工中出现。

(1)烂根控制措施。柱根处理:本工程雨棚柱均采用定型钢模板,根部处理尤为重要,特别是确保柱底模板平整和严密。现场施工过程中合理优化施工顺序,先进行站台面垫层施工,保证模板底部基础承载力满足沉降要求,同时为柱定位放线提供条件;雨棚柱控制线确定后采用 M20 水泥砂浆进行封底,顶面采用水平尺控制顶面平整度,并进行压光。柱模板安装前在柱钢模板底部粘贴双面橡胶条进行密封,防止漏浆。振捣工艺控制:混凝土浇筑时,先将振捣棒插至柱底开启振捣棒后再浇筑混凝土,严格控制柱底首层浇筑高度不得超过 500 mm;混凝土振捣采用五点振捣法,即四个柱角和一个柱中心点作为振捣棒插入点,每点振捣时间控制在 15 s。

（2）漏浆、错台控制措施。漏浆质量缺陷的产生原因主要在模板，本工程雨棚柱采用定型钢模板、采用外部抱箍加固，在设计上避免了因设置对拉螺杆而引起的漏浆问题，为保证钢模板加工进度，本工程钢模板采用激光切割，保证拼缝严密，无卷边现象；上部结构采用钢框木模板，每道模板拼缝采用优质原子灰进行封闭，防止漏浆。错台质量缺陷主要由模板平整度和刚度不足引起。雨棚柱模板由四块大模板组成，只在雨棚柱四角处设置拼缝，尽量减少拼缝数量，模板竖向加固点间距 200 mm，采用定位销打紧固定，确保模板拼缝无错台；上部结构木模板每道拼缝下面均设置方木支撑，确保拼缝处支撑稳定，局部不平处采用电动刨子推平，表面涂刷水性脱模剂。

（3）色差控制措施。为保证混凝土色泽均匀，要及时与拌合站进行联系，提前备料。水泥、粗骨料宜选用颜色较深的品种，颜色越深后期修补越容易控制色差，雨棚整体外观效果也越好；原材上要保证水泥、粗细骨料、外加剂为同一品牌同一批次的材料，保证性能一致；由于粉煤灰质量稳定性较差，混凝土拌制过程中仅采用质量稳定可靠的矿粉作为掺料，减少对混凝土色泽的影响；拌合站拌制工艺控制：为减少对混凝土色泽的影响，原材采用单独料仓进行存放，混凝土拌制前用清水对搅拌机、运输用罐车、汽车输送泵进行冲洗干净；混凝土浇筑工艺控制：现场管理人员提前提报混凝土浇筑计划，模板安装完成及时进行混凝土浇筑，开始浇筑时泵管内第一方混凝土不灌入实体柱内，防止出现色差；浇筑过程严禁在现场加水或减水剂，防止改变水胶比。

（4）气泡控制措施。严格控制粗细骨料的含泥量，防止引起泥泡；适当掺加消泡剂，减少混凝土中气泡的生成量。选用对气泡吸附作用较小的水性脱模剂，减少模板对气泡的吸附作用。浇筑过程中严格控制一次浇筑高度，现场操作为控制在 500 mm 以内，缩短气泡排出的路程；振捣时快插慢拔，每点振捣时长不小于 15 s，充足的振捣时间使气泡排出。

（5）漏筋控制措施。钢筋加工质量控制。钢筋加工时，特别是箍筋加工时严格按照设计构件尺寸和保护层厚度进行控制，防止箍筋下料尺寸偏大导致漏筋；钢筋安装质量控制。雨棚柱钢筋安装后模板安装前进行成品钢筋质量检查，通过拉设对角线检查是否有个别钢筋突出；模板安装后在模板顶部焊接定位箍筋，确保柱钢筋位于模板中间，避免漏筋现象发生。梁板钢筋采用与混凝土颜色相近的成品塑料垫块，垫块与模板进行点接触，既保证钢筋保护层厚度，又减少了对混凝土外观色彩的影响。

（6）表面污染破损控制措施。雨棚柱混凝土表面污染主要来自上部结构施工时混凝土漏浆，特别是雨棚柱接长部位。雨棚柱接长部位处于雨棚柱沉缝处，沉缝高度 60 mm，深 30 mm，上部模板接长时在沉缝处设置模板底座，底座与沉缝下口之间粘贴双面胶条，防止漏浆。已完成雨棚柱采用塑料薄膜进行包裹，防止污染。加强成品保护教育，提高全体作业人员的成品保护意识；雨棚柱模板拆除时严禁生拉硬拽，应先拆除平面侧模板，再拆除带凹槽侧模板，拆除时用手锤高频轻敲模板顶部吊环，直至模板与混凝土分离；模板吊运时应起吊缓慢，并安排专人扶好模板，防止磕碰雨棚柱；上部结构模板、脚手架拆除时应上下配合，不得直接从上部抛扔，模板拆除时应先逐块拆除平面部分，再拆除曲面部位，拆除时应轻轻撬动模板，拆模人员和支模人员尽量统一，否则应由支模人员进行交底后方可进行拆除。

6. 清水混凝土关键技术创新

清水混凝土的施工，不能有剔凿修补的空间，每一道工序都至关重要，迫使施工单位加强施工过程的控制，使结构施工的质量管理工作得到全面提升。清水混凝土的施工需要投入大量的人力物力，势必会延长工期，但因其最终不用抹灰、吊顶、装饰面层，从而减少了维保费用，最终降低了工程总造价。此次清水混凝土雨棚施工技术成功的应用，希望能为今后类似工程施工提供一定的理论和实践参考。根据前面所述清水混凝土的意义，以实用需求为核心，突出实用性，总结出清水混凝土施工工艺，结合工艺流程图进行具体描述。包括：在钢筋方面，实现钢筋制作与加工、钢筋安装标准化；在模板方面，实现模板选型、模板安装、模板拆除标准化；在混凝土方面，实现了配合比设计、制备和运输、混凝土浇筑、混凝土养护标准化。见图5—24。

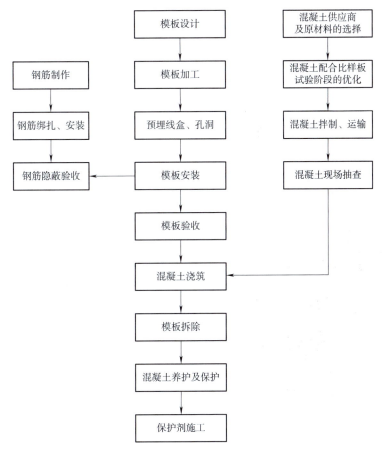

图5—24 混凝土工艺流程图关键技术及创新

(1)双曲面清水混凝土模板选型与设计。饰面清水混凝土雨棚,其设计结构形式为单柱双挑和双柱双挑为双曲面结构,且高度不断变化,给模板放样、配模、加工及现场施工带来极大的困难;混凝土成型后外观要求高,配合比也成为一个重难点。针对结构的特异性,作业面的限制,项目学习引入测量机器人技术,将BIM和测量机器人结合起来解决此类结构测控制的难题。在对模板体系深入研究的情况下,最终选用钢模解决清水混凝土造型复杂,标准要求高的难点。

(2)清水混凝土配合比研究。分析当地取样原材性能指标进行清水混凝土配合比研制,通过试配的合格样板最终确认配合比。混凝土试拌成功后,对优化后的配合比所用的原材料进行储备封样,以后进场的材料均应与封样材料对比,做到施工期间所用的水泥原材为同一厂家,同一产地,同一品牌;砂、石的色泽统一,级配均匀,对原材实行分仓存放,保证不受污染,以此确保各批次混凝土原材统一。

(3)现浇清水混凝土过程控制:①根据规程要求,清水混凝土拌合物从搅拌结束到入模前不宜超过90 min,严禁添加配合比以外用水或外加剂。在模板验收完成,上报混凝土浇筑计划后,现场应及时准备浇筑的相关工作,包括人员、机械,重点对试验准备及振捣棒工作性能等进行检查。②清水混凝土进场后,应逐车检查坍落度,不得有分层、离析现象。本工程控制混凝土入场坍落度为170±10 mm,当现场实测坍落度不满足要求时,应坚决退场,不得现场调配。③在混凝土浇筑过程中应留置混凝土试块,每根柱应留置2组,每组3块,分别作为标养试块和同条件试块。试块上统一粘贴二维码,内容包括标号、代表部位、成型日期等内容。④混凝土浇筑使用料斗进行投料,应控制每次浇筑的厚度,一般为400 mm,据此折算出浇筑的方量约为0.32 m^2。在料斗中划出刻度线,保证每次接料方量不超过规定数量,使得每次浇筑厚度不超过400 mm。混凝土浇筑前,应先在根部铺30 mm厚同配比砂浆,防止出现烂根现象;柱体浇筑时,应放置串筒,防止混凝土离析。见图5—25。

（4）混凝土振捣采用"五点振捣法",即中间及四角振捣,根据现场实际可提升至"七点",但应保证振捣棒与饰面混凝土表面距离不小于50 mm。在振捣过程中应避免触碰模板、钢筋,根据试验所得工艺参数,每点振捣时间宜控制为15 s。振捣时,应做到"快插慢拔",上下略有抽动。根据现场情况,可以在模板外侧用橡胶锤锤击进行辅助振捣,使气泡可以顺利排出,保证混凝土可以充满模板,达到流平、密实的程度,从而保证观感质量。见图5—26。

图5—25　混凝土浇筑

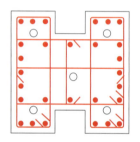

图5—26　振捣点位置布置图

7. 应用案例及应用效果

京张高铁站房雨棚工程清水混凝土技术应用较为广泛,却均取得不错效果。以怀来站为例:站台雨棚总长度为450 m,基本站台宽度8 m,每侧挑出4 m,结构形式为单柱双挑。二站台宽度11.5 m,双柱双挑,每侧挑出长度3.9 m,3.05 m。建筑安全等级一级;设计使用年限100年;框架抗震等级一级。雨棚设计为清水混凝土,直接采用现浇混凝土的自然表面作为饰面,不做任何外装饰,要求混凝土表面平整光滑,色泽均匀,棱角分明,无碰损和污染,并涂刷清水混凝土保护剂。清水混凝土显示的是一种最本质的美感,体现的是"素面朝天"的品位,具有朴实无华、自然沉稳的外观韵味,是本工程的一个亮点。雨棚线形复杂,弧形多且半径不一,对模板加工、安装质量要求高。见图5—27～图5—28。

图5—27　怀来站清水混凝土雨棚实景图一

图5—28　怀来站清水混凝土雨棚实景图二

第三节　双曲金属屋面施工技术

太子城站作为京张高铁崇礼支线的终点站,位于张家口市崇礼县太子城村,距2022年冬奥会崇礼赛区奥运村2 km。车站采用双曲弧线造型,曲线形式与周围山势相呼应。太子城站房钢结构造型为月牙形双曲球面结构,建筑造型与周边环境自然融合,双曲屋面直接落地,充分展示出新时代客站建筑艺术和建造技术。站房面宽222 m,进深27.5 m,高16.8 m,其中站房主体结构为混凝土框架结构,屋面结构形式为钢结构,面层采用铝镁锰屋面板＋屋面装饰板(0.7 mm厚钛锌板＋2.8 mm厚A级防火PE板＋0.7 mm厚铝板复合装饰板),屋面总建筑面积为6 200 m²;站房屋面紧邻站台雨棚屋面,站房屋面在施工时,室内装饰装修也在同步施工,场地狭小,且面层装饰板施工为当地极寒天气下施工,周边环境对面层板施工影响极大,如何在保证施工安全和质量的前提下,实现屋面体系在施工完成后的整体美观,保证屋面与周边自然环境的有机融合,实现在极寒天气下屋面板的排水、挡雪、防雷以及双曲屋面防坠体系等细部节点构造的完美成为项目的技术攻关重点。太子城站建筑效果如图5—29所示。

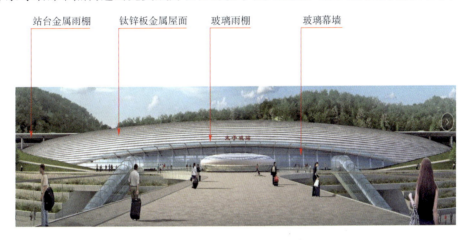

图5—29　太子城站立面示意图

太子城站为双曲弧线造型设计,采用以直代曲的方法布置模板,其表面都呈现出非线性和不规则性的特点,对模型的深化设计提出了很大挑战。对于曲面结构的深化设计,参数化建模是一个非常高效的手段。参数化设计是以参数和程序为主导,通过输入参数来自动生成模型的一个设计方法,比手动建模更具有逻辑性。在浦东国际机场卫星厅项目中,采用Grasshopper对不规则屋面及带坡度和弧度的异形梁进行参数化建模,对整体结构进行精确控制。南京禄口国际机场经过精确的定位分析和优化设计,考虑材料延展性等因素,对屋面板尺寸进行合理调整,显著节约了成本。曲面屋面的复杂性不仅表现在建模过程复杂,且后续设计须保证整体美观性。屋面经过网格划分后每个小曲面曲率变化不定,且曲面模板制作难度较大。在曲率较大时,须导出精确的加工尺寸制作曲面模板,例如上海浦东机场、南艺音乐厅等。仅当曲率较小时,可以采用以直代曲的方法,模板划分应适当合理,模板过大会使组合曲面与理论曲面偏差较大,模板过小会导致数量偏多,加工与施工难度增大。

太子城站在设计和施工中首先对双曲屋面进行几何分析以进行空间几何定位,同时调整弧线设计使整体模型净空提高,并对太子城站双曲屋面进行参数化建模,采用纵向沿投影线均分、横向沿曲线均分的方法对屋面板进行划分,通过屋面板对角线差值分析屋面板的不规则程度,并计算起翘值分析以直代曲的合理性。太子城站断面如图5—30所示。

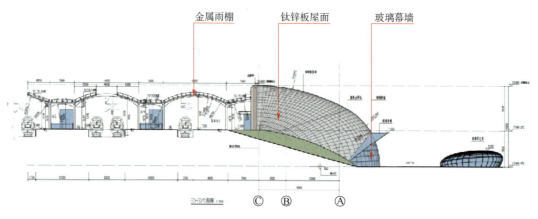

图 5—30　太子城站断面示意图

一、双曲屋面空间定位

由于站房的立面最高点及最低点、站房的平面两端及最宽处均为有确定半径的椭圆弧,站房最中间部分为四分之一椭圆,每一个截面上的长轴及短轴的长度与平面及立面圆弧形成二次函数关系,因此,在站房的每一个切面均可有理化定位,通过参数方程可以得到曲面上所有点位的位置坐标。屋面曲率及半径定位见图 5—31。

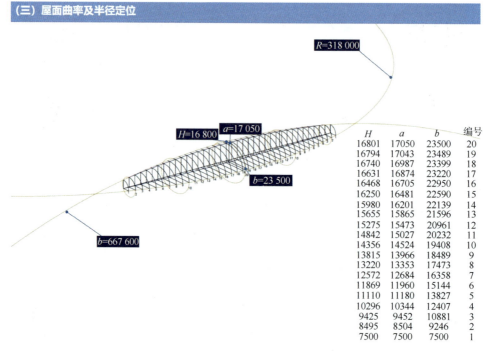

图 5—31　屋面曲率及半径定位

二、金属屋面模块化定位

本工程屋盖采用钛锌屋面板,屋面板详细结构如图 5—32 所示,屋面板采用直板,通过连接支座固定于金属屋面上。连接支座采用可调设计,如图 5—33 所示,与钛锌板固定的铝方管通过螺栓与卡具连接固定,卡具有长条孔,因此钛锌板可沿孔上下移动,从而调整倾斜度,更好地拟合曲面。同时卡具通过卡扣扣紧在金属屋面,可沿立边滑动。通过设置多种连接件,保证屋面板结构的连接强度,且设计多个可调节部位,以减少安装误差的影响。由此也可进行模块化设计,采用标准尺寸面板,根据不同曲率的曲面,采取不同的锁紧位置。如对于曲率较小的曲面,长条孔固定位置偏下,平行两卡具间距较远。

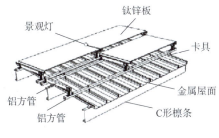

图 5—32　屋面板结构

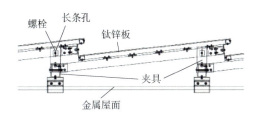

图 5—33　可调连接支座

三、主要安装及维护节点

由于屋面工程的工作面为钢构专业,所以屋面表皮模型必须与钢结构模型吻合,防止由于钢结模型产生误差改变外装饰面造型尺寸。及时调整钢结构尺寸和外皮模型。

1. 钛锌板屋面系统简介

太子城站房钛锌板屋面自身分为两层构造,分为内层功能层和外层装饰层。

第一层为内层隔热、保温、防水功能层,其与钢结构连接部分为(1)0.6 mm 热镀锌穿孔压型钢板,镀锌钢板上为;(2)防水、隔音、保温隔热和防潮层,其防水抗压外层为;(3)1 mm 厚 65/300 型直立锁边铝镁合金板。铝镁合金板表面氟碳喷涂,保温材料是 110 mm 厚保温岩棉,容重 180 kg/m³。

第二层为屋面外饰面层,由 4 500 块钛锌复合板型和材龙骨支撑系统组成,钛锌板面材采用开缝式安装体系,龙骨为工厂定制型材管件,面材为 0.7 mm 厚钛锌板+2.8 mm 厚 A 级防火 PE 膜+0.5 mm 厚铝板复合装饰板。

2. 金属屋面安装流程

安全通道搭设→测量放线→天沟安装→主次檩条安装→瓦楞压型钢衬板施工→屋面板支架安装→次檩防雷连接→保温隔声玻璃棉铺设→防水透气膜铺设→银灰色铝镁锰合金屋面板的制作及安装→屋面板咬口锁边→防雷装置安装→采光天窗安装→屋面檐口铝板安装→屋面防坠落系统安装及检修通道安装→细部节点安装→清理及验收。施工中的太子城站如图 5—34 所示。

图 5—34　施工中的太子城站

第四节　老站房平移技术

一、老清河站站房平移保护方案

新建京张高铁清河站的选址无法避开老清河站站房,为了实现对老站房的保护,经专家充分论证后,设计采用异地搬迁保护方案。先将老站房迁移至东广场暂存,后将高铁轨道东侧空地作为永久安置地点。对老站房进行必要的修缮加固和展示陈列,做到新老建筑的历史对话,保留好老清河站的历史记忆。清河新老站房作为百年京张铁路的见证者,百年京张精神的传承者,在中国铁路的发展历程中留下属于自己的篇章。

京张铁路清河车站建成于 1906 年,因位落于昌平清河镇而得名,为中西合璧风格的 6 柱 5 间式建筑,坐东朝西,总建筑面积 300 m²。站房中间 3 间为候车室,外部为券门;两侧及候车室后方为站长室、电报室、杂役室(图 5—35)。1912 年 9 月 8 日,孙中山先生曾在清河站下车视察京张铁路。新中国成立以后,清河站经过多次改造,房间使用功能发生巨大改变,三处拱券被改作为售票窗口,候车室、进出站口另设在外围建筑;屋顶被更换成了彩钢板,房顶与其他添加建筑连为一体;历史站房门窗拱券痕迹尚存,但中央正上方、由京张铁路总

图 5—35 老清河站建成之初外观

办陈昭常于 1906 年题写的站匾由于年久而毁坏,女儿墙也已全部损毁缺失;外墙加装着空调外挂机;西侧的老站台也因 S2 线市郊铁路改造成为高站台,东侧的老站台仍保持了原样(图 5—36)。

图 5—36 老清河站平移之前外观

为了对老清河站站房进行更好的保护与再利用,起到更好的纪念及教育作用,先期对清河站老站房的迁移位置进行了三个方案的比选。

先期方案一:原地顶升,二次落回原址(图 5—37)。

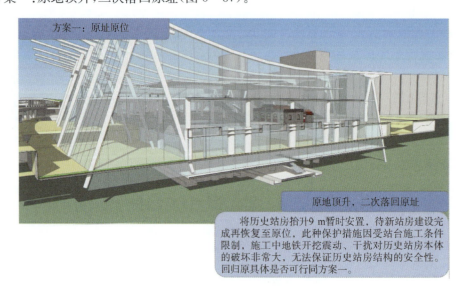

图 5—37 原地顶升,二次落回原址示意图

先期方案二：二次迁回原址，抬升 9 m（图 5—38）。

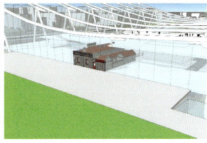

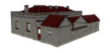

图 5—38　二次迁回原址，抬升 9 m 示意图

先期方案三：异地搬迁，安置在站区南侧，靠近信号楼的位置（图 5—39 和图 5—40）。

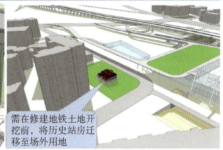

图 5—39　异地搬迁示意图（一）

图 5—40　异地搬迁示意图（二）

针对上述三个先期方案,在2016年10月6日及10月11日又进行了两次专家论证会,专家对方案三的文物保护真实性、完整性及可实施性三个方面对方案三:异地搬迁,摆放在站区东南侧方案给予肯定,并继续对上述方案进行了优化完善。老清河站站房平移方案见图5—41,老站房距离东广场位置相对较近,老站房与新站房存在对应关系,满足今后的展览纪念空间要求,并且与其他施工作业区域不冲突,有利于降低施工成本和后期的文保展览工作。平移到位的新老清河站对比效果如图5—42所示。

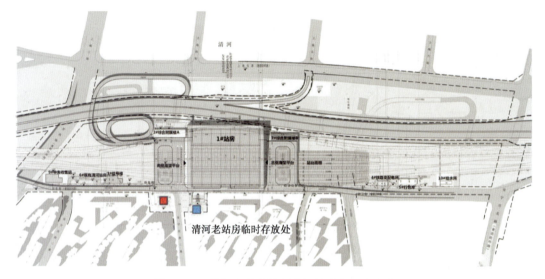

图5—41 修订完善中的老清河站站房平移方案

图5—42 新老清河站对比效果图

二、老清河站站房平移保护施工过程概述

清河站老站房始建于1905年,与京张铁路同期建造。其结构为单层砖木结构,建筑面积约为336 m²。为了在修建新清河站的同时对老站进行保护,2017年9月完成第一次平移84.55 m,至站房临时存放位置。2月21日下午3点开始第二次平移(图5—43),距离约为274.81 m,历时10天顺利平移到位。

1. 平移距离长,偏移风险大

清河老站房第二次平移距离约为274.81 m,是第一次平移距离的3倍多,采用4台油泵千斤顶沿着4条提前预制轨道进行牵拉的方式进行,每次牵引距离为20 cm。为防止牵引施工过程中老站房偏离轨道,清河站施工技术人员采取分"三步走"的方法,分别在平移92 m、184 m、274 m位置处。

图 5—43 老清河站站房第二次平移启动

2. 平移轨道下均为回填土，沉降风险大

老站房自重高达 700 t，平移轨道下方地面均为回填土，沉降风险大。为保持原貌，建设者们对老站房进行了全面体检。结合检查中发现的风险点，用钢板对老站房进行加固，解决了老站房移动中的隐患。清河站施工人员在轨道铺设前将路面夯实，同时，在平移过程中应用水准仪、全站仪等测量设备，每隔 1 小时观测一次沉降值，严格确保沉降值处于 1 cm 安全沉降范围内，确保整个平移过程安全可控。

3. 老站房自重超过地下顶板极限承载力

清河老站房平移路线正好穿过设计规划的京张高铁清河站地下停车场顶板部分区域，700 t 的老站房重量已超过地下顶板的极限承载力，如果直接穿过，将对地下工程造成破坏。清河站施工人员研究采取在地下顶板区域上方架设钢结构进行加固，然后铺设平移轨道的办法，避免老站房重量通过轨道直接传导到地下顶板上，保证老站房顺利平移施工（图 5—44）。

图 5—44 老清河站站房平移基础加固

本章参考文献

[1] 王镠莹，温宏宇.铁路新技术发展趋势研究及对我国的建议[J].中国铁路，2020(1):59-64.

[2] 罗亚菲.京张百年风云[J].创新世界周刊，2020(09):96-99,7.

[3] 解亚龙，王万齐，李琳.BIM 技术在清河站建设中的应用研究与实践[J].铁道标准设计，2021,65(1):104-109.

[4] 马少军，梁生武，姜枫.京张高铁客站雨棚清水混凝土施工技术[J].四川建筑，2018,38(5):209-211.

[5] 韩锋,吴东浩.新型铁路站房施工技术发展与展望[A].中国建筑学会建筑施工分会(China Building Construction Institute).2017中国建筑施工学术年会论文集(综合卷)[C].中国建筑学会建筑施工分会(China Building Construction Institute):中国建筑学会建筑施工分会,2017:7.
[6] 刘洋洋.铁路站房清水混凝土施工技术优化[J].铁路技术创新,2020(5):75-78.
[7] 黄琼衍.清水混凝土在建筑施工中的应用[J].住宅与房地产,2020(30):88,93.
[8] 方如明.大面积清水混凝土施工技术研究[J].混凝土世界,2020(10):84-88.
[9] 张乃明.清水混凝土铁路雨棚施工质量控制技术[J].四川水泥,2020(3):158-159.
[10] 刘立锋.京张高铁清水混凝土站台雨棚施工质量控制研究[J].石家庄铁路职业技术学院报,2019,18(4):8-13.
[11] 汪永平,蒋鸿鹄,蒋洁菲,等.双曲钛锌板屋面深化设计方法[J].施工技术,2020,49(16):51-54,69.
[12] 刘瑞光,韩振勇.天津西站主站楼异地保护设计[J].天津建设科技,2011,21(2):1-2.

第六章 铁路客站智能管控平台

京张高铁在客站建设和运营过程中,综合应用物联网、云计算、移动互联网、大数据等新一代信息技术,通过自动感知、智能诊断、协同互动、主动学习和智能决策等手段,搭建了铁路客站建设信息化管理平台、旅客服务与生产管控平台、结构健康监测管理平台和地下站应急疏散救援管理平台。在铁路客站建设信息化管理平台框架内,进行工程设计及仿真、数字化工厂、自动化安装、动态监测等工程化应用,形成铁路建造阶段设计、施工、检测各个环节所有过程数据的无损传递和共享,实现对施工过程的动态展示以及历史数据的回溯,构建勘察、设计、施工、验收、安质、监督可追溯的闭环体系,实现建设过程中进度、质量、安全、投资的精细化和智能化管理;在旅客服务与生产管控平台框架内,实现铁路客运车站智能出行服务、智能生产组织、智能安全保障、智能绿色节能,具有全面感知、自助服务、资源共享、协同联动、主动适应等典型特征。铁路客站智能管控平台,全面提升客站建设运营的整体管理水平,打破信息孤岛,实现功能全面集成,推动铁路管理信息化、数字化水平的进一步提高。

第一节 客站建设信息化管理平台

一、铁路客站建设信息化管理平台概述

铁路客站建设信息化管理平台基于"BIM+GIS"信息化技术手段,创建工程各专业 BIM 模型,利用数字技术包括可视化、参数化、可分析化、互联网等表达建设项目所有的几何、物理、功能和性能信息,搭建智能网络协同平台实现系统集成,实现项目管理流程再造、智能管控、组织优化,实现建设过程、建设向运营所有信息系统的无缝集成,消灭信息孤岛,实现人、设备、对象的互联。项目不同的参与方在项目的各个阶段可以基于同一模型、同一平台,利用和维护这些信息进行协同工作,对项目进行各种类型和专业的计算、分析和模拟。在设计、施工、运营的全生命周期内,实现信息共享和无损传递,加快建造的运转速度,提高劳动生产率,提高高铁建设管理智能化水平。

1. 功能架构

(1)技术标准是三层系统应用的基础,主要包含 API 接口统一、EBS 分解标准、BIM 建模标准、数据存储标准的统一等。另外在技术算法上也采用先进技术进行支撑,例如 GIS+图形引擎的融合、相关 AI 算法的优化、ETL 技术等。

(2)智能物联数据采集终端主要能通过 IOT 技术以及人工智能技术将现场实施业务数据进行采集,例如视频监控、环境监控、深基坑监控、进度生产数据相关收集等。

(3)施工方管理层系统能够通过对采集端采集到的实时数据进行分析处理,应用于施工方的生产管理、技术管理、质量安全管理、劳务管理、物资管理等业务线等方面。施工方管理层系统数据将依据建设方管理层系统的需求,实时上传针对建设方管理应用数据,为建设方的进度、质量安全、技术、物资等方面管理进行服务,提供支撑。

(4)建设方管理层系统能够将施工方管理层系统整理的业务数据与传统的 PM 管理融合,形成 BI 分析呈现于不同业务管理单元。

(5)展示端能够通过技术+业务的系统集成模式,将所有的分析结果统一呈现到驾驶舱、大屏展示终端以及个性化服务的 APP 进行协同联通,为不同级别,不同业务提供专属信息服务。管理平台的功能架构如图 6—1 所示。

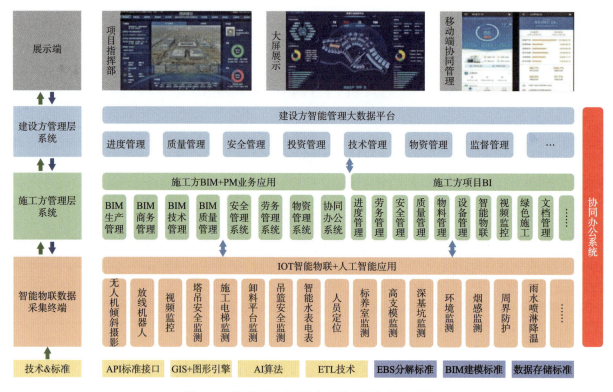

图 6—1 铁路客站建设信息化管理平台功能架构

2. 制定站房编码标准和构建多元异构模型自动关联三级节点简介

基于建筑行业技术标准，并融合铁路 BIM 联盟颁布的相关 BIM 标准，形成一套适合高铁站房的工程实体分解和编码标准；构建基于 IFC 标准的多元异构模型，实现基于三级节点、三层业务计划的自动化 WBS 配置，业务层级（PBS）、模型构件（EBS）自由配置，且各配置结果互为映射，打通业务模型关联，并且实现模型的手机移动端、PC 端、大屏端三端通用展示。站房工程实体分解见图 6—2 和图 6—3。

清河站站房wbs结构分解

单位工程	子单位工程	分部工程	子分部工程	分项工程	楼层	区域	流水段	构件
		地基与基础	地基	高压旋喷注浆地基	地下二层	A区	A1~A16段	xxx桩
				水泥土搅拌桩地基				
			基础	筏形与箱形基础				
				钢结构基础				
				钢管混凝土结构基础				
				泥浆护壁成孔灌注桩基础				
			基坑支护	灌注桩排桩围护墙				
				土钉墙				
				内支撑				
				锚杆				
				与主体结构相结合的基坑支护				
				内支撑				
			地下水控制	降水与排水				
				回灌				
			土方	土方开挖				
				土方回填				
				场地平整				
			边坡	喷锚支护				
				挡土墙				
				边坡开挖				
			地下防水	主体结构防水				
				细部构造防水				
				特殊施工法结构防水				
				排水				
				注浆				

图 6—2 站房工程实体分解要求

图 6—3　清河站工程实体分解编码

3. 实现站房工程基于 IOT 监测系统进行安全质量管理

基于 IOT 智能监测系统,实现对深基坑监测、高支模监测、钢结构健康监测、检验批数据、塔吊防碰撞数据、钢结构焊缝信息数据等安全质量数据信息在平台集成显示,并能进行趋势变化分析,安全质量问题闭环管控,保证现场施工作业安全和质量水平。深基坑监测界面如图 6—4 所示。

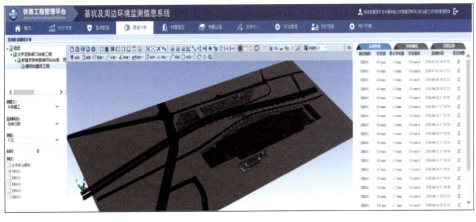

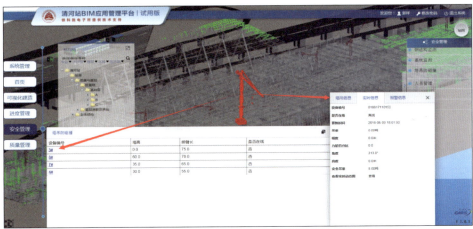

图 6—4　深基坑监测

4. 实现利用手机 APP 端进行进度、安全质量问题的综合管理

进度、安全质量管理方面以时间轴大事记、专业进度情况、数据整合分析为手段重点展示,采用主流的 H5 技术实现兼容苹果和安卓操作系统的移动端 APP 应用,使用高铁站房工程现场作业智能化移动助手 APP,实现基于 APP 进行站房现场施工进度三维日志填报、施组进度精细化管理、安全质量问题闭环管控,全面提升施工一线工人作业效率,提高管理监理检查人员现场检查工作效率。手机端界面如图 6—5 所示。

图 6—5 移动端进度、安全、质量管理界面

5. 基于移动互联的铁路建设泛在智能感知体系

铁路工程建设现场多作业面同时施工非常普遍,对建设管理方来说,工程现场无法同时实时抵达,需要利用物联网感知技术,搭建铁路工程建设时空自感体系,达到对施工作业现场自然状况、作业人员、工程实体、设备物资等工程要素的全面感知,总体实现建设现场、参与各方的无障碍传输,形成立体移动传输体系。如图 6—6 所示。

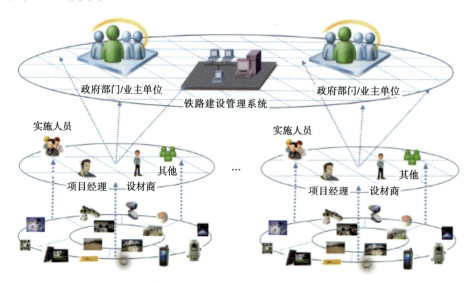

图 6—6 基于移动互联的铁路建设泛在智能感知体系

6. 应用案例及应用效果

通过 BIM+GIS 结合搭建铁路客站建设信息化管理平台,从三端可视化管理到铁路客站建设信息化管理平台 1.0,再升级到智能站房系统 2.0 的推广使用应用,已经解决了目前建设单位项目管理工作界面复杂、与项目参与方信息不对称、建设进度管控困难等一系列问题,为建设单位多方位、多角度、多

层次的项目管理服务提供管理工具,提高建设管理水平。从 2017 年 3 月至 2018 年 10 月,该系统在京张高铁全线累计共有 10 个站房工程上线使用,其中京张高铁全线站房项目中应用了客站建设管理系统 1.0 版本,根据施工进度开展电子施工日志、施组管理、工程影像、检验批、塔吊防碰撞、钢结构焊缝质量管理等 10 多个应用功能,从进度、安全和质量等多维度进行全方位管控。到 2019 年 2 月,在清河站、新八达岭站、太子城站、张家口南站等升级应用了客站建设管理系统 2.0 版本,以 BIM 技术为核心,结合 GIS 技术、物联网技术、手机端应用等多种信息化手段,开展以施组进度为轴线的形象进度、安全风险源和质量风险的可视化管控,既满足了现场实际施工作业需求,又提高了建设管理人员对于进度、安全质量风险的处置效率,形象展现并有效控制风险,全方位提高了站房工程的管理水平与效率。铁路客站建设信息化管理平台 2.0 版本界面如 6—7 所示。

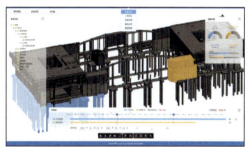

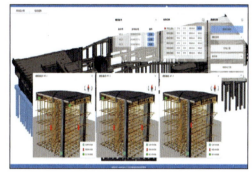

图 6—7　铁路客站建设信息化管理平台 2.0 版本界面

7. 智能建造技术体系架构

铁路客站建设信息化管理平台以 BIM 基础平台作为功能集成的载体,围绕 BIM 应用管理安全管理、质量管理、成本管理、物资管理、资料管理以及移动应用等方面,形成统一模型、统一标准、统一应用的 BIM+智慧工地的应用体系。通过此系统的应用,使得项目不同的参与方在项目的各个阶段可以基于同一模型、同一平台,利用和维护这些信息进行协同工作,对项目进行各种类型和专业的计算、分析和模拟。在设计、施工、运营的全生命周期内,实现信息共享和无损传递,加快建造的运转速度,提高劳动生产率,提高高铁建设管理智能化水平。京张高铁智能建造技术创新是基于中国智能高铁的技术架构开展的技术研究与工程实践,包括工程设计、工程施工、建设管理三方面关键内容。其体系结构如图 6—8 所示。

基于 IOT 智能监测系统,管理平台可实现对深基坑监测、高支模监测、钢结构健康监测、检验批数据、塔吊防碰撞数据、钢结构焊缝信息数据等安全质量数据信息在平台集成显示,并能进行趋势变化分析,安全质量问题闭环管控,保证现场施工作业安全和质量水平。后文简要予以介绍。

二、塔吊防碰撞监测系统

铁路站房场地较为狭小,吊装量大且周期长,作为贯穿工程建设始终的大型起重设备,塔吊安装部

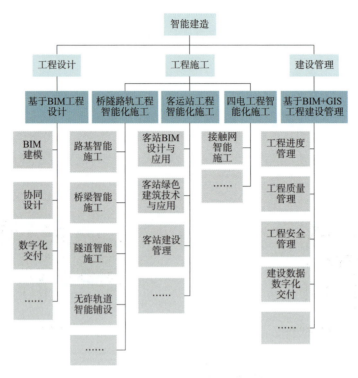

图 6—8　智能建造技术体系架构

位需要合理有效,且需保证安全持续运行。基于 BIM 群塔作业监测系统,实现在系统内操控 BIM 塔吊模型对塔机幅度、高度、回转角、重量、力矩、风速、倾斜角等七种不同数据类型的测量、分析,从而能够有效避免塔机运转过程中存在的结构自身危险(超重、力矩、风速、倾覆危险)、与障碍物碰撞危险、塔机间碰撞危险等;在对塔机幅度位置、高度位置及回转位置实时监测的同时通过无线组网技术将同一施工环境下的多台塔机组成一个无线监控网络,使不同塔机的运行状态数据可以在不同的塔机间传递。系统具备自我诊断功能,塔机自动检测电机电流、电机电压、电机温度等,当出现过压、过流或温度过高等危险情况时,通过继电器将电机的电源断开,从而保护电机;每个塔机可以基于本塔机及其他塔机的数据进行防碰撞计算,实现距离预警和高度预警,并基于防碰撞的计算结果进行语音报警,在紧急情况下切断不安全方向动作的电源,避免碰撞事故的发生。清河站塔吊监测管理界面如图 6—9 所示。

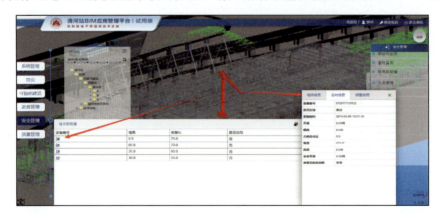

图 6—9　塔吊监测管理界面

基于互联网技术充分利用电子设备与传统塔吊的完美结合,打破盲区作业工作场景,实现了全程可视化操作及管理模式。塔吊监测管理的创新点和产品功能如图6—10和图6—11所示。

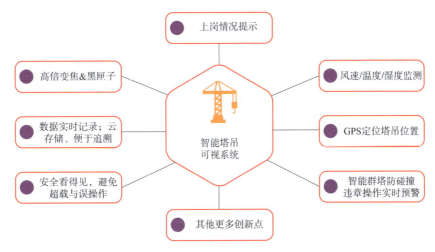

图6—10 塔吊监测系统创新点

图6—11 塔吊监测系统的产品功能

该管理系统将现场的风速、倾角、幅度等各类传感器数据实时传输到平台中,实时查看现场塔吊运转情况,通过该模块提高现场塔吊作业安全操作水平,提高塔吊作业效率。如图6—12所示。

图6—12 塔吊监测系统细节展示

三、深基坑监测系统

综合利用 BIM＋互联网、物联网和自动采集等新技术,通过创建基坑及周边环境 BIM 模型,实现深基坑及周边建筑物专项方案模拟论证、风险预评估和风险源三维可视化识别管理;搭建深基坑 BIM 协同管理平台,融合多种基坑监测数据和现场巡检视频等,实现对深基坑支护结构桩顶部位移、支护结构桩身测斜、支护结构桩应力监测、地下水位监测等监测类型数据及时物联采集、远程传输集中存储、可视化专业分析、BIM 化预警预报、三级预警闭环处置以及基坑 4D 进度管理等核心功能应用,方便各级管理和技术人员协同共享、形象直观、快速高效地预判深基坑及周边环境安全态势,全面提高深基坑信息化管理水平和监测技术,达到"基坑开挖变形历程和时程位移曲线三维空间分析,风险动态感知与预警同步、风险形象展现与闭环管控统一"的目标。系统界面如图 6—13 所示。

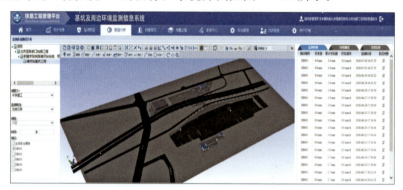

图 6—13　深基坑监测系统界面

四、高支模监测系统

高支模监测系统由前端采集器、智能采集仪和监控软件组成。系统包括重力实时监测模块、预警控制模块、异常报警模块和施工方案调整模块。系统通过前端传感器对高大模板的模板沉降、支架变形、立杆轴力、杆件倾角和支架整体水平位移进行实时监测,支持实时监测、超限预警、危险报警等功能。能有效推进施工的信息化建设,减少和预防高支模坍塌等施工质量问题,将施工风险大大降低。确保高支模施工过程中的安全性、连续性、顺利性。高支模监测系统的构成和功能如图 6—14 所示。

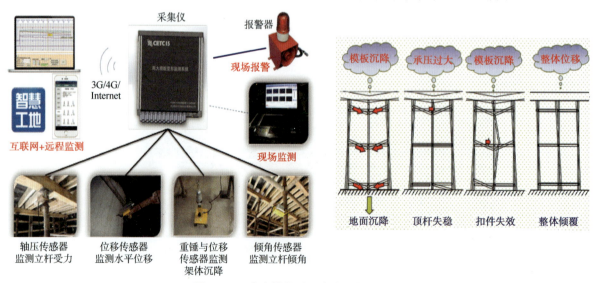

图 6—14　高支模监测系统的构成和功能

五、环境质量监测系统

为响应国家减少碳排放和保护环境不被污染的政策,打造绿色工地,搭建基于 BIM 环境监测系统,可适配于各种物联网应用系统,实时监控管理接入设备的状态与运行情况,并对前端设备进行远程操作,通过云平台对接物联网设备做到精确感知、精准操作、精细管理,提供稳定、可靠、低成本维护的一站式云端物联网平台。环境监测系统通过对现场温度、湿度、光照、风向、风速、PM 2.5、气压等参数的数据采集,将参数数据远传至该系统,通过 BIM 模型加载实现现场各个设备的数据实时监测,用户可以通过电脑网页或手机 APP 移动端实时查看,可以自由设置各个参数的标准值上下限,如果数据超限可以给相关的工作人员发送短信或是微信报警提醒,做到提前预警,避免造成不必要的损失,实现在远程值守现场设备。环境监测系统的界面和功能见图 6—15 和图 6—16。

图 6—15 环境监测系统的界面

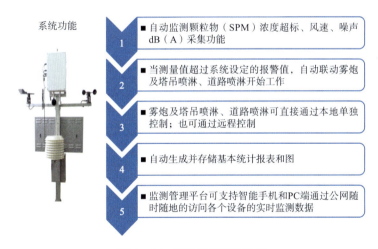

图 6—16 环境监测系统功能

六、隐蔽工程影像采集系统

京张铁路在智能建造的信息化模块中,通过隐蔽工程影像采集系统,实时采集隐蔽工程工序验收过程施工现场和旁站影像资料,以及工序、工艺和施工总结视频等影像资料,随时随地再现隐蔽工程施工现场,实时监管工程安全和质量,通过对影像资料进行技术分析,识别施工现场的工序和工艺,挖掘存在或潜藏的风险源,有效的降低工程建设安全风险,同时,通过记录现场隐蔽工程影像资料,可以作为工程质量终身追溯的凭证。隐蔽工程影像采集系统的意义具体表现在:(1)全面采集隐蔽工程影像数据,并将数据与工程部位关联,为京张铁路智能建造提供数据支持。(2)实时再现隐蔽工程施工现场,为京张铁路智能检查和发现安全和质量问题提供工具和载体。(3)记录技术和监理人员旁站照片、工序、工艺和施工总结视频,为京张铁路智能建造保存工程质量追溯凭证。

隐蔽工程智能影像系统主要功能分为影像采集、影像查阅、影像统计和质量追溯四个模块,用户通过智能手机或个人电脑的终端采集程序,高效的采集影像资料、同时智能的将上传至相应的工程部位,管理员实时检查采集进度和质量,同时系统自动对采集的影像资料进行多维度的统计和智能分析,形成图文报表和质量追溯原始凭证存档,便于工程质量分析和追溯。以下是详细的功能模块说明。

(1)影像资料采集:根据工程实体结构,在对应的工程部位批量上传影像资料,上传过程中,自动检查影像资料的信息属性,内容包括:施工单位、监理单位、单位工程、分部工程、检查内容、拍摄里程、检验人员、监理人员、施工人员、拍摄时间等,同时生成缩略图和浏览文件,并进行记录;自动检查影像文件格式,内容包括文件格式、影像文件像素、文件大小等。影像资料的采集提供桌面应用程序和手机 APP 两种方式。影像资料上传支持断点续传和多任务并发。

(2)影像资料查阅:按分部工程显示影像资料列表,提供列表和缩略图两种展示方式;在线浏览影像资料文件,在查阅过程中对下载权限进行控制;用户根据工程管理平台的权限设置,查看有权限的工程、标段、单位工程影像资料;影像资料查阅以 B/S 的方式提供服务,以流媒体的方式进行视频播放;影像资料查阅可以根据日期进行过滤,根据照片、视频、PMT 等文件格式进行筛选;根据关键字模糊匹配进行搜索查询,或根据详细信息属性进行精确查询。

(3)影像资料统计:按片区、项目、标段、单位工程对影像资料进行统计,统计内容包括文件总数、文件大小、照片数据、视频数据,实体数量、开工数量、启用数量等;统计数据以图表的方式进行展示,支持打印的导出;在单位工程级可以实时统计影像资料的上传数量,便于掌握影像资料上传的实时动态,对影像资料的完成情况和完成质量进行监管。

(4)工程质量追溯:通过在线浏览影像资料的内容,实时发现安全质量问题,根据信息属性记录的内容,快速找到相关责任人。

隐蔽工程影像采集系统结合铁路建设项目安全质量管理的实际业务需求实行设计和研发,利用影像分析、多点加密传输、分布式存储、离线计算等信息技术,为隐蔽工程的质量监督、安全隐患排查和风险预测提供检查和分析工具,留存了隐蔽工程关键部位和工序的施工现场影像资料,为工程质量终身责任制提供追溯凭证,加强了铁路建设项目隐蔽工程质量控制,降低了工程安全风险,显著提升了铁路工程建设的风险管控能力,为铁路建设项目智能建造赋能。

第二节 旅客服务与生产管控平台

一、背景和意义

国内铁路客运车站信息化建设经过多年的发展,围绕运输生产组织和旅客信息服务建设了客运管理信息系统、旅客服务集成管理平台等信息系统,提升了车站的生产效率、服务质量和管理能力,近期正在推进客运车站设备智能监控与能源管理、客运车站应急指挥、车站智能视频监控分析应用的建设。但由于应用系统的分批、分期、独立建设导致客运相关系统的集成化程度不高、联动性不强;另外,在信息技术的高速发展的今天,与国内外相关行业横向比较,铁路客运车站智能化、精细化服务能力和手段差距明显。为解决上述问题,全面提升客运车站智能化管理水平和服务水平,提出智能车站大脑的概念,实现客运相关信息系统的数据集成、新技术应用,提升客运生产组织和旅客服务的智能化水平,为铁路客运车站的智能化发展提供有力的平台支撑。智能客站大脑的提出和建设,不仅将有效适应和把握信息化时代发展的特征和趋势,也为更好的在智能客站建设中利用数字化、网络化、信息化、智能化等先进技术提供了基础的平台保障,同时也是深入贯彻国铁集团"强基达标,提质增效"工作主题的具体体现。

二、智能服务与客运生产管控工程的技术实现

1. 功能架构

紧密结合铁路客运车站的业务需求,围绕京张智能车站"一个大脑、四大业务版块、N个应用"的总体建设蓝图,智能服务与客运生产管控工程以功能需求为核心,提出管控平台一体化,板块应用智能化,服务终端多元化的设计思路,以"智能建造"为引擎,利用模型化、自动化、智能化的手段对车站生产业务和服务进行模型构建,实现客运车站的运营状况可视、作业流程可控和模型算法可学习,保障车站所有设备、设施、系统、人员、作业的高效运转;实现满足分布更为多元和广泛的客运新局面,行之有效的推动智能化建造与铁路客运领域的深度融合及创新。

(1)管控平台一体化。旅客服务与客运生产管控平台将提供数据处理、分析、展示及辅助决策等功能,构建统一的客站服务和生产一体化支撑平台,形成统一的作业流程、用户管理和界面风格标准,建立面向实际应用的智能化模型和算法管理工具,形成统一的硬软件资源管理及数据使用规范,构建站车、站地一体化联动指挥体系。

(2)板块应用智能化;①客站设备智能监控与节能管理。对车站客运设备实行"一设一档",制定科学合理的运维计划,由传统故障维修转为预测性维修,实现设备全寿命周期跟踪管理,降低停机率,保障设备安全运行,延长使用寿命。②客站智能安全监控及应急指挥。针对列车大面积晚点、大客流滞留、火灾、暴恐等突发事件典型场景,系统实现对铁路站车突发事件的主动感知、智能决策、一体化指挥、协同联动,贯穿突发事件的事前、事中、事后全过程,覆盖突发事件的预案、组织、响应、处置、恢复和评估的一体化管理。③智能综合视频监控。采用大数据、深度学习、图像分析等先进技术对所监控的画面进行全天候不间断分析,改变以往对监控画面进行人工抽取查看和主观判断的模式,实现对异常事件和疑似威胁的实时、主动式报警和预警。同时将报警信息和对应的异常视频片断或图像上传到数据中心进行归档、管理和分析。④客运指挥与管理。以列车到发计划为基础,实现针对每趟列车和每个客运业务流程的广播、引导、检票、照明、设备监控、客运员上岗作业、应急处置、视频监控等计划的一体化编制,并将计划执行或变更的命令下达给各功能模块,结合列车正晚点、调度命令等接口的实时数据,进行作业执行,从而实现车站"旅服设备控制—客运员生产作业—客运设备监控—应急处置—安全防护"等业务的一体化协调联动。

(3)服务终端多元化。结合铁路客运的特点和乘客需求,从服务终端的设计到现场部署,实现了多维度、多元化的服务创新模式,为旅客提供更人性化、个性化的服务。①综合服务台智能集成应用。依据原铁路总公司2017年12月9号颁布的《铁路旅客车站服务台设置规范》要求,结合各站的特色,对车站的服务台从服务功能、设备配置、网络改造等方面进行智能化集成。②智能综合服务终端。智能综合服务终端可以实现语音、图片、地图、视频的全交互沟通服务,让沟通没有障碍。由智能服务台终端、智能服务台中心和智能服务台客服中心三部分组成。通过服务台终端的部署,把铁路车站服务前移至客户身边,让服务无处不在。③站内导航。以蓝牙基站、精准定位算法、路径规划算法、语音识别、人脸识别等硬件设备和技术服务为基础,通过站内实景地图的方式借助车站导航问路机、12306APP等载体为广大旅客提供站内定位、位置搜索、站内精准导航、旅客行程规划、客运信息服务、站内外导航接续、中转换乘引导、站内引流、站内智能便捷服务台以及小红帽预约、重点旅客预约、景点预订、站内商铺、共享汽车服务等功能。④智能客运服务机器人。利用语音识别、语义理解、路径规划、自主避障、人脸识别等技术,使机器人具有感觉、思维、决策和动作特征,具备人机交互功能,为旅客提供铁路客运信息的智能问询交互服务。提升旅客出行体验,降低工作人员问询强度和压力,减员增效。

2. 智能技术架构

智能服务与客运生产管控工程采用集中部署三级应用的总体架构。在国铁集团部署国铁集团级与

路局级旅客服务与客运生产管控平台,在路局部署必要的前置服务器,在车站配置必要的接口和边缘计算服务器。旅客服务与客运生产管控平台为国铁集团用户提供全路车站运营信息查询、状态展示及辅助决策等功能,并从多维度形成分析报告,支撑车站的智能化应用;为路局用户提供全局所辖车站的运营信息查询、状态展示及辅助决策等功能;为车站级用户提供作业-人员-设备一体化协同的客运管理、调度指挥、生产作业、设备运维功能,对旅客服务设备提供后台数据和服务支撑。

近年来铁路行业积极响应国家筹办冬奥会的各项要求,在行业内提出全力打造"精品工程、智能京张"的目标。依托京张高铁,开展智能铁路的建设和应用,并将打造智能客站作为一项重要任务。"精品工程、智能京张"的建设内容围绕车站旅客服务与生产组织业务,主要包括新一代旅客服务、客站设备与能源管理、客运指挥与管理、车站应急等项目。各项目独立推进,已在车站独立部署铁路旅客服务系统集成管理平台、客运管理信息系统、铁路客运设备管理应用和客运站应急指挥应用。

国内铁路客运车站信息化建设经过多年的发展,在客运生产应用信息系统创新方面进行了较多尝试,取得了一些成绩,但还存在一些问题。客站信息化项目分别设计,独立建设,集成化程度不高,各系统未实现互联互通,难以形成合力,具体表现为:(1)各系统数据分散存储,存在客运工作人员在不同系统中重复录入相同数据的情况,影响工作效率;(2)综合信息网中,各系统信息不共享,与旅客服务系统专网物理隔离,跨网互联困难;(3)各系统软硬件资源分别设置,独立部署,没有实现共享共用;(4)接口众多,工程实施过程中协调难度大。

在京张高铁智能化项目实施过程中,旅客服务与生产管控平台(简称:管控平台)对旅客服务、客运管理、客站设备管理、车站应急等项目进行集成。本文阐述了管控平台的总体架构、网络架构、关键技术,并对管控平台方案实施前后进行了对比研究。

三、架构设计

1. 总体架构

管控平台采用集中部署、三级应用的总体架构。在中国国家铁路集团有限公司(简称:国铁集团)主数据中心部署国铁集团级管控平台,在铁路局集团公司部署必要的前置和接口服务器,在车站配置应急和边缘计算服务器。管控平台为国铁集团级用户提供全路车站运营信息查询、状态展示及辅助决策等功能,并从多维度形成分析报告,支撑车站的智能化应用;为铁路局集团公司级用户提供全局所辖车站的运营信息查询、状态展示及辅助决策等功能;为车站级用户提供作业—人员—设备一体化协同的客运管理、调度指挥、生产作业、设备运维功能,为旅客服务设备提供后台数据和服务支撑。旅客服务与生产管控平台总体架构如图6—17所示。

(1)国铁集团级管控平台。利用国铁集团主数据中心资源,支撑国铁集团级智能客站管控平台计算资源的需求,通过统一的数据库实现旅客服务集成平台、客运管理与指挥、客站设备监控等业务相关应用的数据集成存储,并统一接入客票、调度、动车、客车等数据,实现跨部门、跨系统的数据共享。

(2)铁路局集团公司级管控平台。在铁路局集团公司配置前置服务器,实现数据的前置处理和接口服务。同时,接入综合视频系统的实时视频流数据,用于集成化展示。为铁路局集团公司级用户提供所辖车站运营信息查询、一体化运营方案自动编制及优化调整、人员—设备联动指挥、设备状态监控及全生命周期管理、运营状态展示及辅助决策等功能,并形成多维度的分析报告。

(3)车站级管控平台。在车站配置智能客站管控平台接口和边缘计算服务器,接入车站部署的外部应用及信息系统数据,并通过大屏进行集成展示。

2. 网络架构

管控平台网络架构如图6—18所示。(1)取消旅客服务局域网专网,统一部署在安全生产网,打破网络壁垒;(2)通过数据通信网进行数据传输;(3)在国铁集团主数据中心实现与客票、调度、动车、客车等系统的数据交互,保障信息安全;(4)在车站级和铁路局集团公司级管控平台与综合视频网安全互联,共享视频信息,避免其在广域网传输。

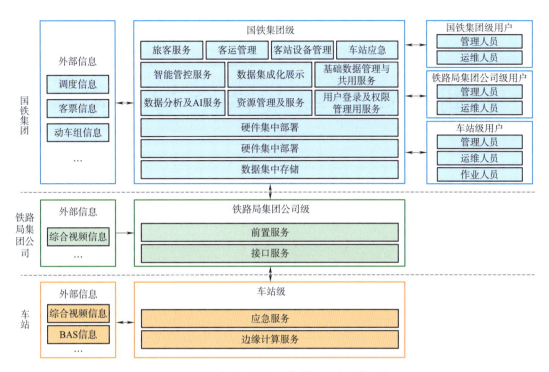

图 6—17 旅客服务与生产管控平台总体架构

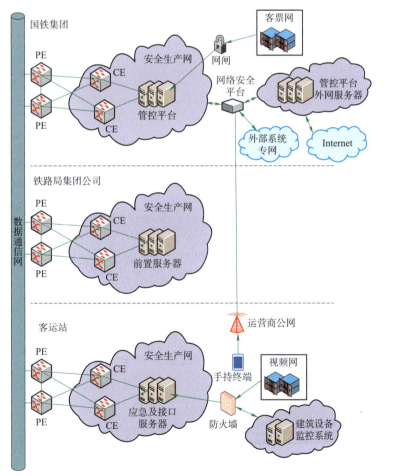

图 6—18 旅客服务与生产管控平台网络架构

四、平台功能

管控平台对车站客运管理、旅客服务、客运设备、应急指挥等业务进行了深度融合,能够满足智能管控服务、集成数据展示、统一数据管理、用户管理和资源调度的需要。管控平台基于底层各类数据资源,建设可自主学习的旅客服务和生产协同模型,实时监控站内生产要素的状态并及时预警,自动生成辅助决策指令,实现客运车站的可视、可控和可学习,保障车站所有设备、设施、系统、人员、作业的高效运转。

1. 旅客服务应用

按照车站功能布局与列车实时运行情况,自动生成广播、引导和检票计划,对站内广播、综合显示、时钟、视频监控、求助、查询和检票业务进行集中管理、统一调控。枢纽车站还需对接公交、地铁等地方交通信息系统,为旅客提供便捷换乘、信息提醒等服务。

旅客服务应用功能已应用于京张全线各站,功能界面如图6—19所示。

图6—19 旅客服务应用功能界面

2. 客运管理应用

卡控、执行反馈和客运工作量统计等功能。提升客站作业管控能力,保障服务质量和安全生产。客运管理应用功能应用于京张全线各站,功能界面如图6—20所示。

图6—20 客运管理应用功能界面

3. 客站设备应用管理

对客站客运服务设备,以及电梯、空调、照明等机电设备进行全生命周期管理和能效管理,实现对车站设备设施的资产管理、状态监控、运维管理、能效管控和辅助决策评价等功能。通过对车站运营环境状态感知,结合列车运行实际,提供能效管控辅助决策支持,有效降低车站运营成本,提升旅客候乘环境,提高客站运营管理能力。客站设备管理功能已应用于京张全线各站,功能界面如图6—21所示。

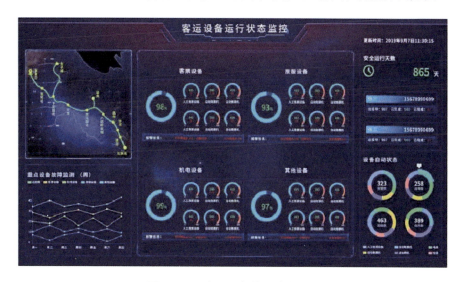

图6—21 客运设备管理功能界面

4. 应急管理

通过对客站应急预案的电子化管理、流程化分解和定制化编排,实现客站应急指挥一键启动、任务分发、过程监控和总结报告的闭环处理;对接地方应急处置相关信息系统,实现信息共享、路地联动,提升客站应急处置能力。预留与国铁集团、铁路局集团公司两级应急通信平台的互联接口,满足两级应急通信平台对图像调用、辅助决策的需要。应急管理功能已应用于北京北、清河、张家口3个站房面积大于20 000 m² 的车站,功能界面如图6—22所示。

图6—22 应急管理功能界面

5. 平台服务

(1)实现基础数据管理、数据分类、数据汇聚、去重融合、共享共用等功能,自动获取路内外相关系统数据;(2)实现用户单点登录、权限管理、信息集成、插件管理、流程管理、消息通知等平台服务功能;(3)

实现语音识别、语义分析、图形图像算法优化、智能问答等智能服务功能;(4)实现对站内各生产要素和作业状态的监控与集成展示。

五、京张管控平台实施效果

1. 管控平台实施前

京张智能客站管控平台实施前,旅客服务、客运管理、客运设备、应急指挥等系统独立建设,各系统软硬件资源分别设置,分散部署;旅客服务系统部署在旅客服务专网,客运管理、客运设备、应急指挥系统部署在综合信息网。系统间有网间隔离,跨网共享信息困难,接口众多,工程实施协调难度大。管控平台方案实施前系统架构如图6—23所示。

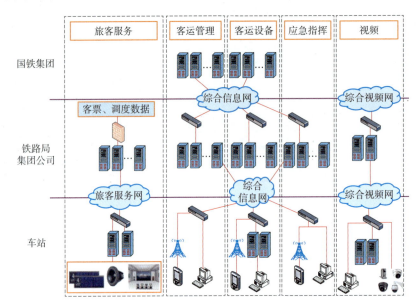

图6—23 管控平台方案实施前系统架构

各系统独立建设的工程内容如表6—1所示。

表6—1 各系统独立建设工程内容

系统名称	网络方案	设备配置
旅客服务系统	旅客服务专网	国铁集团:无;铁路局集团公司:服务器(扩容);车站:服务器及各子系统终端(新设)
客运管理系统	综合信息网	国铁集团:服务器(利旧);铁路局集团公司:服务器(扩容);车站:手持作业终端(新设)
客运设备系统	综合信息网	国铁集团:服务器(新设);铁路局集团公司:服务器(新设);车站:服务器、信息采集终端(新设)
应急指挥系统	综合信息网	国铁集团:无;铁路局集团公司:服务器(新设);车站:服务器、应用终端(新设)

2. 管控平台实施后

京张智能客站管控平台实施后,旅客服务、客运管理、客运设备、应急指挥系统后台硬件资源整合共用,动态调配,车站同类终端设备功能复用,设备数量大幅减少。客运相关信息统一接入,与综合视频系统对接,实现全面共享。管控平台实施后系统架构如图6—24所示。京张智能客站管控平台方案建设内容见表6—2。京张智能客站管控平台对服务器进行统一规划,比集成前减少50%服务器资源,同时节省了网络设备和网间安全防护设备。

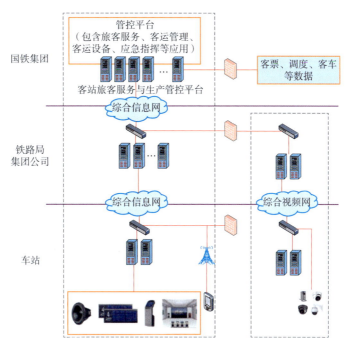

图 6—24 管控平台方案实施后系统架构

表 6—2 管控平台方案建设内容

项目名称	网络方案	设备配置
管控平台	统一部署在综合信息网	国铁集团:设置服务器、存储等设备,纳入国铁集团主数据中心工程解决;铁路局集团公司:设置前置和接口服务器;车站:设置边缘计算和应急服务器
旅客服务应用		各级服务器资源纳入管控平台解决;车站:各子系统终端设备解决
客运管理应用		各级服务器资源纳入管控平台解决;车站:手持作业终端
客运设备应用		各级服务器资源纳入管控平台解决;车站:信息采集终端
应急指挥应用		各级服务器资源纳入管控平台解决;车站:应用终端

六、关键技术

1. 运行环境监测技术

利用物联网技术实时监测车站候车室、检票口、进站口、出站口、换乘通道等关键区域的人流密度、排队长度、通过速度、移动方向、环境舒适度等数据。平台对车站运行环境信息的全天候、全区域实时监测和感知为车站运营状态评判提供数据支撑。

2. 互联互通和数据共用技术

管控平台通过统一规范的接口,打通了各系统之间的通信壁垒,实现了各系统的互联互通,并进行数据汇集,将各系统及前端感知信息汇集到管控平台进行统一管理和开放共享。

3. 协同联动技术

通过管控平台统一各应用及外部系统的数据接口,实现车站作业、列车、人员、设备、环境等信息实时汇集和共享,依托信息的实时流转打破信息系统独立运行造成的人员、设备各自为战,实现人员、设备、环境的协同联动。

4. 运营辅助决策技术

利用人工智能和大数据分析技术对车站日常运营、异常处置和快速应急场景进行建模,实现客运车站模型化。在运营中,根据模型和运营数据对车站的运营状况进行智能化分析、预测、推演,发现业务瓶颈,依据评价结果自动生成作业、人员、设备的一体化运用计划、决策建议和处置方案,实现日常运营的科学决策和突发情况的快速处置。

七、应用效果

京张智能客站管控平台围绕车站内部生产组织和对外旅客服务,通过环境智能感知、大数据、通信控制技术的深度融合,构建可视、可控、可学习的客站数字化运营管理平台,实现对站区全方位、业务全过程、人员全岗位生产要素的科学、高效管理。京张智能客站管控平台深度融合了旅客服务、客运管理、客站设备管理、应急管理、集成化展示等系统功能,实现了客运业务流程的优化再造,体现了集中部署、资源节约、网络共用、系统集成等优势,为全路智能客站管控平台建设提供参考。智能客站大脑根据集成共享、系统智能、平台开发、安全可靠的建设原则,对车站客运管理、旅客服务、客运设备、应急指挥等业务进行了深度融合,能够满足智能管控服务、集成数据展示、统一数据管理、智能服务、用户管理和资源调度需要,符合铁路客站旅客服务和生产管控业务发展方向。客站旅客服务与生产管控平台可实现车站一体化生产指挥,进一步提供旅客服务和生产管控信息化、智能化水平,具有显著的社会效益和经济效益。

第三节 结构健康监测管理平台

大型铁路站房作为铁路交通网络的关键节点,具有结构体系复杂、空间跨度大、使用年限长、服役环境复杂人群高度密集和社会影响大等特点。在长期服役过程中,由于环境荷载作用、疲劳效应、腐蚀效应和材料老化等因素的影响,铁路站房会产生损伤,使得结构的抗力衰减,在极端情况下(如地震、台风、暴雪等)甚至会导致结构失效,造成严重的社会影响。健康监测技术是保证结构安全的有效手段,将健康监测技术应用于站房结构,能了解结构的健康状况,及时发现结构损伤,以便对结构进行维修和加固,避免结构突然失效,从而保障站房的结构安全。与桥梁、大型公共建筑等结构的健康监测相比,站房的健康监测具有监测项目多、监测点分布广、监测数据量大等特点。

一、站房的结构特点

1. 站房结构组成

根据建筑功能的需要,大型站房结构由主体结构和无柱雨棚组成;主体结构按标高从下往上依次是地铁层、出站层、承轨层、高架层(含夹层)、屋面层,如图6—25所示。其中,承轨层、屋面层和无柱雨棚是站房结构健康监测的主要部分。为适应承轨层跨越出站层和地铁层,同时又能支撑高架层和屋面层,大型铁路站房多采用"桥建合一"结构体系,桥梁结构和建筑结构的结合,是一种"列车桥梁站房"一体化站房结构形式,可以缩短进出站流线、节约建筑用地,具有柱网布置灵活、结构整体性较好等特点。

按两种结构主次类型不同,"桥建合一"结构体系可分为两类。第一类结构形式以桥梁结构为主,先形成桥梁结构,再在桥梁结构上布置站厅、站台、雨棚等建筑结构;第二类结构形式是以建筑结构为主,以建筑构件取代桥梁构件,直接承受上部结构的荷载,将承轨层的承轨梁作为建筑的一部分,支撑于建筑结构上,以承受列车荷载,如图6—26所示。

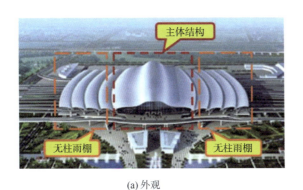
(a) 外观

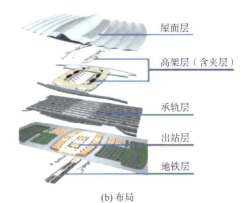
(b) 布局

图 6—25　铁路客站空间结构示意图

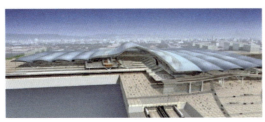
(a) 以桥梁结构为主的武汉站

(b) 以建筑结构为主的北京南站

图 6—26　铁路客站"桥建合一"示意图

2. 承轨层

承轨层也称站台层，为列车轨道层，是旅客们乘车的一个平台。承轨层是整个站房结构中受力最为复杂的部分，除了自重荷载之外，还包括人群荷载和列车荷载的耦合作用。根据结构形式和荷载传递路径不同，承轨层可以分为梁桥式和框架式，其中，梁桥式是先形成桥梁结构（梁、墩柱、基础）作为支撑点，上部建筑结构直接落于桥墩或者轨道梁上；框架式是通过现浇混凝土形成框架结构，用框架柱和框架梁来承受列车的动荷载作用，承轨层为框架结构的一部分，如图 6—27 所示。

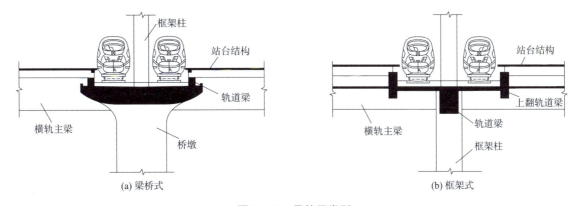

图 6—27　承轨层类别

梁桥式在顺轨方向的每一列桥墩为独立的桥梁体系，横轨方向通过横梁将多条桥梁连成纵横梁体系。因此，梁桥式承轨层能够实现更大的跨度，降低列车荷载对结构振动的影响，但桥梁尺寸大，横轨向和顺轨向刚度相差大。框架式承轨层由于采用整体现浇混凝土结构，避免了双向刚度相差悬殊的问题，桥梁构件的尺寸明显较少,能更好的满足建筑空间效果和视觉效果,但跨度较小,造价略高于梁桥式承轨层。框架柱多采用钢骨混凝土柱、钢管混凝土柱或型钢混凝土柱等,框架梁多采用钢骨混凝土梁、预应力钢筋混凝土梁或型钢混凝土梁等。典型铁路站房的承轨层结构形式,见表6—3。

表6—3 典型站房的承轨层结构形式

站　名	建成时间	承轨层类型	结构形式
武汉站	2009年	梁桥式	桥梁采用预应力混凝土连续钢梁拱
广州南站	2010年	梁桥式	桥梁采用V构主墩和连续梁
北京南站	2008年	框架式	框架采用钢管混凝土柱和加腋混凝土梁
南京南站	2011年	框架式	框架采用钢骨混凝土柱和梁
郑州东站	2012年	框架式	框架采用钢骨混凝土柱和预应力混凝土梁
昆明南站	2016年	框架式	框架采用型钢混凝土柱和梁

3. 屋面层

屋面层是站房结构的主要部分,为了便于采光、通风,满足建筑外观,获得较大的空间和视觉通透性,通常采用大柱网、大跨度空间结构,例如,桁架结构、网壳结构、网架结构、索壳和索拱结构等。这些结构形式的构件受力以轴力为主,材料利用率高,边缘构件与支撑构件的适应性较强,同时具有施工速度快等特点。屋面层支撑构件的布置受到铁路线路的限制,其在顺轨方向的跨度一般比横轨方向大。大跨度空间结构通过空间结构与建筑造型的完美结合,塑造出具有当地文化特色的铁路站房。

4. 无柱雨棚

无柱雨棚的全称为站台无立柱雨棚,是中国大型铁路站房的标志之一,站台雨棚与站台位置相对应,是为进出站的旅客提供遮风避雨的地方。传统铁路站房的雨棚柱子直接立在站台上,形式单一,以单枝V型、双枝几型、现浇混凝土梁板和彩色压型钢板为主。而现代大型铁路站房则采用整体式的无站台柱雨棚,通过将柱子直接设置在线路中间,不仅将雨棚和站房连接成了一个整体,还可以给站台留出更多空间,减少站台上影响旅客行进和观察视线的障碍物,创造更舒适的乘车环境。无柱雨棚多采用大跨网壳结构、索拱结构等结构形式,实现了轻巧、通透的建筑效果。

二、站房的健康监测

1. 系统组成

站房结构的健康监测是指在工程结构施工或运营阶段,利用现场无损的检测技术,测定结构关键性能指标,获取结构内部信息并处理数据,通过分析结构系统特性,评估结构因损伤或退化而导致的主要性能指标的改变,以监测结构健康状态的变化,判断结构是否安全。站房健康监测系统包括传感器子系统、数据采集与传输子系统、数据管理与控制子系统和数据分析与安全预警子系统,如图6—28所示。

其中,传感器子系统为系统硬件部分,是健康监测系统中最基础的子系统。它通过埋入结构内部或者粘贴在结构表面的多种传感器,以实时监测站房结构的作用、效应及损伤信息,并将监测的物理量以电信号形式输出。数据采集与传输子系统应对接口的匹配性和软件的功能性进行设计,明确合理的监测数据传输方案,软件能实现自动采集与传输数据,并可进行人工干预采集与采集参数调整。数据管理与控制子系统应具有统一的数据标准格式和接口,可对海量监测数据进行储存和预处理,自动生成报表和报告,并可通过操作系统中心数据库,对任意时段的数据进行查询和管理。数据分析与安全预警子系统通过对监测数据进行全面统计分析和特殊分析,可为站房结构的安全预警和评估提供基础数据,以对结构进行实时预警,保证结构的安全。该子系统是整个健康监测系统的核心部分,目前,数据分析已经形成了较为系统的方法,如静力参数法、动力参数法、模型修正法、神经网络法、遗传算法和小波分析方

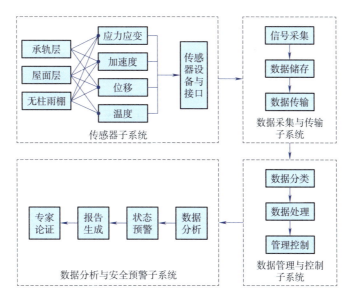

图 6—28　站房结构结构健康监测系统一般构成

法等,但这些方法只能实现简单框架结构的损伤定位和损伤定量,而对大型铁路站房复杂结构的损伤识别还有一定困难。大型铁路站房健康监测系统总体设计,应坚持长远规划的原则,尽量实现施工监测和运营监测一体化设计,使得监测工作具有连续性和长期性,其建设宜与站房施工同步进行。从时间顺序而言,站房健康监测分为施工阶段和运营阶段从空间关系来看,站房健康监测的重点在承轨层、屋面层和无柱雨棚;从监测内容来看,站房结构需要监测其在施工和长期运营中,所受到各种作用的不确定性及其效应和积累损伤,如图 6—29 所示。其中,效应部分的内力和变形是站房结构的监测重点,加速度和频率的监测主要集中在承轨层和屋面层。损伤部分的裂缝监测主要集中在承轨层,疲劳监测主要集中在屋面层,锈蚀监测主要集中在无柱雨棚。

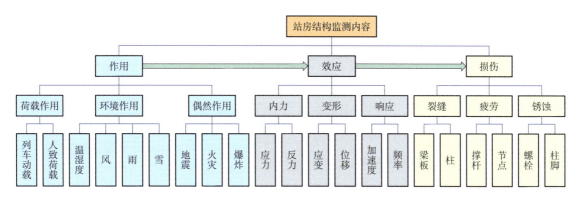

图 6—29　铁路站房结构的健康监测内容

2. 施工阶段

在大型铁路站房的施工过程中,其荷载大小、约束条件和力学模型可能与设计有一定差别,同时,由于外界环境等不确定因素的影响,导致施工阶段存在一定的安全风险。因此,为了反映站房结构在施工阶段的实际受力状态,需要对车站进行健康监测,以掌握关键部位的受力指标的变化规律,准确评价结构的受力状态,控制施工可能带来的风险,以保证施工过程中结构的安全。

屋面层作为大跨度空间结构,其施工是一个动态的过程,涉及到结构的吊装、滑移、提升、拆除临时支撑和卸载等关键工序,是站房结构在施工阶段的监测重点。应变是结构安全状态最直接的变量,判断结构受力是否处于安全范围之内是施工监测的核心内容。通过在屋面层结构关键构件和部位设置应变传感器,及时掌握结构的实际受力状态。比如,主桁架是屋面层分块整体提升的着力点,会承受提升过程中的动力荷载,故应对主要受力杆件进行应变监测钢柱是屋面的关键支撑构件,在安装或提升的过程中会使得钢柱的荷载加大,而部分钢柱从屋面层贯通下部分结构,故应对柱脚进行应变监测。

同时,为了防止施工过程中结构出现过大变形,需要对结构薄弱部位的变形量进行监测,如桁架跨中和临时支撑等。此外,屋盖结构在施工过程中会受到施工机械振动、屋盖提升等动荷载作用,结构的振动响应往往要大于正常使用的情况,故应对结构在施工阶段的加速度进行监测,因此,屋面层在施工阶段的监测内容一般有应变、变形和振动等,监测对象为杆件、钢柱和节点等。例如,滨海站在屋面层的主体结构设置了两种不同类型的传感器,总计68个。其中,光纤光栅应变传感器12个,用以监测主体结构关键杆件的应力;加速度传感器56个,用以监测杆件的振动状态,如图6—30所示。监测结果表明,

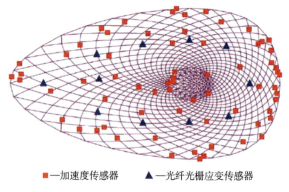

图6—30 施工阶段滨海站屋面层的测点

滨海站在施工过程中屋盖整体的动力性能稳定,但存在部分杆件应力较大,应加强监测,以确保结构安全。

无柱雨棚也是大跨空间结构,但它的下部结构只有支撑柱,施工阶段监测主要关注无柱雨棚的变形。例如,沈阳北站在施工过程对无柱雨棚钢桁架的变形进行了监测,监测结果表明桁架变形值均在理论计算范围内。而承轨层结构在施工过程中多为现浇混凝土结构,在施工过程中结构相对较为安全。因此,现有关于承轨层在施工阶段的健康监测研究少,而主要集中在后期运营阶段。

表6—4列出了施工阶段铁路站房的健康监测工程应用的统计情况。目前,施工阶段站房结构健康监测对象主要是屋面层,其次是无柱雨棚,主要监测参数是结构的应力和加速度。

表6—4 施工阶段铁路客站的健康监测

监测部位	代表车站	监测内容	监测仪器
屋面层	滨海站	网壳结构关键杆件的应力及振动	应变传感器12个,加速度传感器56个
屋面层	厦门站	屋盖关键部位的应变、倾角、结构振动	应变传感器70个,加速度传感器12个,倾角传感器8个
屋面层	太原南站	钢桁架应力、基础的变形和钢桁架跨中的变形	应变传感器177个,全站仪
屋面层	深圳北站	钢结构屋盖关键节点的应变、屋盖振动和变形缝变形	应变传感器92个
屋面层	杭州东站	柱脚、关键节点和桁架的应变、屋盖振动和变形	应变传感器348个,加速度传感器18个,全站仪
无柱雨棚	沈阳北站	钢立杆柱顶位移、钢桁架挠度	柱顶位移传感器38个,全站仪

3. 运营阶段

根据《建筑结构可靠度设计统一标准》(GB 50068—2018),大型铁路站房的设计使用年限为100年,其在长期运营过程中,由于受到人群荷载、列车荷载和风荷载等多种荷载长期作用,以及环境侵蚀、

材料老化和疲劳效应等不利因素的影响,会导致结构产生损伤,可能使得站房结构存在安全隐患。因此,为了及时发现结构损伤,需要对站房结构进行健康监测,以保证铁路客站的运营安全。

为掌握运营期间的屋面层受力状况,对结构安全状态进行评定,应在受力关键部位设置应变传感器,如支座、跨中截面以及结构分析的易损部位和受力较大部位。同时,屋面层因受不确定性环境作用的影响,存在较多偶然振动,为了掌握结构的动力响应,应采用加速度传感器进行监测,并分析其振型、频率等结果。另外,在大跨空间结构中,桁架跨中易产生变形,累积变形过大也会成为安全隐患,需监测桁架的竖向变形。此外,屋面层由于跨度大、且长期直接与外部环境接触,受温度应力、内外温差及施工因素的影响,通常会设置变形缝。为了掌握温度对结构受力及整体变形的影响,需对屋面层进行温度监测和变形缝的宽度监测。因此,屋面层在运营阶段监测的内容一般有变形、内力、振动和温度,监测对象多为杆件。

无柱雨棚在运营期间中,由于受列车运行振动、强气流以及室外风雨雪等自然环境的影响,其结构的支撑柱、梁等容易出现变形或下沉等问题,所以需要对支撑柱和支撑梁的受力和工作状态进行监测,了解其安全储备的大小。因此,无柱雨棚在运营阶段的监测内容一般有应变和变形,监测对象一般为支撑柱和梁。

承轨层在运营期间,除了考虑结构自重荷载之外,还要考虑人群荷载和列车荷载的耦合作用,是整个站房结构中受力最为复杂的部分。由于轨道梁截面和跨度较大,为了解轨道梁的内力及工作状态,需监测其应力状况和裂缝开展情况。其中,钢筋应力计需在混凝土浇筑前安装好,裂缝计需在拆模后安装。同时,人群荷载和列车荷载会导致结构振动,加速度过大会直接影响到结构舒适度,为掌握结构的振级是否处于允许范围,需对结构的加速度进行监测。此外,变形缝两侧柱竖向变形不能过大,否则会影响列车的正常运行,所以需要监测变形缝两侧柱的竖向位移。因此,承轨层在运营阶段的监测内容一般有应力应变、裂缝、变形和振动等,监测对象为承轨梁、柱等。

表 6—5 列出了运营阶段铁路站房健康监测应用的统计情况。由表 3 可知,目前运营阶段站房结构健康监测的对象主要是屋面层和无柱雨棚,其次是承轨层,主要监测参数是结构的应变、变形和加速度。

表 6—5 运营阶段铁路客站的健康监测

监测部位	代表车站	监测内容	监测仪器
屋面层	滨海站	环境监测、网壳结构温度场、支座位移、网壳杆件应力、网壳节点焊缝工作状态及结构振动	风速仪,温度传感器 26 个,位移传感器 12 个,应变传感器 36 个,加速度传感器 12 个
屋面层	石家庄站	屋盖变形、应力、振动、温度、风速	应变传感器 191 个,位移传感器 33 个,加速传感器,温度传感器 10 个,风速仪
屋面层	昆明南站	桁架的竖向变形、振动和下部型钢柱变形	应变传感器 63 个,静力水准仪 13 个,加速度传感器 18 个
无柱雨棚	北京站	拱架应力、檩条应力和拱架位移	90 个应变传感器,全站仪
无柱雨棚	北京西站	运营阶段拱架应力和拱架位移	56 个应变传感器,全站仪
无柱雨棚	阳泉北站	钢结构雨棚的集中应力、应变以及环境	22 个应变传感器,风速仪
无柱雨棚	海口东站	钢结构雨棚的柱倾角监测、桁架应力应变、结构振动和环境监测	应变传感器 90 个,倾角仪 18 个,风压传感器,温度传感器
无柱雨棚	昆明南站	支撑柱和支撑梁的受力状态	应变传感器 12 个
承轨层	南京南站	承轨层梁的变形	全站仪
承轨层	昆明南站	承轨层的应力、应变、梁裂缝、振动和变形缝两侧柱竖向位移	应变传感器 30 个,裂缝计 30 个,静力水准仪 13 个,加速度传感器 18 个

三、智能监测实例

京张高铁清河城铁施工中,在13号线一侧基坑全部布置了自动化监测模块,此该模块能够实时将传感器的数据上传到平台中,该平台具有预警分析功能,技术人员可以通过平台实时掌控基坑状态,针对基坑稳定性趋势以及潜在危险源做技术性判定,提高整体基坑的检测水平,减少基坑施工过程中对周围环境的影响。实现"信息化监测—快速反馈—施工控制—在线管理"的目标。如图6—31所示。

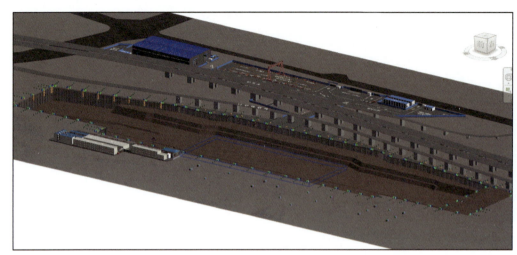

沉降位移传感器

水平位移传感器

图6—31 深基坑自动检测模块布点模型

为实现施工现场的全覆盖,实时了解现场管理状况,施工单位安排专人负责"电子巡查",每天对所有监控进行浏览,并填写"监控日志",对发现的诸如现场违章、场地混乱、防护不到位乃至摄像头故障、网络不畅等问题登记在册,通知责任部门进行整改。一方面,提高了快速反应能力,尤其对作业现场、危险场所、关键工序、违章违规、文明施工、环保作业、队伍稳定以及突发事件等情况,实现了有效的远程盯控,对迅速发现问题并第一时间解决问题发挥了重要作用,保证了现场施工质量安全问题。见图6—32。

图6—32 清河站现场视频监控

第四节 地下站应急疏散救援管理平台

京张高铁八达岭长城站埋深达102 m(图6—33),具有78个洞室,结构复杂,防灾疏散救援难度极大。为应对八达岭地下站突出的防灾、疏散、救援、指挥等问题,在常规防灾疏散救援设施设备基础上,在不改变原有防灾救援疏散各系统运营维护体制的前提下,通过在消防控制室设置一套防灾综合监控平台,运用理论研究、数值计算、软件开发等方法,将各类防灾信息进行综合、集中、三维可视化展示;综合监控平台能够针对各种防灾疏散救援相关信息进行综合数据的分析、挖掘,并在平台中植入救援联动控制预案,提升了灾前感知,救灾联动控制,灾后评估分析的能力;建立八达岭长城站的三维仿真演练示范系统,利用 BIM/VR 等技术进行可视化的 3D 仿真培训演练。防灾综合监控平台的建设,强化了八达岭长城站的防灾、救灾、减灾能力,为运营安全提供保障。

图 6—33　八达岭长城站埋深示意图

一、基本概况

京张高铁八达岭隧道全长 12 010 m,为单洞双线隧道;八达岭长城站为三层三纵的地下暗挖高铁车站,地下建筑面积达 3.6 万 m^2,轨面埋深 102 m,旅客提升高度 62 m,是目前国内埋深及提升高度最大的高速铁路地下站。

针对八达岭长城站的特点,土建工程设置有救援廊道、紧急出口、消防水池、消火栓等基础设施。八达岭长城站还设置了专门用于救援的立体环形廊道。环形救援廊道连接左右线站台和进站通道,共有 5 个连接口,提供了紧急情况下快速无死角救援的条件。

机电工程设置有应急通风、车站通风空调、火灾报警(FAS)、机电设备监控(BAS)、隧道防灾救援监控、隧道报警电话、智能客站旅客服务与生产管控平台(智能客站大脑)、客站设备智能监控与能源管理等系统。

二、必要性分析

地下八达岭长城站车站级各类监控、管理子系统众多,存在信息不集中、数据交互性差的问题,主要表现如下。

(1)各信息子系统众多,各司其职、相对独立,信息交互共享性差,存在"信息孤岛"。

(2)在防灾监测方面,没有集成和互联所有的防灾及预警信息。对防灾人员来说,防灾监测信息没有统一的汇聚点和一体化界面展示。

(3)在车站没有建立细化到防灾分区、分块的排烟、烟气控制、人员疏散的防灾预案。

(4)在防灾联动控制方面,防灾预案一般是文字和流程化管理制度,防灾预案范围较小,没有做到全程信息化、流程化。

(5)在防灾仿真培训演练方面,没有采用信息化的手段在灾害尚未发生前就做到各类灾害事件疏散和救援的仿真、推演。

鉴于地下八达岭长城站复杂的建筑结构,建立一个一体化防灾综合监控平台系统,实现与已有的各个防灾相关系统进行数据对接;研究深埋高铁地下站防灾救援联动控制预案,防灾仿真培训、应急事件演练是十分必要的。

三、设置方案

1. 设计思路

八达岭隧道及地下车站防灾救援疏散土建工程已很完善,完全能满足应急情况的需要;机电设备系统设置基本完备。因用于防灾救援的各系统独立设计,信息共享和协同控制能力差,强化设计旨在为提升八达岭隧道及地下车站的防灾疏散救援能力和效率,对现有防灾救援设施进行补强,通过新设防灾综合监控平台系统有效地进行运营安全监控,信息联动,制定信息化的防灾联动预案,全面提高防灾救援疏散智能化水平。具体内容如下。

(1)消防控制室功能强化设计。在消防控制室原设计基础上,设置一套"基于三维可视化的防灾综合监控及仿真演练平台"(简称:防灾综合监控平台)。把各类防灾信息进行了综合、集中、三维可视化展示,实现车站消防控制室的日常智能化综合监控功能;提升车站消防控制室灾害救援、疏散与联动控制响应的效率,可有效应对复杂结构的地下车站防灾问题。

(2)环形救援廊道增强设计。环型廊道内补充设置广播系统、视频监控系统、诱导标识系统,以提升防灾救援疏散时的系统能力;无线信号纳入公网覆盖工程统筹解决。

(3)北京局应急指挥中心系统扩容。北京局既有应急指挥中心系统已经实现了局内各专业应急信息融合显示功能,可以保证各级领导在不影响正常行车指挥前提下,了解现场情况、科学处理突发事件。防灾综合监控平台监测及视频数据复示至北京局应急指挥中心系统,实现本系统与应急指挥中心功能的融合。

(4)防灾救援联动控制预案设计。建立八达岭长城站救援联动控制预案,能够在灾害发生时科学指导防灾、减灾、疏散处置;实现站内防灾救援预案推演、疏散救援协调控制,提供站外救援车辆及人员指挥调度信息服务,并将科学的联动控制预案植入防灾综合监控平台系统。

(5)三维可视化防灾仿真培训、演练示范防灾综合监控平台提供车站三维可视化防灾仿真培训、演练示范功能,可有针对性地进行防灾仿真培训、应急事件演练,把复杂地下结构图形化、三维化,利用VR等技术,进行可视化的3D仿真培训演练,为了充分利用既有资源,该功能同时部署在车站消防控制室和北京局应急指挥中心。

2. 设计原则

强化设计遵循如下原则:

(1)集成、互联的原则。设在车站消防控制室的防灾综合监控平台为解决各防灾系统众多、分散、防灾信息不集中的问题,原有的各系统各自实现自身功能,防灾综合监控平台系统不取代原有系统。

(2)独立运行、融合统一的原则。设在车站消防控制室的防灾综合监控平台系统独立运行,不干涉既有防灾救援疏散各系统工作;防灾综合监控平台系统作为北京局应急指挥系统的一个独立接入对象,与应急指挥系统有机结合。

(3)既有防灾管理模式不变的原则。将防灾救援联动控制预案植入综合监控平台,使平台具备防灾联动协调控制能力,实现科学高效的防灾联动应急机制。

(4)资源共享原则。充分利用已有的应急资源,将演练、培训功能同时部署在北京局应急指挥中心共用大屏、培训席位等资源。

3. 防灾综合监控平台

(1)系统集成、互联方案

①集成与互联模式。防灾综合监控平台系统对各相关既有系统的接入可分为集成、互联、界面集成三种方式:集成——将某系统的全部或部分设备、或功能纳入到综合监控平台系统中;互联——与某系统通过数据接口、或硬线接口连接,获取数据或测控信号,综合监控平台系统并不包含互联系统自身的设备及功能;界面集成——将某系统的人机界面功能纳入综合监控平台系统中,界面集成不含被集成系统的现场级设备,后台设备,仅包含被集成系统的部分人机界面功能。借鉴目前国内轨道交通综合监控系统设计经验,可对监控机理相似的系统采用深度集成方式进行设计,即环境与设备监控系统(BAS)可以集成到统一的监控平台上,作为综合监控系统的一部分;同时保留BAS单独子系统设备作为应急备用。

②集成与互联对象。防灾综合监控平台与既有各系统集成与互联关系分为2个部分,分别为:

A. 与车站级控制系统。与车站级控制系统集成与互联关系见表6—6。

表 6—6 与车站级控制系统集成互联关系

序号	既有系统名称	系统功能简介	集成与互联关系
1	综合视频监控系统	综合视频监控主要包括：车站视频、环形通道及周边视频，通过高清摄像机对车站、环形通道等进行视频实时监控；平台对各种视频流进行统一编码压缩，能够进行流媒体转发、解压上墙，对外提供视频流服务	界面集成
2	BAS 系统	在车站设置保障正常运营的照明设备、通风空调设备、给排水设备、安全门系统、自动扶梯等机电设备；实施这些系统和设备相互间有序联动控制和监视	集成
3	FAS 系统	通过设置现场的火灾探测器，感知火灾发生、自动监测、自动判断、自动报警，实现火灾早期预警和通报。FAS 系统主机能够与气体灭火主机之间联动，与门禁系统联动，与电梯联动，在火灾确认后能够界面集成进行灭火及自动控制	界面集成
4	广播系统	属于客站智能大脑系统中的子系统，主要满足防灾综合监控平台在各类应急事件情况下，对车站各广播进行应急事件联动发布、诱导通知等	互联
5	综合显示发布系统	属于客站智能大脑系统中的子系统，主要满足防灾综合监控平台在各类应急事件情况下，对车站 LED 信息屏进行应急联动诱导发布，还包括对环形救援廊道的进出、车流控制发布日常与应急发布诱导等；这些诱导和发布控制均在防灾联动预案的统一指挥下，针对分时、分块、分区发布不同诱导信息	互联
6	客站应急管理系统	属于客站智能大脑系统中的子系统，满足防灾综合监控平台应急情况的集成监视与联动需求；通过该系统互联，实现应急值守、应急资源、监控预案和应急处置流程等管理与监测数据共享；在应急情况下对该子系统站内设备提供协调控制建议和方案，做到对设施统一调度，实现车站应急的一体化指挥与处置	互联
7	客站设备智能监控与能源管理系统	属于客站智能大脑系统中的子系统，实现对站内运营环境、设备运行状态、能效消耗情况等数据进行实时监测，对客站环境监测、设备故障、预警报警监测，应急情况下能够综合各类信息及客站作业信息，对客站设备提供协调控制建议和方案，平台接入部分设备运用和维护的管理数据	互联
8	车站智能感知系统	满足防灾综合监控平台互联要求，接入该系统的统计、分析、预测站内旅客人数、聚集密度数据，实现非法侵入、异常聚集与扩散等异常行为的智能化分析、评价与决策等数据	互联
9	隧道防灾救援监控系统	八达岭隧道设置防灾救援监控系统对防灾通风风机、正洞两端消防泵、正洞和斜井的照明等设备进行监控	界面集成

B. 与调度所既有系统。与调度所控制系统集成与互联关系见表 6—7。

表 6—7 与调度所既有系统集成互联

序号	既有系统名称	系统功能简述	集成与互联关系
1	自然灾害监测系统	实现风、雨、雪、异物侵限等信息的监测，预警	互联
2	地震监测预警系统	实现地震信息的监测，预警	互联
3	隧道报警电话系统	系统主要利用在高铁隧道内设置报警电话、报警主机等设备，实现消防控制室与隧道内的应急双向通话功能	界面集成

(2) 与各系统集成与互联方式

① 与车站既有系统的集成与互联方式采用网络互联方式。将各系统作为一个完全独立的系统考虑，各系统设有专用的服务器、工作站和组网设备，通过局域网联网技术，与防灾综合监控平台系统互联，以实现跨系统间的集成。

② 与调度所既有系统的互联方式。防灾综合监控平台采集调度所既有互联系统的防灾类报警数据、监测数据，其互联方式为：配置通信采集服务器，设置专门网络通道和安全防火墙，既有子系统能够向采集服务器报送数据，八达岭长城站防灾综合监控后台服务器从采集服务器读取数据，设置"一进一出"机制，防灾综合监控平台与既有系统之间不能访问，充分保障安全性。八达岭长城站防灾综合监控后台服务器得到数据后向车站系统转发数据。

(3)与既有系统的数据接口方式。防灾综合监控平台系统与车站、调度所各相关子系统的接口采用以原有系统的接口标准为原则,设置交互通信采集服务器,优先采用与各系统服务器/软件系统进行对接。数据的接口、通信协议以原有系统厂家为准,接口可以采用数据库、网络通信、WebService 等多种方式,各系统厂家需要提供综合监控平台系统所需要的各类数据。

(4)防灾综合监控平台新增子系统。防灾综合监控平台新增 4 个子系统及相关硬件,并集成全部功能,具体见表 6—8。

表 6—8　防灾综合监控平台新增子系统

序号	新增系统	系统简要功能
1	北京局应急指挥中心复示终端	在调度所应急指挥中心设置八达岭长城站防灾综合监控的复示终端工作站,能够满足路局日常对长城站的全方位数据综合监控,在灾害情况下对站内情况进行全方位掌握,提供防灾救灾参考。分别能够进行防灾综合监控数据、视频数据的应急中心监测
2	廊道视频监控系统	环形廊道增加摄像机设备,进行视频监视及远程监控
3	廊道广播/诱导标识	环形廊道增加广播设备,进行诱导通知,增加静态诱导标识,给救援指挥提供路线诱导
4	仿真培训演练系统	建立 3D 仿真培训演练系统,可实现对日常与突发事件的各类仿真演练功能模拟,提前做到对防灾情况事前联动预案及处置培训、演练。车站消防控制室、调度所应急指挥中心均设置工作站,服务器设置在防灾综合监控机房

(5)系统构成。为八达岭长城站消防控制室新设防灾综合监控平台,系统后台服务器等设备安装在防灾综合监控机房,前端显示级工作站设备安装在消防控制室内,系统构成如图 6—34 所示。

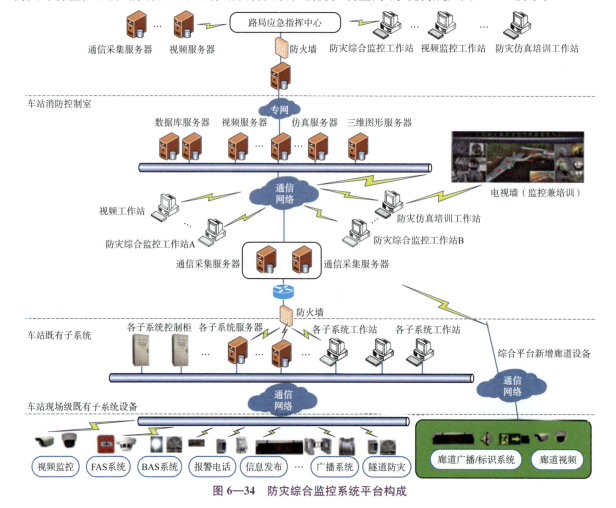

图 6—34　防灾综合监控系统平台构成

①防灾综合监控机房设备:设置 2 台通信服务器——用于采集既有系统服务器、既有系统平台/控制柜数据,环形廊道新增设备由通信服务器直接与设备进行信息采集;设置 2 台数据库服务器——用于防灾综合监控平台系统的数据库存储;设置 1 台视频管理服务器——用于车站、隧道视频码流标准化、转码/流媒体服务、视频分发服务;设置 1 台三维图形管理服务器——用于提供 3D 和 GIS 数据后台服务。设置 1 台仿真培训服务器——用于防灾综合监控仿真培训系统的后台数据处理与服务;设置 1 台 IP 广播控制主机——用于对救援通道广播的控制及信息发布;设置 2 台防灾综合监控工作站——用于运行防灾综合监控系统软件,实现前述的防灾综合监控功能;设置 1 台视频工作站——用于对车站、救援廊道的视频图像进行实时监控;设置 1 台仿真培训工作站——用于在车站进行防灾仿真演练、培训;在消防控制室设置 1 套电视墙。

②北京局应急指挥中心设备。在北京局应急指挥中心设置防灾综合监控复示终端工作站 1 台,视频监控终端工作站 1 台,仿真培训终端工作站 1 台,并设置通信采集服务器和视频管理服务器各 1 台,负责与站消防控制室进行数据采集和通信,所需传输通道由通信数据网提供。

4. 北京局应急指挥中心扩容

北京铁路局应急指挥中心网络是"基于网络的 KVM 延长器系统",目前该系统接入了各专业业务系统。将防灾综合监控平台系统作为一个专业业务系统接入应急指挥中心,实现平台系统与应急指挥中心的有机结合。相关扩容内容如下。

(1)系统终端。配置 2 台 KVM 发送器互为主备机,并接至应用侧接入交换机。

(2)接入交换机。配置 1 台接入层交换机,通过千兆电口接入防灾综合监控平台系统。

(3)网络通道。防灾综合监控平台系统复示终端连接 KVM 发送器,KVM 发送器网络接口通过传输网接入综合视频 KVM 侧交换机,将平台系统复示终端 KVM 信号接入北京局应急指挥中心 KVM 网络,实现在调度所应急指挥中心调看。

5. 防灾联动控制预案设计

八达岭长城站预案按照正常运营和紧急事故两种情况下控制的不同,主要分为正常营运预案,维修养护预案,一般事故预案和重大事预案四大类。

正常运营预案包括在日常运营中的节能控制,包括白天和夜间、高峰时段和非高峰时段。

维修养护预案包括为维护车站正常运营的日常维护和维修,包括土建结构的巡检和机电设备的维修和维护。

一般事故预案包括:列车晚点、区间堵塞、车站乘客过度拥挤、道岔故障、列车故障、沿线系统设备故障等条件下的处置。重大事故预案通常包括车站内发生的火灾、地震、出轨、相撞、爆炸、恐怖袭击、不明气体等涉及人员紧急疏散等突发事故的处置。

相对于正常运营来讲,任何一种突发事件的发生与发展都有复杂的背景和内在联系,因此,对各类突发事件,即:一般事故和重大事故的处理和预案编制都应考虑到各个系统、各个要素之间的内在规律、机理、群和伴生特性,以及突发事件在时间和空间上的变化规律等方面的内在联系。通过制定防灾联动控制预案,并植入综合监控平台,可以在应急状态下实现人流智能指挥、引导,设备智能运营管控,提升防灾疏散救援的能力。

6. 防灾仿真培训演练设计

防灾综合监控平台系统采用三维可视化仿真培训软件系统和 3D 虚拟仿真技术相结合,系统将场景真实地模拟出来,通过数据采集、数据转换、数据接入等方式在三维场景中进行定位、呈现,并可实现互相转换和生成。用户可在真实的虚拟场景中查看到应急事故的发生点、事故状况、事故等级、事故详情等,并可一键获取该事故地点周围的最佳救援单位,实时展现当前的应急处置情况、车辆运输情况、应急部署情况等。

在应急演练仿真系统中主要包括预案训练模式和突发事件训练模式两种模式,预案训练模式是指受训者按照预案规定的内容,各司其职,完整地按照预案执行救援的全过程。突发事件训练模式就是在训练的过程中,由系统操作人员进行干预操作,比如:突然设置一次"火灾",突然增加客流量等等。突发事件训练模式主要训练参训者的反应和指挥能力。

四、应用总结

京张高铁八达岭长城站防灾疏散救援系统平台的主要创新点总结如下。

(1)在铁路工程中提出灾害提前预警、人流安全疏散、重大灾害及时救援的地下车站防灾疏散救援技术,形成防灾预案,并植入软件平台,达到联动控制、统一指挥、联合救援。

(2)构建了三维可视化防灾综合监控信息化平台的演示软件:平台采集各个车站系统的所有防灾预警、报警信息,集中展示、统一管理,对防灾类机电设备的数据进行实时监控,形成一个综合集成所有防灾实时数据的大平台。

(3)基于八达岭长城站和隧道群可能发生的突发事件逃生、救援、多级处置模式分析,制定突发事件下的防灾救援联动预案,结合信息化植入防灾综合监控平台,进行流程化的防灾处置,联动预案能够进行组态化的配置和调整,充分保证了突发事件的流程化、信息化处置。

(4)建立了3D仿真培训演练系统,实现对日常与突发事件的各类仿真演练功能模拟,做到对防灾情况事前联动预案及处置培训、演练。

本章参考文献

[1] 王同军.智能铁路总体架构与发展展望[J].铁路计算机应用,2018,27(7):1-8.

[2] 谢甲旭.京张智能客站旅客服务与生产管控平台设计[J].铁路计算机应用,2021,30(1):30-34.

[3] 廉文彬.智能客站旅客服务与生产管控平台设计与实践[J].中国铁路,2019(11):7-12.

[4] 刘辉.大型铁路客站健康监测技术研究[J].铁道建筑技术,2020(10):50-53.

[5] 何燕翔.科技引领,深入推进客站建筑钢结构健康监测、检测鉴定工作[A].中国国家铁路集团有限公司工电部、中国铁道学会、中国铁道学会工务委员会.中国铁道学会工务委员会第六届房建学组铁路客站钢结构检测、监测及维护技术研讨会论文集[C].中国国家铁路集团有限公司工电部、中国铁道学会、中国铁道学会工务委员会:中国铁道学会,2019:12.

[6] 邢文典.八达岭长城站列车火灾危险性及人员安全疏散研究[D].成都:西南交通大学,2018.

[7] 孙嵘.京张高铁八达岭长城站防灾疏散救援强化设计[J].铁道标准设计,2020,64(1):209-214.

[8] 姜锐.铁路客站结构健康监测应用现状及展望[J].中国安全科学学报,2020,30(S1):71-76.

[9] 潘毅,刘扬良,黄晨,等.大型铁路站房结构健康监测研究现状评述[J].土木与环境工程学报(中英文),2020,42(1):70-80.

[10] 祝安龙,答子虔,刘建友,等.京张高铁八达岭长城站结构安全智能监测技术[J].铁道标准设计,2020,64(1):94-98.

[11] 陈学峰,刘建友,吕刚,等.京张高铁八达岭长城站建造关键技术及创新[J].铁道标准设计,2020,64(1):21-28.

[12] 曹黎明.大型铁路客运站客流应急疏散能力的研究[D].北京:中国铁道科学研究院,2015.

第七章　铁路客站建设管理

第一节　铁路客站建设管理难题剖析

一、工期有限制

制约铁路客站建设、影响工期的因素包括如下方面：

（1）地方政府需求。铁路客站是地标性建筑物，对一个地区国民经济和社会发展具有重要作用。铁路是国民经济大动脉、国家重要基础设施、大众化交通工具和民生工程，一个地区的铁路客站是最能显示这种特质的。出于这种特点，地方政府对铁路客站早日投用的期望很大。

（2）铁路新线引入。根据路网规划，区域性枢纽客站在承旧启新、盘活枢纽通道中的作用无法替代，这种作用、功能、地位的"唯一性"要求客站至少要与接入枢纽的新建铁路线路同步建设，以同时开通客站和枢纽线路。尤其是在长大隧道少、跨大江大河少的枢纽地区，客站主体结构的形成时间有时甚至晚于新线建设，"线在前、站在后"的特质对客站建设工期也提出要求。

（3）在既有线位置新建客站。有的铁路客站在原位改、扩建，并实施配套线路工程改造。在这种情况下，对原本紧张的枢纽运输提出更紧的工期要求。客站活则枢纽活，枢纽活则全局（地区）活，客站工期是建设单位、铁路局关注的焦点，有时会影响一个区域的运输效能。

（4）批复滞后。从建设程序来看，在依法合规的建设理念下，有的客站因车场规模、方案调整未定，或因与地方政府对接的事项未能确定，导致批复滞后，而新线接入枢纽的时间已经确定，使客站建设时间显得更加紧张。

（5）其他原因。例如，客站规模和投资分摊的原则不能及时确定；客站方案和地方规划的衔接不够顺畅；征地拆迁不能按期完成；局部勘探遗漏及既有建筑物档案的缺失；地下构筑物和地质变化；市区限行影响弃渣、混凝土供应、原材料保供等因素。

二、交叉管理多

铁路客站建设涉及30多个专业。多个专业之间的交叉贯穿于建设过程中，建设单位协调解决交叉问题会耗费一定精力；每个专业内部还有工序衔接等交叉的事项。虽然同是一个专业、一家施工单位，但由于管理不善造成衔接不畅时，不仅影响本专业的推进，而且制约其他专业施工。最常见的交叉问题主要包括以下方面：

（1）施工参与方之间的交叉。除地方政府负责的广场外，铁路方负责的站房、车场、站台有多种施工单位的组合方式。不同的施工单位间，围绕实施性施工组织设计，或是面对工序影响等待对方完成施工的时间；或是在同一空间内与对方单位工序交叉的状态下组织施工；或是对一些你中有我、我中有你的问题厘不清责任，都是管理的难点。一些施工单位内部，管理不善造成其分包方之间的责任交叉，也会影响施工组织。

（2）市政与客站的交叉。市政配套工程有时晚于铁路客站建设，在客站建设过程中按照同步建设、同步开通的总体目标，协调推进市政配套建设，或按市政配套工程的建设时序做好过渡和预留措施。由地方政府出资的出租车通道、城市通廊等市政设施多由铁路方代建，需要协调好代建方式、资金到位等事宜。

(3)施工工序之间的交叉。从站房基础到主体、装修、机电安装、客服设施,关键路线上前后工序之间的交叉、交接工作经常存在。对于不同的关键路线、不同的施工区域,在平行作业时,也存在分部、分项工程之间的交叉。

三、细节要求高

细节要求高体现在如下方面:

(1)深化设计中的细节。客站中常见的深化设计有:施工单位将施工图纸转化为可加以施工的详图和安装图,施工单位为了施工的可实施性而对原图纸进行的解释、分解,设计单位提供的图纸达不到直接施工的深度或节点选用不符合施工工艺而进行的二次设计,等等。深化设计涉及的细节工作非常多,包括钢结构、幕墙、屋面、装饰装修、设备管道安装等。这些细节工作,不仅需要施工单位或具有资质的单位深化,而且需要原设计单位进行审查、签认、盖章。如果涉及变更,还要履行变更程序。对这些细节的管理如得不到重视,容易产生质量隐患。

(2)协调工作的细节。铁路客站建设中的协调有其自身特点,从建设单位的定位和牵头做起,就要细之再细,如果对一些问题考虑不到、不全,会造成现场因责任不明确而扯皮、耽误工期。从进场后的大临场地、施工便道、安全通道,到施工过程中的界面划分、装饰装修、交付运营,全过程都处于协调状态。加上一些单位熟悉客站、车场的管理人员偏少,有限的协调力量不利于问题的及时解决。此外,各站情况不同,协调工作没有统一的标准,需要建设单位、项目管理机构因事而定,合理决策。建设过程中,与设计单位、行车单位、地方政府、厂矿企业之间要进行多方位对接。对客站参建单位内部与设计单位、施工单位、监理之间的协调,同样有大量的细节工作。

(3)专业技术的细节。相比铁路系统其他专业的施工,客站最明显的技术特点就是"细"。细部技术的处理和技术处理的细节,是建筑美学、结构物观感和实体质量、安全保障的前提,如土建部分的地基处理技术、过渡段处理技术、建桥合一结构的钢筋技术、站台墙施工技术、装修中各种幕墙连接细部的技术、客服中的动静态标志处理技术、安装中的 FAS 技术等。

(4)运营调试和验收的细节。原中国铁路铁路总公司于 2013 年、2014 年的新要求明确了设备管理单位在新线房屋建设中的介入时间节点,以此为标志,对设计单位提出大量的细部缺陷和问题。对这些问题的处理是确保客站建设质量的重要来源。在客站验收和消防等专项验收工作中,客运、公安、安监、环保等部门关注的细节,同样要花费一定精力处理。对这些问题最佳的处理方式是在施工过程中规范施作、一次成优。

(5)高新技术的细节。后期建设的铁路客站采用的一些新技术,是在前期成功经验的基础上,从设计阶段就确定方向后有针对性地专门研究,突破了以前的技术。这些突破性技术实施的前提、关键都是大量的工艺细节、技术细节的成功处理。

四、综合性的制约因素

综合性制约因素包括如下方面:

(1)专业人员数量的制约。铁路客站专业化程度比较高,而现状是国内专业技术管理力量不足,专业技术人才缺乏。无论是专门的站房管理机构还是区域性指挥部,站房专业的管理人员数量都还小。施工管理方面,在之前大规模客站建设中,同样显示出专业技术人才缺乏的问题。从设备管理单位角度来看,站房维护单位的人员对大型现代化新型客站特点掌握得还不够全面,介入管理、运营维护的经验都还需要提高。

(2)自然条件的制约。国内各区域的不同地质、气候条件对客站建设质量、安全、工期均有影响。例如,各地区的降水影响,南方多雨季节,降雨天气下对混凝土施工配合比的精确控制是挑战;北方干旱少雨季节对大体积混凝土保湿工作提出了严格要求;低温、高温、多风区域,对钢结构、混凝土施工的影响同样明显，不仅仅是质量，也包括进度目标和施工单位的成本控制。

（3）征地拆迁的制约。铁路客站，尤其是枢纽地区大型客站往往位于市区中心或市郊区域，征拆、迁改工作制约工程建设。有些客站的位置进一步向市中心靠近，征拆、迁改工作的制约现象将更加明显。

（4）新技术的制约。运用 BIM 技术指导完善规划设计、建设管理、运维管理，是铁路客站发展的趋势。但在运用过程中，深度不够、建模滞后、熟练使用的人员少等因素都制约着 BIM 技术功效在各阶段的充分发挥。

（5）过程调整的制约。建设过程中会出现一些新的优化方案和调整，对原工期目标、空间布局、装饰装修等带来影响。

五、市政配套工程开通不同步

"铁路在前、市政在后"是铁路客站与地方配套工程投入使用时间的常态现象，鲜有地方配套工程先于铁路客站投用。原因有两点：一是从客观上看，地方配套工程的规划、设计一般在铁路客站之后，前期工作时间有限，在严格的建设程序要求下，后期工作必须一步一步地推进，造成配套工程的进展与铁路方负责工作的进度不一致；二是由于资金等影响，要求必须采取过渡工程，搭设以通道、临时落客平台为主要标志的空间配套工程晚于客站投入使用。

六、新难技术、设备、材料对施工的考验

近年来成功运用于铁路客站建设中的新技术有地基基础和地下空间技术、钢筋与预应力技术、钢结构技术、绿色施工技术、信息化应用技术等，且投入使用的新设备、新材料也逐步增多。每一项新技术对于建设各方都是一次挑战，需要得力的组织机构和专业技术攻关小组研究制订专项方案，紧密结合现场情况优化细部方案，据实做好施工准备，并以模拟施工等形式开展首件评估，做好工艺、材料、人员准备。确保新技术成功使用，确保新材料、新设备良好安装使用，需要参照同类先例，精细准确计算，设计应急预案。在这一过程中，对于参建各方的专业技术水平、组织管理水平、风险控制水平都带来考验。

七、铁路行业因素的影响

铁路行业因素的影响包含以下几方面：

（1）既有铁路的影响。新建铁路客站与既有铁路的交集有三种：原来的运营铁路切割客站主体，即在运营铁路位置新建铁路客站；紧临运营铁路新建客站；对原来的铁路客站进行改、扩建的还要将其与民用住宅合建成高层建筑物。在这些情况下，需要对运营铁路采取过渡措施，设置刚性安全防护、封闭措施。

（2）铁路线路拨接归位的影响。运营中的铁路线路与客站站房、站台施工的关系紧密，围绕运营线一次顺接至设计的永久位置，需要全面组织站房主体、车场、站台施工，从平面位置和纵断面都要有序衔接，并设置足够的安全措施，确保一次顺接到位。

（3）铁路各专业的特点。铁路客站与轨道、路基、通信、车场、信号、客服、机电、给排水等专业全部有交集，在客站建设后期体现得极为明显，相互之间的配合尤其关键。加上一些专业的规范、标准更新较快，在客站建设后期、开通前的对接工作多，需要逐个研究，明确解决的办法。

（4）专用线的因素。新建枢纽地区的客站位置有的涉及大量厂矿企业的专用线。根据客站施组安排，在分区域、分时间停用这些岔线的过程中，建设方与产权单位的沟通协调工作量大。

八、高标准的要求

（1）超越的形势。借鉴既往铁路客站建设的成功经验，在后期新开工建设客站的标准、精细化管理中突破以往、建成精品，是客站建设的趋势。在质量、技术、理念超越的过程中，对建设各方的要求较高。

(2)试点的要求。新客站建设中,国铁集团、建设单位有时会对某一方面进行试点。对试点单元的管理,关系着试验目标的实现,加大了管理的难度,如京张高铁各客站建设中全面推进 BIM 技术在各领域的试点和应用。

第二节 建设管理体系

一座好的铁路客站,既是规划设计出来的,更是管理出来的。围绕绕铁路客站的行业特质、建筑属性,建设过程中管理的重点工作是对进度、质量、安全和参建单位的管理,并系统考虑"一体化管理"。而对每一个方面都有大量可以利用的管理理论指导实践,并融入管理创新过程中,这点在北京朝阳站、清河站等客站建设过程中体现较多。

一、客站管理体系的发展阶段

新时期铁路客站项目建设管理体系经历了三个阶段:

第一阶段为规划和突破阶段(2003～2008 年)。以北京南站(集铁路、地铁、公交等多种交通方式于一体的大型综合交通枢纽)为载体,突破铁路客站项目建设管理瓶颈,明确了铁路客站项目建设的发展使命、目标、理念和原则,探索构架了适宜的铁路客站项目建设管理机构,研究制定了铁路客站项目建设管理的核心方法,积累了铁路客站项目建设管理经验,为铁路客站项目建设管理体系的建立奠定了基础。

第二阶段为总结和完善阶段(2009～2010 年)。从 2009 年开始,原铁道部开始对铁路客站项目建设管理经验全面总结,加强了铁路客站项目建设管理经验的提炼和理论研究工作,形成了铁路客站项目建设战略管理、项目集成管理、项目单元管理的理论知识模型,提升了铁路客站项目建设专有理论对实践的指导,建立了铁路客站项目三级组织管理模式,制定并逐步完善了相关制度,构建并完善了管理平台,大力推进了铁路客站项目标准化管理工作,使铁路客站项目建设管理体系日渐完善,为大规模建设奠定了坚实的管理基础。

第三阶段为深化和推进阶段(从 2011 年开始)。2011～2012 年,是中国铁路客站项目建设最为集中的时期。在这一阶段,铁路客站项目建设管理体系在各层面推广,同时在管理的信息化、工具化方面进一步细化,在管理的范围和程度方面进一步深化,更好地支撑着铁路客站项目的建设与发展。在建设过程中借鉴前两个阶段中大量的设计、施工、维护经验,在一些单项工作中提升效果,可以更好地推进客站建设,完善建设管理体系。

二、构建管理体系应坚持的原则

构建铁路客站项目建设管理体系必须坚持一些基本的原则,主要如下:

(1)价值性原则。管理体系的构建以提升铁路客站项目价值为出发点和落脚点.加强铁路客站项目全寿命周期的价值管理。这种价值充分体现在铁路客站项目决策阶段、实施阶段和运营维护各阶段,在实施阶段体现得尤其明显。

(2)系统性原则。管理体系构建追求铁路客站的整体利益最优,既要统筹未来发展变化与要求,又要考虑现实条件和基础;既要顾及地方政府的要求,又要兼顾路局、项目管理机构以及各参建单位的组织特征;既要加强思想层面的引导和知识层面的指导,又要考虑操作层面的实施。例如,地下轨道交通工程的实施,要系统考虑站房本身的施工安排和地铁结构的施工计划,从结构、时间、管理、安全质量等方面综合分析,采取对应措施。

(3)层次性原则。管理体系是对铁路各站建设管理的整体描述,涵盖了铁路客站建设的各种规模和级别、各个阶段和领域、众多组织和层面,既要在内容构成上划分层次性,又要在形式表现上体现层次性。建设过程中的管理体系，要从建设单位、施工单位项目部、架子队、工班等层面，分别建立激励约束机制，每一层面的管理导向、管理措施、管理绩效、管理方式，都要符合对应的施工组织要求和结构物各单元的质量、安全要求。通过层层分配管理责任，构建起有效管控体系。例如，对于技术交底一项，设计单位、建设单位、施工单位、监理单位分别有不同的要求，既要按照传统的规范要求去落实，又需要采取图像交底、签字交底、现场跟班交底等新的方式。

（4）独特性原则。铁路客站是一个涉及30多个专业的复杂系统，同时涉及城市规划、综合交通体系、市政工程、城市轨道交通等多个领域，其建设管理无论是在内容上，还是在边界条件上，都有别于铁路线路本线建设和传统的铁路客站建设，在管理体系的规划、实施、完善和推进等方面都表现出自身的的独特属性。例如，武汉站的难点是大跨钢结构，上海虹桥站的难点是多种交通方式无缝衔接的要求高，清河站的难点是站房建设和城市地铁运营的相互干扰，等等。除了对客站通用的各种管理技术借鉴，针对每一个站的不同特点，需要建立风格不同、措施不同的管理体系，才能激励参建各方围绕目标共同发力，推进建设。

（5）持续改进原则。管理体系的构建与发展不仅在时间上循序渐进性，而且在内容与范围上也存在循序渐进性，遵循PDCA动态循环的持续改进。

三、管理体系构建的基础

铁路客站项目建设管理体系的构建，既要结合实际，也要从一些管理理论的深度有针对性地建立好。以往的铁路客站建设，基本都纳入铁路干线统一管理，并没有作为一项独立工程来管理，由于专业化的特质体现不明显，客站建设管理经验的积累和总结不足，管理能力基础比较薄弱。现有的各种先进管理理论知识通用性较强，缺乏对铁路客站这一特定对象的适用性研究。铁路客站建设管理体系是在借鉴铁路干线建设管理经验和通用管理理论知识的基础上，由2003年以来建设实践、有针对性的总结研究和各种先进技术等综合组成。

建设过程中管理体系构建的基础础主要包括5个方面：（1）基本的管理理论，如预测、计划、调整、控制等管理要素在铁路客站中的意义研究；（2）铁路客站作为特定公共建筑物，以此作为研究管理体系确定的参照；（3）高新技术的难度，如大跨钢结构、大体积混凝土、深大基坑等，以此作为确定管理体系中对关键技术控制的重点研究对象；（4）现实安全的需要，对建设过程中的人、机、料和环境影响进行不同方式的模拟，并纳入数值仿真等技术，以此为依据，确定管理体系中先进技术采用的原则；（5）基于时间因素的考虑，对铁路客站工期紧张的特性进行综合分析，研究对"工期有限"问题的破解策略，进而形成常用的管理办法。

四、铁路客站建设管理体系的常态表现形式

通过对铁路客站建设过程中的管理体作系统分析、总结，逐步构建并完善了建设管理体系。即将铁路客站站房、车场、站台与地方配套工程作为一个整体来规划和考虑，形成一体化管理的思路，形成实施一体化管理的顶层设计，并形成体系。

铁路客站建设管理体系由相互关联、相互支持的三个子系统构成，三个子系统即思想子系统、知识子系统和操作子系统。其中，思想子系统的特点是，要在客站"从图到用"的过程中将先进的管理思想演化为实用的管理理念，如在建设过程中的进行网格化管理；知识子系统，即要根据各个客站所采用的高新技术，对应地做好超前研究分析、针对性的实例研讨等工作，把先进的科学技术知识理论运用于客站建设中；操作子系统，即采用的一切管理方法和手段都要本着实用、见效的特点来思考、建立，确保在客站建设管理中既能简而易用又能科学指导。

九大模块是指铁路客站建设过程中管理体系的9个功能模块，即管理思想模块、管理经验模块、管理理论知识模块、专有管理理论模块、战略管理模块、组织管理模块、管理标准模块、管理制度模块和管

理工具模块。这9个方面的内容能否有效融入管理体系,是决定客站建设管理目标能否实现的重要因素。

1. 对参建单位的管理

客站建设中的管理架构由建设、设计、施工、监理、咨询等单位共同构成。建设单位的龙头作用集中体现在对工期有限等若干方面困难、挑战的协调效果。建设单位对参见各方的管理水平,直接决定了客站建设管理的效果。这是"好客站不仅是规划设计出来的,更是管出来的"理念的直接体现。

分析近年来铁路客站建设过程中的管理问题可以发现,主要问题体现在各参建方。在施工单位方面,常见问题如下:施工单位过于重视成本和利润,影响了过程中一些目标的实现;质量、安全、环保等问题阶段性反弹、时好时坏;对既有线的管理经验不足;优化图纸、优化方案的主动性不够等。在监理单位方而,最明显的问题是监理工程师的业务水平不高,体现为专业知识不全、不深;特殊施工的监理人员缺乏,如设备安装、客服系统专业等。

针对这些常见问题,对参建单位尤其是施工单位的管理工作要采取综合的方法。

2. 形成劳动竞赛的格局

划分区域,鼓励施工单位在同等条件下竞争。对于大型客站,可根据工区所处地理环境、施工空间、周边影响等因素,将施工区域分割为多个区域。如某站将施工区域划分为南、北两个区域,从基础施工阶段起即开始组织劳动竞赛,直至装饰装修阶段。对劳动竞赛活动进行分阶段评定、表彰,对现场的激励作用明显。

3. 运用激励的手段

(1)加强物质激励。将项目部、工区、架子队、工人均纳入物质激励的范畴,制定配套管理办法。

(2)开展评比考核。组织阶段性的评比,以不同方式奖先促后。例如,某各站建设中采用"大拇指"式评比办法,将好的做法、工作不足在每一周交班会上都以电子大屏方式展示所有参建单位而前,提高了面子意识和争先意识。

4. 通过工作提示体现管理的价值

(1)对差错疏漏方面的提示。对这方面的提示具有启发和完善设计的功效,较施工图评价,对设计单位更能显示有效管理的现实意义。而严谨的建设程序要求在铁路客站规划阶段,建设单位就要介入、分析、研究,帮助设计单位规避可能遗漏的项点。

(2)对解决困难方面的提示。对这方面的提示集中体现在既有线等专业较强的施工管理中,尤其对既有线施工经验不足的施工单位,发挥项目管理机构的经验优势、协调优势,预见问题、帮助解决问题,激发现场的责任感。

(3)对市政配套方而的提示。发挥项目管理机构的协调优势和人力资源优势,帮助施工单位在市政水暖接口、用电增容并网、消防专项验收、设施设备利用等方面积极联系,帮助施工单位提高协调效率、压缩成本,激发对方主动工作的意识。

5. 导入精益建造思想

精益建造是一种新的项目建造管理体系,是建造项目满足或者超越业主要求,并且能够消除浪费,追求项目趋向更加完善的一种先进的管理方法。在铁路客站建设中,由于建设过程是复杂的动态过程,如果这个过程中的价值流向冗余繁杂,直接影响客站建设效率和工期控制。精益建造技术可以改进建筑建造过程中的各项工作,消除、减少对项目本身没有价值的工作流程,引用新的技术替换项目建造过程价值贡献小的流程作业。树立参建各方对精益建造思想的一时,是建设单位管理的重点之一。

6. 谋划共商共赢的格局

共商共赢是铁路建设的常态理念,在多专业、多单位的铁路客站建设中体现最为明确。对图纸、方案、方法、管理措施的共同商定,是挖掘建设团队智慧、提高建设效率的重要办法。共商共赢需要从两个方面协商,一是基于达成共识目标的协商,铁路客站快速建成投用、创建精品工程、打造地标性建筑物的各方共识,需要用一套管理办法引导建设,开展工作;二是基于利润不压缩目标的协商。

7. 推行绿色建筑理念

一座大型铁路客站的建设工期往往达 2~5 年,环水保工作直接影响城市环保目标和部分群众的生活、出行,对于沙尘地区、雾霾地区尤其明显。在"绿色 GDP""绿色建筑"新理念的带动下,建设过程中对于环保控制的重要性也日益重视。铁路客站建设过程中的环保问题常见的有噪声扰民、扬尘、选用的材料不符合节能环保的理念、建筑垃圾不按规定处理、弃渣场管理随意、移挖作填地段对临时弃土覆盖不到位等。对这些问题的防范,需要树立强烈的环保意识,落实环保责任。

五、建设制度体系

在铁路客站建设步伐逐渐加快的形势下,已经建成的客站反映出管理水平参差不齐,如有的客站较好地实现了"六位一体"目标,维护工作也较好组织;有的则为盲目追赶进度,导致成本控制效果不佳等。因此,相关部门在铁路客站项目管理领域推行"管理制度规范化、工地建设规范化、实体程规范化"的规范化管理理念与方法,其首要任务是建立一套目标明确、结构合理、运行有效的规范化管理制度体系。

1. 规范化管理制度体系的构建

规范化管理制度体系是通过对现存的管理制度进行内容重组和流程再造,保障组织管理制度化、现场管理规范化、目标管理集成化、文件管理格式化及过程管理信息化,使得具体、明确的量化标准渗透到客站建设管理的各个阶段、各个环节,提升管理专业化水平,降低项目管理成本,提升管理绩效。以某大型站房的规范化管理制度体系为例,其包括业主管理制度、协同管理制度、奖励管理制度和目标管理制度等一系列规章制度和办法,见表 7—1。

表 7—1　某大型站房的规范化管理制度体系

制度分类	管理办法分类
业主管理制度	项目公司管理职责
	监、管、控实施办法
	建设监理管理办法
	建设设计代表管理办法
协同管理制度	投资方合作管理沟通制度
	建设工作联系单管理办法
	建设会议制度
奖励管理制度	优质优价、优监优酬管理办法
	建设风险管理办法
	建设廉政管理办法
目标管理制度	建设工程质量管理办法
	建设工程投资管理办法
	建设安全管理办法
	建设工程物资管理办法
	建设环境保护管理办法
	建设合同管理办法
	建设风险管理办法
	建设廉政管理办法

2. 规范化管理制度体系的运行机制

大型客站项目不乏各类相关管理制度,构建规范化管理制度体系是提升建设管理效率的首要前提,但要解决制度体系运行及协调不畅的问题,要在制度体系基础上建立起驱动其运行的长效、良性机制。

(1)协同机制。协同机制是要协同、调整建设管理系统与外部环境之间、系统内部纵横向之间的各种关系,使之分工合作、权责清晰、相互配合,有效地实现建设目标。例如,客站广场与站房主体之间的结合工作,需协调客站施工、设计单位与地方对接。

(2)合作机制。合作机制是建设参与方在充分考虑各自权利、利益的基础上,履行各自职责,从而实现大型客站项目共同目标的一种组织模式。主要是业主与各参与方在相互信任、资源共享的基础上达成一种短期或长期的约定,并搭建组织平台,及时沟通信息,妥善处理争议,共同解决建设项目实施过程中出现的问题,共同分担项目风险和有关费用,保证各参与方目标和利益的实现。例如,在客站常见Ⅱ类变更设计的处理中,按照合同,有一部分费用由建设单位负责。

(3)激励机制。激励机制是要在制度标准制定和设计的基础上引导各参建单位达到自身目标的同时,为实现客站项目的整体目标而积极协同工作,实现个体利益与整体利益的一致取向。激励机制运行模式主要包括两个层面:第一个层面是对业主单位内部管理人员的激励,业主单位(激励制度的制定者)在预测内部成员需求层次的基础上进行第一次激励,形成首次动力,促进成员之间的合作行为;第二个层面是业主单位对各参建单位的激励,业主应根据不同参建单位的特点,对比完成的工作绩效来调整激励策略。激励机制运行模式主要存在需求层次了解和工作绩效考核两个核心环节。

(4)约束机制。约束的实质可以理解为反向激励,防范大型客站建设过程中的消极怠工和机会主义,运用法律、制度、道德等行为准则抑制各参建单位对子目标的过度追求。规范化管理制度体系的约束机制包括外部约束机制和内部约束机制;外部约束机制以控制和监督为主,包括建设行业法律、法规的约束,相关部门的监督约束;内部约束机制是各参建单位签订的合同、规章制度的约束。

六、运行管理模式

在铁路客站建设管理体系、制度体系分别建立的同时,支撑体系运转的管理架构模式也成为客站"六位一体"目标实现的关键。国内不同客站建设过程中的成功案例证明,管理架构的组建方式、管理特点对客站"从图到用"过程中的作用巨大,尤其是在客站建设质量、过程安全控制、进度目标控制、综合目标保证等方面,甚至是具决定性因素。

1. 建设单位

第一种管理模式,是将铁路局作为建设单位。这种模式的优点是储备了一批铁路客站建设管理人才,对各专业间的协调工作较为有利,对于在既有线原位改扩建客站施工时,统一协调的效果更好。例如,(简称:中国铁路北京局集团有限公司站房工程项目管理部)北京局站房管理部负责统管京张高铁沿线车站、崇礼铁路太子城站以及大张铁路(河北段)等工程的建设管理。京张高铁共计九座新建车站、一座改造车站及若干附属房屋,主要客站有清河站、八达岭长城站、张家口南站和太子城站四座;其余客站有昌平站、东花园北站、怀来站、下花园北站、宣化北站五座。同时,还包括北京北站适应性改造工作。

第二种管理模式,是将国铁集团下属各铁路公司作为建设单位。这种模式的优点是对新线建设接入和客站建设时序等能有总体把握,缺点专业协调难题多,协调中的工作量大。

2. 项目管理机构

第一种管理模式,是设置专门的客站管理机构组织建设。这种模式的优点是专业化特点明显,由于负责施组、质量、安全控制等核心岗位的人员多从事过房屋管理或建设,铁路客站建设管理的经验较为充足,对一些质量、安全、工期中的疑难问题能集中精力在短时间内解决,对质量安全惯性问题的防范较为到位。同时,这种模式还可以从专业化的角度为建设单位、铁路客站建设培养和储备建设管理人才。这种模式的缺点是,与客站以外专业、客站以外区域的协调工作最大,在枢纽地区体现得尤其明显。

这种模式对人员的配备一般以精为主。从项目管理机构的组成来看,对副职可以按站房专业、对外协调来考虑;对各个部门,除施工组织推进、管理控制、安全管理控制等三类全部由房建专业人员组成外,对财务、综合、物资、计量、统计等工作岗位,均可考虑综合性的搭配组成。

第二种管理模式,是由综合性指挥部组织客站建设,即将客站建设交由综合性指挥部组织实施,这种指挥部除管理客站外,兼管其他新线建设等工程项目。这种模式的优点是将客站作为一个单位工程即管理体系中的一个子项来考虑,对于客站建设过程中对外协调、大量的专业交叉等难题,可以由指挥部统一考虑解决,为客站快速组织推进创造良好的条件。这种模式的缺点是专业化程度不够。例如,项目管理机构的部门人员组成中,中层干部中有客站工作经历的人员较少,多为部门其他人员专管客站建设或以客站建设为主,通信、信号、客服等专业的人员则更为紧张,不利于一些问题的快速解决。

第三种管理模式,是由区域性指挥部组织客站建设。根据国铁集团专业化管理的趋势,在一些大地区成立区域性指挥部,将客站建设交由区域性的管理机构统一组织。这种模式的优、缺点同第二种管理模式。

3. 施工单位

(1)平行承包模式,即站房、车场、站台由不同的施工单位施工。这种模式的优点是赋予施工单位组织施工、提高效率的极大空间,施工单位可将一些较小的协调工作在内部消化解决,易于对关键路线控制,如对不同关键路线间发生碰撞,可通过管理措施解决。这种模式的缺点是项目部、工区人员配备不精、不强,由于专业过多导致管而不精。

(2)施工总承包模式,即由一家施工单位施工,多在中小型客站中体现。

4. 监理单位

独立监理模式是指由一个监理单位负责客站工程监理工作。

现场情况反映出客站建设中的监理工作体现出了四个方面的共性问题:(1)人员不够.即从事过客站建设的监理人员、具备专业监理资质的监理工程师数量较少;(2)流动性大,不利于监理工作的前后衔接和对突出问题的有效盯控解决;(3)站后专业人员紧张,涉及客服、四电等专业的监理人员数量少;(4)主动提示防范方面的作用发挥不好,主要由总监理工程师的管理理念、见识水平和责任意识不高导致。

5. 设计单位

目前有两种设计单位的架构模式。

(1)车场、站房、地方市政配套工程分别由一家单位设计,即至少一个设计单位,多为专业化设计单位。这种模式多体现在枢纽地区大型客站中。其缺点是,对交集部分的设计工作考虑不全面,而目前业界尚未有明确的责任划分,多为建设单位、项目管理机构在实施中进行动态协调。例如,雨棚基础部分的过渡段处理工艺,纵断面上的界面划分不明确,处理方式不明确,往往易造成雨季的下沉。在这种模式下,各个设计单位的总体负责人作用发挥非常关键,但有的负责人受制于工作经历和专业,对结合部的处理不够及时。

(2)在一些中小型客站中,站房、车场、站台等均由一家单位负责设计,多为综合性设计单位。这种模式的优点是设计能够统筹考虑,从源头上减少责任的交集,利于客站质量控制。

从长远来看,第二种模式即由一家单位负责设计工作,应是发展的趋势,应着力培养这种有一定设计广度、见识水平、专业深度、设计经验的专业化设计机构。

七、某施工单位的管理案例

某站工程体量大,站房南北宽202 m,东西长413 m;站房南北两侧的无柱雨棚宽124～148 m,长313 m;总建筑面积193 159 m^2,钢筋用量4万余吨,混凝土用量26万 m^3,钢结构用量3.6万 t。施工工期紧,质量标准高。为确保既有线的正常运营及新建高速铁路如期贯通,施工工期可变因素及设计不确定因素较多,给施工技术、质量预控管理带来诸多难点。

为确保质量进度和效益,施工单位设立了工程部、技术部、质量部、安全部、物资部、商务部、财务部、人力部、办公室、行保部、装饰部等多个职能部门。大多数的部门由项目班子成员兼任部门经理,以实现项目管理的专业对口和精干高效。项目部全面推行施工现场管理标准化,通过构建标准化管理体系,严格定标、贯标和达标,全面落实"质量、工期、安全、成本、环保、技术创新"六位一体管理要求,实现管理制度标准化、人员配备标准化、现场管理标准化和过程控制标准化,全面提升了施工管理能力和水平,为实现高标准、高质量建设石家庄站房建设奠定了良好的基础。

1. 构建标准化管理体系

项目部立足于高标准、高水平的建设管理要求,加强施工总承包单位自身建设,以施工单位管理体系的标准化,带动和推进整个项目管理的标准化。

(1)人员配备标准化。项目部设置相应的部门,配备管理人员,结合工程进展情况,对管理人员及时进行调整充实。实现了岗位设置满足管理要求,人员素质满足岗位要求。项目部设置的部室与甲方枢纽指挥部工程部、安质部、计财部、物资部、综合办等形成了良好的对接。

项目部高度重视对参建人员的培训工作,专门制定了培训上岗制度,所有参建的人员,不论是管理人员还是一线工人都必须进行上岗培训,熟悉和掌握相关的施工规范、质量标准等,未经培训及考核不合格的人员,不得上岗,提高了所有参建人员的技术素质和对标准的认识。

通过各类培训,将高速铁路的设计理念、施工理念、建设理念进行深入灌输到每个参建者的头脑中,并使之成为参建工程建设的行动指南。项目部积极建立学习培训制度,不定期组织管理人员学习管理和业务知识。积极派人参加了枢纽指挥部组织的资料员培训、公文写作培训、营业线施工管理业务等培训。

项目部制定了《安全生产教育培训制度》,并加以认真执行。作业队在上岗作业之前,接受三级安全生产培训,总学时不少于50学时。经考试合格后方可上岗作业,未经安全教育或考试不合格者,严禁上岗作业,全面提高了作业队的安全生产意识。

为规范管理模式,完善责任目标管理考核体系,确保全面履约,促进站房工程任务的圆满完成,项目部参照上级单位《工程项目管理考核办法》,结合项目部各部门岗位职责,每季度对部门和员工进行考核,同时接受甲方指挥部的激励约束考核。

(2)管理制度标准化。项目部建立健全了不同管理层面的管理职能、权限和责任的标准化规章制度。按照上级单位有关工程建设的方针、政策、法规和相关规定,制定了项目部的部门管理职责、领导班子岗位职责以及每一名管理人员岗位职责,形成了管理责权明晰、行为规范的组织体系。

根据站房建设总目标和"六位一体"的建设管理要求,项目部严格遵守铁路建设项目施工管理规定及施工技术标准,建立施工现场、安全、技术、质量、物资设备、成本、验工计价及生活后勤等全过程、全方位、全覆盖的管理制度。同时形成了包括QES三标一体文件、施工组织设计、技术方案、技术交底汇编、安全操作规程、应急预案、建筑分项工程施工工艺标准、作业指导书、工序作业要点卡、安全操作规程卡等在内的资料参阅架,供项目部成员随时参考学习,并结合现场实际,不断完善和更新。同时,详细规定了工作的目标、标准、程序、检查、考核、奖罚等内容,形成了一套办事有依据、实施有规范、操作有程序、过程有控制、落实有考核的标准化管理体系。

(3)现场管理标准化。现场管理标准化分为内业管理和外业管理两部分。其中内业部分包括竣工资料、施工过程资料、施工合同、劳务与分包管理等内容。外业部分包括文明标准工地、现场工装设备、原材料、职业安全健康、现场作业管理等内容。

施工过程资料方面,项目部严格执行相关要求,强化内业资料管理,力求内业资料真实、及时、准确。合同管理方面,项目部在选择分包单位时,严格按照管理规定,对其进行企业资质范围、安全许可证、业绩情况、企业信誉等多方面的细致考察,所有分包单位的基本资料都经过枢纽指挥部审批通过。文明标准工地方面,项目部在进场初期就形成了"六板一图"即:工程概况牌、安全生产牌、消防保卫牌、文明施工牌、管理人员名单和监督电话牌、工程揭示牌和现场平面图,现场标识牌齐全。职业安全健康方面,项目部形成了职业健康安全管理组织机构,并绘有组织机构图;项目部坚持以人为本的理念,建立了工地医务室,组织广大员工进行健康体检,深受广大员工好评。现场作业管理方面,项目部紧抓安全和质量两条工作主线,实现对现场作业的全过程、全方位管理和控制,不断提高现场作业的安全水平和工作质量。

(4)过程控制标准化。项目部将标准化管理贯穿于整个工程建设过程中,按照"六位一体"管理要求,建立健全项目过程管理标准,并在项目实施过程中,严格按照标准进行管理,以达到建设管理过程得到有效规范和控制的目的,最终实现工程建设目标。

质量管理。管理体系健全有效;管理活动及时、有针对性;内业资料真实、齐全;原材料、隐蔽工程及工程实体质量满足设计和规范要求;竣工文件编制及时等。

安全管理。管理文件健全、有效;施工过程中操作规范、标准,现场安全防护措施到位;既有线施工、基槽边坡施工、大型机械、高空作业、要点施工等必须满足相关安全规范要求。

工期管理。在整个施工过程中,克服工期时间紧、安全压力大、质量要求高等困难,完成了铁道部要求的所有节点战役。工期满足指导性施工组织设计的要求;阶段工期滞后时,采取有力保证措施,合理调配资源,确保了总工期要求。

投资管理。施工图现场核对优化工作及时、有效,通过优化节省投资;变更设计及时、规范;在保证安全、质量等前提下,节省投资,合理配置人力与机械设备资源,降低工程成本。

环保管理。项目部严格按照国家和地方政府有关规定和设计要求,在施工工程中,贯彻"预防为主、保护优先、施工和保护并重"的原则,将施工引起的对环境的干扰、破坏降低到最低限度。

技术创新。在既有线安全防护、百年混凝土配合比设计和试验管理、预应力混凝土施工技术、基础桩后压浆技术、大型钢结构安装技术、拱角钢筋混凝土施工技术等方面体现技术创新成果,并及时转化成生产力。

第三节 质量控制

一、建筑物质量管理的阶段

对于铁路客站质量建设中的控制,需要在铁路工程建设质量管理、建筑物质量管理的大局中考虑,既考虑铁路建设行业质量管理控制中的特性,也要紧紧围绕建筑工程质量管理中的常态要求,规范采取有针对性的措施。

根据国际上的先进质量管理理论,质量管理工作经过了质量管理检验阶段、统计质量控制阶段和全面质量管理阶段等三个阶段。

在质量管理检验阶段,主要通过检验的方式来控制和保证产出或转入下道工序的产品质量。质量检验人员根据技术标准,利用各种测试手段,对零部件和成品进行检查,做出合格与否的判断,不允许不合格品进入下道工序或出厂,起到了把关的作用。这种管理方式侧重于事后把关。

在统计质量控制阶段,从单纯靠质量检验进行事后把关发展到对工序的质量控制,突出了质量的预防性控制与事后检验相结合的管理方式。这一阶段强调"用数据说话",强调应用统计方法进行科学管理。这种管理模式为严格的科学管现和全面质量管理奠定了基础。

在全面质量管理阶段,综合运用各种管理方法和手段,允分发挥组织中每个成员的作用,从而更全面地解决质量问题。这种模式中,产品质量存在产生、形成和实现的过程,各个环节互相制约、共同作用,决定了最终的质量水平。全而质量管理理念中,提出质量应当是"最经济的水平"与"充分满足顾客要求"的完美统一,离开经济效益和质量成本去谈质量是没有实际意义的。

从这三个阶段的不同理念分析铁路客站建设质量控制工作,显然需要全面质量管理的理念开展工作,才能满足"六位一体"对于铁路客站质量确定的目标要求。

二、铁路客站质量控制措施

从客站招标阶段到建设过程中，铁路客站建设的质量目标检验批、分项工程、分部工程合格率均100%。

铁路客站常见的质量问题主要表现为屋面漏水、钢结构焊缝瑕疵、混凝土外观质量不合格、站台墙沉降或变形、站台面下沉、石材鼓起、雨棚固定不牢、楼（扶）梯与站台面高度不一、客车上水管沟堵塞、雨棚周边过渡段下沉等。针对这些问题，在质量控制中应从多方面加强管理。

1. 树立科学的质量管理导向

（1）以验收标准为依据执行质量控制。铁路客站执行《建筑工程施质量验收统一标准》（GB 50300—2013）作为客站分部、分项工程和检验批质量评定的标准。实际中，一些施工单位会以"技术指南""施工规范"为依据开展施工控制，忽视了验收标准的要求。有的客站建设中，项目管理机构专门组织对验收标准内容的培训，将其质量管理支配性的地位重点贯彻。

（2）结构物淘汰指标。有的客站建设中，借鉴涵洞等结构物淘汰比例的做法，传递一次成优、确保质量的管理导向，提高工序交接的效率。个别达不到验收标准的单元，则选择性地采取整改措施。在客站装饰装修阶段，这一导向体现较明显。

（3）提高质量标准。为提高质量控制效果，一些项要求施工单位在验标准基础上，细化客站各分部、分项工程的内部控制管理标准。有些落实精益建造观念，以高于验标的导向开展客站质量管理，收到了较好效果，在装饰装修阶段得到不同层次展现。

2. 提高检验批报检的质量：

（1）研究明确检验批。项目管理机构组织参建单位研究划分了分部、分项工程和检验批的组成。如某站在建设之初，即组织施工、监理单位进行了研究划分，全部工程在一个单位工程的基础上，进一步细化确定分部、分项工程及检验批。检验批共分为基坑、钢筋、模板、混凝土、钢结构、装修、设备安装等。

（2）质量工作培训。以技术交底和深化设计交底为重点，加强对班组人员的质量标准培训，逐人签认备案。质量培训方式包括对照规范标准的培训、解释，有经验管理人员和技术人员对疑难问题的现场分析，针对疑难质量控制单元的专项分析等。对总公司重点关注的客站质量问题深入分析，剖析管理责任，是强化质量责任意识的较好培训方式。

（3）建立主动巡检机制。建立监理工程师主动巡检机制，将监理人员主动巡检融入过程控制中，最佳状态是施工单位结束检验批施作、申请报检时，与监理巡检工作更好地衔接。通过主动巡检，对质量隐患早发现，利于施工单位尽早开始隐患整改，在第一时间督促整改达标。

（4）提高监理报检签认的管理层次。这是一项将管理要求和监理业务合二为一的管理机制，即要求总监理工程师或副总监理工程师、监理站安质部长、实验室主任等人员，在固定时间内亲自认检验批的数量达到一定频次，有的项目规定为至少5%。通过亲自签认，使监理管理人员准确掌握现场阶段性的质量控制水平，有针对性地做出提示和管理，同时督促现场监理工程师在岗尽责，认真把关。

3. 对重点环节重点管控

（1）需重点关注的环节。对站房施工中重点出现的结构物与路基过渡段、地下结构物防水、站台限界控制、排水沟防水、给排水管道等部位重点关注。

（2）项目管理机构牵头组织验收。有的客站建设中由项目管理机构牵头组织对重点部位验收，达标后进入下一道工序。其流程是：施工单位自检合格—监理初验—报请项目管理机构验收。例如，对站台部位路基填筑后、在站台面铺设以前，项目管理机构质量管理人员带队，根据验标规定组织承载力、密实度等试验，达标后进入下一工序。同样，在工序间的结合部问题上，一些客站在建设过程中也由项目管理机构牵头验收，减少问题发生，如在先地基处理、再桩基础施工、再交由路基施工的工序环节，项目管理机构安排专人按一定频次盯过程。

(3)对特殊部位的质量控制。铁路客站的特殊部位多出现在不便检测之处或施工难度较大的过程中。在这些部位的质量控制中,通过准确划清管理的责任界面,确保施工工艺落实,满足验收规范要求。

(4)深化设计对接。在梁柱节点、设备管线预留等方面,设计单位与深化设计单位、施工单位之间的加强对接,将深化设计的标准逐一明确。

4. 适当运用激励和约束制度

(1)加强约束机制的运用。加大质量工作在各种考核中的权重,以体现质量工作的重要地位,并与建设单位一定时期的招投标工作挂钩。在铁路系统开展的信用评价工作中,建设单位据实按规定组织评价,通过严格的扣分方式,体现质量管理刚性约束的效应。

(2)对于一般问题,管理重点放在督促整改上。项目管理机构、施工、监理单位分别建立问题库,定期分析评比,对问题梳理归纳,开展培训教育。有些客站在建设中,将监督站发现问题的重复发生率、整改率作为阶段性评比排序的依据。

(3)发挥监理的作用。设定对监理人员业务水平的达标评判机制,项目管理机构对总监理工程师、安质部对其他人员进行评判,形成素质准入机制。例如,对于大体积混凝土施工,指挥部在配合比确定、运输、现场浇筑、养护拆模等环节分别组织了现场实作式的抽考。

(4)设定质量红线。原中国铁路总公司提出了质量管理的5条红线,其中与铁路客站关系紧密的2条为结构物沉降评估达标、工序达标。在此基础上,一些客站建设过程中,建设单位、项目管理机构自定了质量管理红线,督促参建方严格遵守。

5. 特殊条件下的质量控制措施

(1)高温时段的质量控制。原则上,在总工期不受影响的情况下,通过合理的施工组织安排,避开高温时段施工质量易受影响的项目,如大体积混凝土浇筑。确实需要施工的,做好降温、保湿等工作。尤其是混凝土浇筑后的养护工作,对于覆盖措施要进行专项设计、落实。

(2)严寒气候下的质量控制。原则上,应避开严寒气候下施工质量易受影响的项目。确实需要施工的,除采取对应的保温等措施外,还要选定有一定经验的施工技术人员和操作人员。

(3)持续降水时的质量控制。尤其是在南方地区,在连续降雨天气下浇筑混凝土,需要从施工配合比准确调试、拌和站原材料管理、计量系统进料控制、养护措施等环节精细准备。对于自密实混凝土、清水混凝土等特殊混凝土,原材料和拌和系统还应采取更严格、更规范的控制措施。同前,如果总工期不受影响,应研究避开连续降雨天气下的大体量凝土持续浇筑。

(4)大风天气时的质量控制。一是做好拌和站封闭、确保原材料洁净度;二是做好混凝土浇筑后的保湿措施,严防因湿度不够而导致的收缩和干裂。

6. 提高施工队伍的专业化水平

(1)选用过硬的单位、队伍。经过多年探索,铁路客站建设管理水平得到发展,并锻炼了一些专业化的站房施工单位。与施工单位的协作,也锻炼储备了一批客站施工作业人员。

(2)细化作业指导书。作业指导书一般根据验收规范、施工单位的内控标准等编制,按照首件认可和样品选定过程有针对性地完善

(3)专业化的作业队伍。对焊接、混凝土、吊装、装修、石材铺贴等作业,应选定专业化队伍,以利于质量通病的防范和减少。

(4)BIM技术使用。通过BIM技术在施工阶段的运用,提前发现管线碰撞、设备安装位置不符、重要节点柱质量细部的问题,提前采取防范措施,收到了良好效果。

第四节 安 全 控 制

一般来看,铁路客站建设过程中的安全工作目标分为三方面:一是生产安全事故,消灭责任生产安

全一般事故；二是铁路交通事故，有的单位定为消灭责任铁路交通一般 D 类及以上事故；三是消防安全，有的单位定为消灭责任消防安全。

梳理分析国内大型客站建设过程中的安全问题，常见的有深大基坑支护隐患、消防隐患、人员和料具高空坠落风险、特种机械设备管理、营业线安全隐患、吊装安全风险防控、专项方案管理等。

针对这些常见的、具体的问题，在安全控制中，需要从易发生问题的管理单元、各个专业入手，综合分析，采取有针对性的措施。

一、经常开展有针对性的培训

（1）安全交底。在质量控制、技术交底工作的同时，设计单位对施工单位同步进行安全交底，讲清安全风险的防范要点。

（2）先行模拟。在安全风险较大的施工环节，组织施工单位开展安全模拟工作，进一步分析安全管理的要点，采取防范措施。例如，数值仿真技术，除在设计阶段的应用外，在临近营业线基坑支护等方面，也进行了成功运用，测算有关参数，为培训工作提供条件。

（3）班前教育。班前教育是常态的安全管理工作，也是客站安全培训的最有效方式。有的客站在建设管理中，将班前教育以微信、视频监控方式传输。

二、做好专项施工方案的管理工作

（1）明确范围。对于专项方案，在遵从住房和城乡建设部、国铁集团管理制度的基础上，有的客站建设单位对其进行了细化，对不同专业需制订专项方案的情况进行了细化。

（2）复核检算。对相关专项方案，要组织有资质的单位进行第三方检算，确保符合建设程序管理要求，再次把关。常见的如满堂支架模板支撑体系的整体稳定性。

三、对消防和高空作业安全的管理

（1）从源头上做好控制。在消防方面，对进场时的板房选用阻燃型材料；混凝土模架体系尽量选用钢模板，减少使用木模板。在高空作业方面，选用合格的安全带、安全绳、安全帽。

（2）开展应急演练。根据客站空间的结构实际，开展应急演练，一方面检验应急能力，另一方面开展深层教育、督促规范行为。加强与地方有关部门的沟通对接，建立安全生产方面的协作关系。

（3）开展专职巡视。配备消防安全、高空作业安全专人巡视检查，对电线路、热水供应方式和安全"三宝"使用、临边防护情况等进行提示。

（4）配备必要的备品。灭火设施的数量、状态必须确保良好。

四、对涉及既有线的安全管理

（1）明确原则。有的建设单位根据"五不一防"的原则开展管理，即无调度命令坚决不进入防护网施工，不进行超范围施工；无施工组织方案、无安全协议、无技术交底不施工；安全防护不到位不施工；施工前人员、机料具清点不清楚不施工，施工结束后撤离回收不彻底不销记开通；不交付施工质量验收不合格、缺陷没有彻底整改的设备设施；临近营业线施工时坚决防止大型机械设备及人员侵入限界。

（2）抓好临近营业线施工安全。重点盯控塔吊吊物、基坑防护、物理隔离、劳务工管理、便道封闭隔离、物料堆码等。

（3）注重对冷门问题的防范。冷门问题是客站建设中安全控制的重点。例如，对于采取物理隔离的地段，也要加强专人巡视检查，尤其注意因封闭不严而导致钢筋等长大杆件伸出后侵入铁路限界，这是最易被忽视的问题。在铁路线路接入客站永久位置前，装修作业时有高空坠物风险。在软弱地基段落的地基处理施工，严防机械倾斜后侵入铁路限界。

五、建立科学的管理制度

（1）"三化"。即安全管理规范化、检查整治常态化、现场作业标准化，把此作为客站建设安全管理的基本原则。围绕规范化，项目管理机构针对客站特点，设计出客站机械管理、检查管理、作业管理的制度，并从进场时总平面布置图全面考虑。围绕常态化，对建设各方的检查频次和标准做出量化规定，纳入阶段性激励约束考核。围绕标准化，对作业指导书进行动态完善。

（2）"四预"。即对安全风险的预判、预报、预警和预控，把此作为客站建设安全管理的基本思路，管理的主要依托是对安全风险有效辨识、转移和控制。围绕"四预"的基本思路，定期汇集所有安全风险源，在此基础上对后续工作的安全风险进行预判，并落实对已知风险的预报、预警、预控相关工作。

（3）考核。以"三化""四预"的落实效果为基础，对现场的执行力进行考核，依托各客站项目管理机构不同的考核设计方式。在考核过程中，借助铁路系统安全监督部门、设备管理单位、地方政府安监部门、公安部门的力量是有效手段。与考核对应的，是各种责任包保体系的完善。

六、客站建设安全控制实例

在铁路客站的建设管理实践中，经常将质量和安全要求结合在一起考虑，为之建立完善相关制度。以下案列为北京朝阳站建设管理中关于质量安全问题相关制度要求的部分节选。

（1）健全完善专家治理论证制度。坚持走"专家指导、专家治理、专家论证"之路，组织成立工程质量技术攻关领导小组，设立技术攻关组，采取现场讲课、专题研讨、联合攻关等方式，开展质量状况调查。建立科技创新平台，突出管理、技术创新。深入研究铁路建设项目质量管理中最重要、最基本特征，探索管理过程中新思路、新方法。组织质量提升关键技术攻关，积极应用新技术、新工艺、新材料，坚持总结成果与推广应用并重，开发与引进消化并举；推广采用先进成型方法和加工方法。

（2）健全完善重大方案编制评审制度。科学预测质量安全问题。认真落实国家、国铁集团建设工程有关重大方案工作要求，在符合国家验收规范和相关标准规定的前提下，进行技术经济分析，确保重大方案的可行性、经济性、实用性。严格施工方案程序。按照相关程序组织专家评审，细化工程重大方案的分部分项清单；严格编制专项方案，按规定由审批权限的单位组织专家进行专项方案论证，任何部门不得随意更改。

（3）健全完善"一图四表"质量安全风险管理制度。抓好质量安全风险公示图。项目开工前，评估全项目的质量安全风险点，制定质量安全风险公示图，主要包含风险工点、施工部位、监管责任人等，质量安全公示每半年动态更新一次，当所公示的风险工点或内容发生较大变化时及时更新。

抓好质量安全风险识别分析登记表。风险工点开工前，对风险事件、风险因素、风险成因进行识别分析，根据可能性、危害性及可检测性对风险程度做出判定，列出清单。质量风险事件以单位工程为单位进行梳理，细化关键工序；安全风险事件以单位工程为单位，从设备设施、施工方案、岗位作业、人员素质、管理制度等方面进行梳理。

抓好质量安全风险应对计划责任展开表。根据风险登记所列风险事件，细化应对措施，根据工程不同阶段的不同环节在工点现场明示责任展开表，并将相关内容纳入安全、技术交底。

抓好质量安全风险动态过程监控表。项目部根据工程不同阶段的不同环节在工点现场明示风险动态过程监控；出现新的风险时，项目部将重新进行风险的分析、评估，制定和采取针对性的措施，及时更新风险识别分析登记和风险应对计划责任展开。设专人每日对动态监控过程进行跟踪、纪实、分析，检验应对、防范措施是否有效，是否出现新的残余风险，并在《安全日志》中记录。项目部每周根据风险责任展开的内容，检查和评估风险的受控状态，逐工点形成风险动态过程监控记录台账。

抓好质量安全风险处置结果评定表。风险工点全部施工结束后，全面检查验收，综合评定风险管理成效，公布残余风险，明确给出处置结果和需关注的问题结论。

(4)健全完善三全检查制度。建设项目三全(全员、全过程、全项目)检查是指项目部对施工现场的检查,是不断提高施工现场管理水平的必要措施。

"全员"主要指项目部领导班子成员和安全质量、工程管理部等负有质量安全生产管理职责的部门负责人和管理人员。检查量化指标:领导班子成员每月现场检查不少于 3 天,部门负责人及管理人员每月现场检查时间不少于 5 天。"全过程"主要指对工程项目施工期各阶段工作开展的检查。"全项目"主要指现场检查的内容做到全覆盖。通过检查深入查找管理存在的不足,查找现场存在的突出质量安全隐患和问题,督促整治问题、消除隐患、完善机制、健全体系,实现过程的精益化管理和标准化作业。

(5)健全完善激励约束制度。完善质量激励政策,开展质量奖评选表彰,树立质量标杆,弘扬质量先进。发挥质量标杆企业示范引领作用。加强全员、全方位、全过程质量管理,提质增效。

鼓励参建单位整合生产组织全过程要素资源,纳入共同的质量管理、标准管理、供应链管理、合作研发管理,促进协同建造,实现质量水平整体提升。在合同中明确预留奖惩资金,约束完善分包施工行为。根据各分包单位施工内容进行详细划分,包括技术创新、质量创新、管理创新等方面,对各项目进行定量加减分数,每月 25 日进行综合考评得分,按照所得分数进行评比,形成长效机制。

同时施工过程中要开展质量奖评选表彰,树立质量标杆,弘扬质量先进。发挥质量标杆企业示范引领作用。

加强全员、全方位、全过程质量管理,提质增效。引导、保护分包单位质量创新和质量提升的积极性。形成整体向好的良性循环机制,为创精品工程奠定坚实的基础。

第五节 进 度 控 制

一、影响进度的主要因素

影响进度的主要因素有人为因素、技术因素、材料和设备因素、机具因素、地基因素、资金因素、气候因素、环境因素、外部条件因素等。分析客站建设成功案例和典型问题,人为因素是其中最主要的干扰因素。

无论是对其他影响因素的成功破解,还是人员自身潜能的挖掘,主要是对人为因素做了大量文章。在铁路客站建设中,人为因素的主要不足表现如下:对客站的特点与实现的条件认识不清,如过低地估计了客站施工中的技术困难,没有考虑设计与施工中遇到的问题;低估了多个单位参加客站建设中的协调难度;对建设条件事先未搞清楚,对客站供水、供电问题不清楚;对于施工物资的供应安排不清楚;客站建设各方的工作失误,设计单位工作拖拉,业主不能及时、合理地决策,施工单位对分包单位的选择把关不严等。

二、进度控制的方法

进度是指工程项目实施结果的进展情况,以项目任务的完成来表达。施工进度控制是指对工程项目进展过程中的工作内容、工作程序、持续时间和衔接关系计划编制,并通过采取组织措施、技术措施、合同措施、经济措施和信息措施等来落实具体进度计划,对出现的偏差采取补救措施或调整、修改原计划,直至工程竣工、交付使用。进度控制的最终目的是确定项进展的目标实现。有专家认为可以从四个方面考虑进度控制情况。

(1)德尔菲专家评议法,即请有实践经验的工程专家对持续时间进行估计,根据正常施工速度来确定正常工期,作为施工进度控制的总目标。

(2)以正常工期为基准,通过工期成本优化来确定最优工期作为进度控制的总目标。

(3)采用蒙特卡罗模拟法,即采用仿真技术对工期状况进行模拟。在铁路客站建设中,通过数值仿真技术、BIM技术的运用,对分部、分项工程的进度进行有效的预判和分析。

(4)采用三种时间估计的办法,即对一种活动的持续时间进行分析,得出最乐观的(一切顺利的)值、最悲观的(一切不利因素都有可能发生)的值以及最大可能的值。在铁路客站建设中,重点是通过对既有铁路、征拆、结合部等问题的分析,在此基础上通过优化施工方案、加强平行流水作业格局的管理,进而控制总工期。

基于这四种控制方法,我国铁路客站进度控制的良好效果在多个项目中得到体现,运用的较好典型是在这四种方法基础上对客站进度计划的科学编制、动态管理。

进度控制的重点工作,除了过程中对动态控制原理、方法优化原理、组织调控原理的运用,还必须要制订一个科学合理的施工进度计划。编制工程进度计划是客站进度控制的重要阶段,它在整个客站建设中起到承上启下的作用,对于成本控制、进度分析等都具有重要的作用,必须依据客站总计划、总目标制订详细的计划。客站总工期由各分部工程、分项工程的进度目标组合而成,尤其是对关键路线上的关键环节控制,对总工期的影响非常大,各个分部、分项工程之间具有强烈的关联性(除平行作业)。因此,在客站总工期制定时,要根据既有线、征拆、配套工程情况、交叉部分的处理措施等情况定出多种方案,而后进行分析,确定最终的工期方案。在实际建设过程中,客站的建受多种因素干扰,原定的工期方案不可能一成不变,因此要随着环境和条件的变化而不断修改与调整,使建筑工程进度控制中常用的目的性原则、系统性原则、经济性原则、动态性原则、相关性原则和职能性原则都得到体现。

在编制客站施工进度计划时,重点在于对计划进度形式的选择。常用的客站进度计划有横道计划和网络计划两种。这两种形式对客站建设都具有很好的作用。网络计划的主要特点是各子项目之间的逻辑关系清楚。横道计划的优点是分部工程、分项工程的占用时间很清晰。根据客站建设经验,大多选网络计划,主要原因是这种计划形式可以很好地反映出关键路线,根据它们的相互关系来机动地调整非关键路线上的时差,建立信息模型,利于现场组织实施。

在施工进度计划的编制中,需要做足准备工作,确定网络计划目标,开展调查研究,设计策划好施工方案;在绘制网络图阶段,需要对客站进行分解,分析分部工程、分项工程之间的逻辑关系,绘制网络图;在时间参数分析、确定关键路线方面,要采用对比方法,对最不利情况下的持续工作时间和其他时间深度分析后,确定最终的关键路线。常见的客站关键路线主要是基础—主体—装修,而对每一个分部工程背后的干扰因素,要做最全面细致的考虑;在编制可行网络计划方面,要做好检查与调整工作,并进行阶段性优化调整;在客站建设结束后,还要对施工进度计划进行系统的总结分析,作为工程总结的重要内容。

三、客站进度控制的措施

基于前述进度控制的理论,铁路客站工期目标实现的关键在于要以人员主观能动性的发挥作为主线,综合运用德尔菲法等方法编制出科学合理的工期进度计划,将进度影响因素的干扰降到最低。进度控制可采取的措施包括以下几种。

1. 对施工组织设计的系统管理

(1)合理确定时间。客站工期来源于批复,批复来源于大量现场调研后的研究比选。建设单位在这一过程中,可根据当地综合情况,据实向批复单位提出建议。在批复后,编排指导性施工组织设计时,为确定合理的站房工期,应综合运营方、施工方、监理方、设计方和专家组意见,对气候条件、既有铁路、市政管线、特殊结构、关键工艺指标时间等系统分析,以前紧后松、适度超前的原则确定最终的站房工期,系统考虑配套的机械、人力资源的支持。

(2)合理优化时间。第一,基于客站总工期的动态分析。结合年度施组编排工作,对总工期合理测算,排定新的关键路线和工期时间节点。以此为基础,对各分部、分项工程工期合理排定,这是进度管理的"纲"。第二,基于责任交集的动态调整。设计、施工单位之间的责任界面划分不清造成工期滞后,项目管理机构组织厘清责任后,需要对工期重新调整优化,对于损失部分制定赶工措施。例如,客站建设期间的雨污排水影响车场后,需要从细分析、据实制定措施。第三,基于重要单元和设备的动态调整。深大基坑开挖、地下连续墙、特殊结构屋面、钢结构安装等单元,耗费时间长、影响因素多,直接决定客站总工期。对这些重要单元和一些重要设备,不定期测算目标兑现情况,制定应对措施。第四,基于外部条件的动态分析。施工便道、立交通道、城郊弃渣距离、环保要求、岔线停用时间等,直接影响施工组织效率,需要在深入分析的基础上制定应对措施。第五,基于现场推进情况的分析。现场进度有时受突发情况影响,造成原定工期滞后,需要采取有针对性的措施。

(3)维持总体时间。维持原定时间长度、通过微调实现工期目标是客站工期管理的理想状态,即关键路线的总长度不延长,对关键路线上的各段落、各专业时间通过微小调整实现目标。这一过程中,各专业、各段落的目标措施发挥着重要作用。例如,因地质变化造成桩基础个别段落滞后的,装饰装修时因工序、设备安装等造成个别段落滞后的,均是后期补欠赶工的重点。

2. 对关键路线的分析、控制

(1)选定关键路线。不同于铁路线路本线建设点多线长的特点,铁路客站在有限的空间内组织施工,且专业性极强,加上近年来大型客站建设管理中的成熟经验支持,对关键路线极易选定。通过对桩基础、承台、框架柱、梁板、钢结构加工吊装、装饰装修和设备安装、客服系统等分部、分项工程中不可压缩的技术时间分析,并排定征地拆迁、管线迁移、机械材料支持、既有铁路转线、城市轨道交通工程等管理工作的预计时间,在协调、管理工作的同等条件下,从结构物工序所需时间方面排最长的时间段是"基础—主体—装修"。物资设备材料等资源的选定和施工方法的确定也需要严格服务这个时间段。

(2)关键路线的变化调整。由于枢纽地区特大型铁路客站的位置特殊,潜在的影响因素多,加上城市轨道交通工程施工方法、各方对接工作进展不一,往往会造成原关键路线的变化。项目管理机构需专门研究分析,即除工序、工艺、安装的技术时间控制,应根据管理情况不同,对关键路线至少一个月分析一次,以确定梳理新的关键路线,并采取应对措施。常见的影响因素有既有铁路转线、拨移时间,城市轨道交通工程施工、建设对接协调进展,疑难征拆迁移,新出现的地下管网设备处理等。

(3)控制关键路线。分析国内典型铁路客站建设管理过程,对关键路线的管理是建设各方开展工作的主要突破点,采取的基本方法是管理工作"预测、计划、执行、调整、考核、评价"的闭环过程。

3. 创造有效的施工时间和空间

(1)要为工序施工创造有利条件。从建、构筑物的组成分析,检验批是最小组成单元。铁路客站进度管理的极终工作是对所有检验批时间的控制,包括准备工作时间、不受干扰的施作空间、报检整改过程的效率等。例如,最常见的、耗费一定时间的检验批,模板支立、钢筋绑扎、一点范围内的装修等,经常受到其他因素干扰。在这一过程中,施工单位内部控制了大部分施工过程,但在一些交叉部位,为检验批创造时间空间,是项目管理机构控制的重点。

(2)发挥现场指挥部的协调优势。在综合性指挥部或区域化指挥部,一般在客站工地设立现场指挥部,除征拆、迁移工作外,重点是要处理现场的结合部问题,施工需要的时间、空间就是协调的重点。

(3)设定分部、分项工程的时间。为检验批创造工作条件后,促进结构物中最小组成单元的按时完成,使分项、分部工程的施工组织水平成为进度管理的重点。

4. 问题导向制订解决方案

(1)科学梳理问题。问题暴露得早、解决得早,更易于进度控制。项目管理机构应鼓励现场暴露问题、预测可能发生的冷门问题,及早有针对性地研究分析。梳理国内大型铁路客站建设过程中影响工程进展的问题,主要有5类:外部因素制约,如征地拆迁、管线迁移、轨道交通有关事项;施工组织水平,如机械、人力安排不合理;工序衔接,如站房施工单位给装饰装修提供工作面的时间问题、场地交接不及时等;设计工作深度,如雨棚过渡区路基回填的单位、处理方式,多家设计单位均未明确;物资设备供应。

(2)分析问题链和责任链。对每一个问题,都要查明问题的源头、有可能造成的其他问题,形成一个完整的问题链,并明确责任,形成责任链,逐一督促解决。例如,施工组织水平方面,问题原因往往包含项目经理的重视程度、项口总工组织排定计划的合理性、架子队管理水平、机械到位情况、特殊季节应对措施等方面。

5. 以服务理念做好全过程管理

(1)前期工作中的服务,即建设单位在可研、初设批复前后,对工期、费用、结构等客站建设和管理的重点单元应主动开展踏勘、研究等工作,尤其是对赶工措施、特殊气候等的影响综合分析,积极、及时提出建议。这是超前、深度的服务。

(2)对外协调工作中的服务,主要体现为征地拆迁、管线迁移、城市轨道交通等市政配套项目影响等。

(3)行业内的服务,以涉及既有铁路运营方面的服务最为典型,如临临近营业线施工计划、方案、设备监管单位协调、安协议和天窗点内的施工盯控,以及之前的方案、协议、计划、大机管控等。尤其是对既有线施工经验、经历缺乏的单位,项目管理机构应结合就近铁路局的运输安全管理要求,做好培训等综合性的服务。

(4)其他工作中的服务,如市政接口对接、专用设备借用、水电设备利用、大临房屋帮助协调等。

6. 维持平行流水作业的格局

(1)平行流水是铁路建设施工组织的最佳状态。在铁路客站建设过程中,平行作业、流水作业共存的状态维系越好,总工期越短,成本控制效果越好。

(2)科学划分施工区域,并行组织施工,平行流水作业。这一模式的优点是分部、分项工程全而同时施工,对本区域的关键路线控制效果明显,对总工期的时间压缩翻倍。

(3)选用有经验的管理人员。用统计、对比、排列组合等方法,将分部、分项工程的任务以适度超前的原则测算后,以网格化的理论成区域分配,形成小范围内的二次平行流水作业,并明确对工班的考核奖励标准;管理手段,是兼激励、约束、关爱于一体的一些具体方式,形式较多。涉及既有线切割客站的,开展方案、准备、站房二者之间的平行流水作业,即提前研究方案,机料人员准备,不受影响段落的正常推进等,这里不再赘述。

(4)选用有经验的专业劳务队。这一点对于铁路奔站的进度控制至关重。目前一些施工单位的做法是保持与劳务队的长期协作,并形成了一些配套的管理方式,如在工资外的绩效考评激励、有比例地纳入正式员工范畴、比照架子队成员进行管理、测算成本、合理调整利润目标后的长期合同等。对于焊工、钳工、木工、架子工、钢筋工等重点岗位,有的施工单位在公开招聘、评定后,给予高额薪酬。

四、客站施工进度控制实例

新建清河站站房在原址上拆除重建,是新建京张高铁的始发站,建筑系统复杂,场地狭小,管线多,工期紧张,施工难度大,城铁 13 号线拨线前,深基坑工程、钢结构吊装作业邻近营业城铁线施工安全风险高;城铁 13 号线拨入新建站房后,施工作业同时面临营业线运营安全保障、邻近既有京新高速高架桥风险管控及工期紧张、质量要求高多方面压力。

1. 工程概况

清河综合枢纽站设计为地下两层,地上两层,局部三层,其中地下二层为城铁昌平线南延及 19 号线支线站台层及设备层,地下一层为城市通廊、国铁与地铁换乘空间、地下车库等,首层为国铁进站厅、站台层和新建城铁 13 号线站台,二层为高架候车层,局部三层为商业服务。清河站主站房平面如图 7—1 所示。

新建站房候车厅结构净空最高 28.6 m,建筑外檐最高点 40.6 m。主体部分共 5 层,其中地上 3 层,地下 2 层,地下室二层高 9 m,地下室一层层高 5.5 m,首层层高 9 m,二层层高 6 m,三层层高 28.6 m。站房为纯欧式建筑风格,结构造型突出表现曲线和有机形态,按照古典建筑造型手法进行立面划分,中

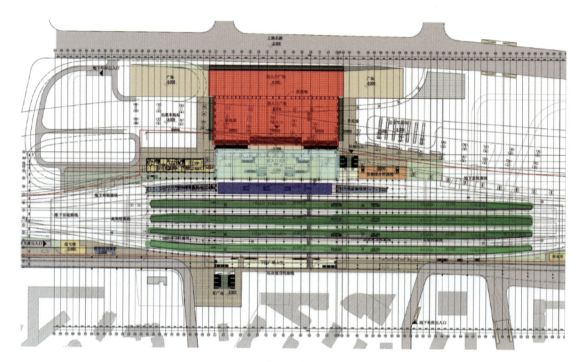

图7—1 清河站主站房平面图

央为进站集散厅,空间高大,立面完整简洁,覆以拱顶,突出其中心地位,两翼为富有韵律感的连续重复造型。站房及站台雨棚采用桩承台基础形式,如图7—2所示。

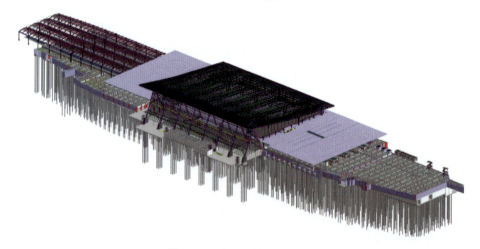

图7—2 清河站桩承台基础

2. 施工任务重,工期短,进度控制要求高

本工程安排开工日期为2017年6月8日,计划竣工日期为2019年11月30日,工程基坑面积大,土方外运量接近140万 m^3,项目基坑施工阶段恰逢北京地区的雨期,土方开挖受到限制,尤其是一期(站房东区)工期极为紧张,施工任务重,进度控制要求很高。

项目部建立和完善了工期管理体系,建立以项目经理为首的工期目标控制体系,对工期目标进行层层分解,明确体系中各部门的职责。加强组织领导,抓紧前期施工准备工作。建立从项目部到各作业队的调度指挥系统,建立动态网络和现场网格化管理,全面及时掌握并迅速、准确处理影响施工进度的各种问题。狠抓关键线路,保证重点统筹安排。现场施工过程中扩大工厂化、机械化的施工程度,保证作业质量与进度。

针对地下结构面积大的特点,结合现场情况并利用修筑的临时便道加快土方的外运工作,施工作业时按照关键线路的节点要求,将整个基坑划分为主体站房区、站房南侧区和站房北侧区(含雨棚范围)三个主要区域,以控制主体站房范围的施工为重点,同步开展站房南北两侧的施工区域。

一期工程工程的基坑土方开挖确保在 2017 年 10 月 31 日前完成,站房工程工程的一期地下结构工程(承轨层结构)在 2018 年 4 月 15 日完成。鉴于地上结构主要为钢结构的特点,主体站房地上部分采用逆作法进行施工,将结构竖向构件完成后,先施工屋面钢桁架,再施工旅客服务层的钢结构楼承板组合结构,最后实施 9 m 标高的高架候车厅(钢结构组合楼板);施工时根据现场实际情况分区域同时组织施工。

在地铁 13 号线转入站房内部运行前,完成站房地铁 13 号线区域的所有装饰装修工作,并对地铁 13 号线与国铁区域进行完全硬隔离,全过程以站房结构、外装修施工为重点,确保 2019 年 9 月 1 日实施整体工程的联调联试,在 2019 年 11 月 30 日竣工验收并交付投入使用。

第六节　投资控制

投资控制是铁路客站建设中各方关注的焦点。一个管理到位的铁路客站建设过程,体现之一就是对投资的有效控制。

一、投资控制

(一)常见问题

由于客站站房型式发展较快,多种综合功能的站房越来越多,设计单位在设计计算站房的规模和面积时,因采用的方法缺乏统一性,造成面积差异较大。在确定客站建设规模时,设计单位有时掌握的标准也不完全一致,可能会造成投资控制方面的不足。主要体现在地方政府提出的面积需求与铁路方面从专业角度对于客站规模测算之间的不一致性上。随着铁路建设的发展,大型综合交通枢纽型铁路客站不断增多。站房设计方案需要结合所在城市的区域市政规划综合考虑,由此,铁路站房的设计方案差别很大,客站站区与市政配套工程接口的繁杂,投资控制难度加大。站房规模计算方式缺乏统一性以及站房规模的调整。对投资控制影响较大。

1. 站房规模调整的原因分析

《铁路旅客车站建筑设计规范》(GB 50226—2016)规定,应根据客货共线铁路旅客车站和客运专线铁路旅客车站的不同特点,分别采用"最高聚集人数"和"高峰小时发送量"计算车站建筑规模。"最高聚集人数""高峰小时发送量"是以经济运量调查为基础,运用数学模型和规定的方法进行预测而确定的参数,在基础数据或数学模型没有异议的前提下,应该认为是客观的数据,是预测和设计计算客站站房规模的重要依据。但在目前阶段,客站站房除由单纯客运功能决定规模外,还受到下列因素的影响。

(1)地方政府的要求。铁路客站作为城市对外的窗口,地方政府极其重视,往往会根据本地区社会经济发展的需要,结合城市规划,提出扩大站房规模的要求,以辐射带动周边的经济发展,同时展示良好的城市形象。有时在地方政府的再三要求下,站房规模被反复变更和修改,造成站房设计规模偏大。

(2)站房类型的影响。站房类型对建筑规模具有一定影响,一般来说,线上式站房规模略高于线侧式站房,主要原因是线侧式站房的天桥地道等跨线设施面积另计,而一般线上(线下)式站房本身兼具跨线的功能。

(3)站场规模的影响。站场规模增大会对站房规模造成较大影响,尤其是在站台数量与站房规模基础参数不配套的情况下,高架候车式站房建筑面积的人均指标可能急剧增大。

(4)受单体建筑方案的影响。满足同样使用要求的站房,其总建筑面积因具体的单体建筑方案而异,为满足某种概念需求而突破建筑面积指标。

(5)受经济技术标准提高的影响。随着经济的发展和技术的进步,各个时期确定的建筑面积指标必然要与之相应,不断产生调整和变化。

2. 站房规模计算或统计差异的原因分析

桥式车站、站棚一体车站、综合枢纽车站等,已成为常见的车站类型,现代客站站房的型式日趋综合化和多样化,这些综合多样化的车站站房给功能空间界限的划分带来诸多难题。从站房组成上来讲,《铁路旅客车站建筑设计规范》将站房解释为由客运用房组成的单体建筑。在实际设计过程中,为集中节约使用土地,通常会考虑将一些生产、生活辅助房屋与站房并栋建设;同样,也有将市政配套工程与站房合并建设的情况,如将地铁进出站厅、地下停车场、邮政办公楼等与站房合并建设。从建筑面积计算方法上来讲,铁路长期沿用的面积计算方法与我国目前实行的《建筑工程建筑面积计算规范》(GB/T 50353—2013)不完全吻合,这就造成站房建筑面积设计计算上的较大差异。

设计单位在计算客站站房的规模时,有时采用的方法会不一致。由于客站发展变化快,多种功能的综合性客站越来越多,设计单位在计算面积时,采用的方法缺乏统一性,造成面积差异较大,集中体现在候车室下高大空间的计算方法、挑檐的计算方式、一些公共通道和空间是否计入等方面。这些因素导致在确定客站规模时存在不确定性、不统一性。

对于客站位置的选择,也直接影响投资规模。需要决策层、地方政府、建设单位和设计单位一并考虑,确定最优位置。

根据验收规范规定,一座铁路客站是一个单位工程,其投资增加会影响本线的投资控制指标。在这种因素下,有时为满足一些需求且调增客站的投资后,会对一个项目的投资带来影响,决策方、建设方会综合考虑后采取措施。

工程实施阶段及其前后的工作也对投资控制的效果产生直接影响:一是建设单位决策的合理性、科学性,如果对施工顺序、重大方案确定得合理,会节余费用,反之将从源头上增加投资;二足施工图审查的深度方面,建设单位对前期工作介入不深、对存在的问题不能提前规避,会导致审图不深入、后期增加投资,故加强施工图审查,减少变更发生率,是控制投资的努力方向;三是施工单位自控管理的效果,即从原材料管理、劳务队伍管理、深化设计的科学性、施工效率、对外协调等方面看,施工单位的内部管现松散、弱化会导致成本增加,投资控制效果变差。

3. 影响投资控制的其他原因

(1)各种因素造成站房规模的调整,尤其是一些特大、大型车站站房规模调整后,面积增加较多,投资增加较大。

(2)受设备、材料价格的增加及政策因素的影响,如执行新规范、新标准、新规定、新办法等,导致费用较大幅度增加。

(3)因站房建筑结构方案的变化,使费用有所增加。

(4)工程赶工期,增加工程措施费等。

(二)控制要点

(1)对于设计单位的控制。对设计单位的控制主要表现在如下方面:①采用科学、合理的计算方式,根据地方政府、铁路系统的不同需求,合理确定站房规模;②在一些面积的测算中,要确定、统一,确保采用的计算方式符合最新需求;③在确定客站规模时,应根据城市等级、人口、经济水平和在铁路网中的作用等原则,依据"最高聚集人数""高峰小时发送量"和观场调查资料得出"测算规模",和设计批复的"建设规模"进行对比,优先考虑技术经济指标而不是建筑方案,来控制工程投资,在这一点上,需要批复单位、建设单位等一并加强协调工作;④对于一个地区的近、远期客流量进行合理测算;⑤对于客站位置的选择,要结合地方政府要求和铁路专业化的要求综合考虑比选,确保最优。

(2)对于建设单位的控制。对于建设单位的控制体现在如下方而:①要加强前期工作中的介入,从规划阶段起就要分析客站位置、行业需求、各项设计的重点要求,加强对接工作,从源头上控制投资;②全过程与设计单位、地方政府加强沟通,既要从专业的角度考虑方案优化,也要将投资控制作为重点考虑;③加强施工图审查的组织工作,围绕方案最优、投资最省、质量安全最可控这一核心,找出这一"临界点",并动态分析投资控制效果;④对于变更管理工作严格按程序管理,按合同管理,确保依法合规;⑤对于一些重大方案,在依照风险管理办法进行审查、反复优化的同时,要考虑投资的增减,综合选用最优方案;⑥对于一些不易划清界面的单元、结合部,要积极协调批复部门予以明确,用明确的责任划分提高投资控制的效果。

(3)对于监理单位的控制。对于监理单位的控制要求如下:①严格履行监督职责,加强质量、安全管控,减少因质量返工、安全问题等增加的成本;②发挥在客站建设第一线的优势,及时发现问题,提出科学建议,优化施工方案,控制工程投资;③严格落实变更管理各项程序要求。

(4)对于施工单位的控制。对于施工单位的控制体现在如下方面:①加强施工方案的优化,树立施工图优化无止境的意识,调动一线工人、技术人员和管理者的积极性,对重大方案、常规做法等开展创新创效,控制投资;②加强质量、安全控制,确保一次成优,安全可控,不因质量安全问题而增加投资;③加强建设过程中的各方对接,发现问题及时沟通解决;④选用有经验的劳务队伍、有经验的管理人员,通过划小责任单元等方式控制投资。类似于这样的管理手段方面的内容,对于投资控制非常重要,"节约小钱、控制投资"是施工单位必须全程研究的课题。

二、变更管理

为规范铁路客站建设变更设计管理工作,保证工程质量、施工安全。合理控制工程投资,依据《建设工程质量管理条例》《建设工程勘察设计管理条例》《铁路建设工程勘察设计管理办法》《铁路建设项目变更设计管理办法》和建设单位的规定,客站建设中必须严格履行变更管理程序要求,依法合规地组织客站建设,确保投资控制效果。

1. 基本规定

铁路客站的变更设计,是指向铁路客站建设项目施工图审核合格后至工程初步验收合格后半年以内变更设计的活动。施工图阶段需要对初步设计批复的重大内容调整的,包括施工图预算超出初步设计批复总概算的,比照Ⅰ类变更设计程序报初步设计审查部门批准。变更设计必须坚持"先批准、后实施,先设计、后施工"原则,严格依法按程序进行变更设计,严禁违规进行变更设计。

客站建设单位应加强对变更设计的管理,勘察涉及单位应提高初步设计、施工图质量,切实减少变更设计,各参建单位应互相配合,初步设计审查部门要切实履行职责,做好变更设计工作,确保客站建设正常推进。变更设计必须科学合理、实事求是,在确保工程安全、质量和使用功能的同时,严格按照国家和铁路总公司建设、投资管理规定控制工程投资。

2. 铁路客站建设中变更设计的常见分类

遵循铁路建设项目Ⅰ类、Ⅱ类变更设计基本要求的基础上,对国内大型客站建设中的变更进行梳理分类。

按照《铁路建设项目变更设计管理办法》(铁建设〔2012〕253号)中的共性规定,对初步设计审批内容进行变更且符合下列条件之一者,为Ⅰ类变更设计,主要包括:变更批准的建设规模、主要技术标准、重大方案、重大工程措施(建设规模是指工程范围,车站(段、所)规模;主要技术标准是指铁路等级、正线数目、设计行车速度、线间距、最小曲线半径、限制坡度或最大坡度、牵引种类、机车类型或动车组类型、牵引质量、到发线有效长度、闭塞类型或行车指挥方式与旅客列车运行控制方式、建筑限界;重大方案及重大工程措施是指批复的线路、站位、重点桥渡、站房建筑方案、重要环水保措施等);变更初步设计批复主要专业设计原则的;调整初步设计批准总工期的;建设项目投资超出初步设计批准总概算的;国家、铁路总公司相关规范、规定重大调整的。除Ⅰ类变更设计的其他变更设计为Ⅱ类变更设计。

对于原因划分,要求Ⅰ类变更设计以变更设计原因划分,一项变更设计原因为一个变更设计。Ⅱ类变更设计以工点划分,同一工点或同一病害引起的不可分的一次性变更为一个变更设计;同一工点中的不同变更内容、同一病害类别的不同工点、同一变更内容的不同段落应分别划分为不同的变更设计,严禁合并或拆分变更设计。

3. Ⅰ类变更设计程序

Ⅰ类变更设计程序分为提出变更设计建议、会审变更设计方案、编制变更设计文件、初审变更设计文件、批准变更设计文件、审核下发变更施工图等。

(1)提出变更设计建议。施工图审核合格并交付后,客站建设、施工、监理以及勘察设计单位均可就设计文件中符合Ⅰ类变更设计条件的内容向建设单位提出变更设计建议,变更设计建议应在变更内容实施前提出,并填写《变更设计建议书》。

(2)会审变更设计方案。建设单位应就Ⅰ类变更设计建议组织勘察设计、施工、监理等单位进行现场勘察、研究会审,详细分析变更设计原因,研究提出变更设计类别及变更设计方案,确定责任单位及费用处理意见,形成由参审人员签字的《变更设计会审纪要》。建设单位应履行内部程序,对《变更设计会审纪要》的主要内容进行确认,需要履行董事会决策程序的应履行决策程序。铁路客站在实施过程中发生危及安全需要立即处理的变更设计,建设单位组织勘察设计、施工、监理等单位提出方案,并进行应急处理,属于Ⅰ类变更设计的同时按规定向国铁集团有关部门报告;重大的或必要的,由鉴定中心、工管中心现场确定变更设计方案,建设单位先按确定的方案进行施工准备和应急处理。

(3)编制变更设计文件。勘察设计单位应严格按照国铁集团相关规定和《变更设计会审纪要》以及确定的安全应急方案编制变更设计文件,Ⅰ类变更设计文件应包括变更设计原因、变更设计方案及工程数量和概(预)算,原设计方案及工程数量和概算,有关原设计文件和变更设计图纸,经济技术比较资料和分析说明;Ⅰ类变更设计的设计深度为初步设计深度。Ⅰ类变更设计文件一般应在会审纪要下发后30日内完成.特殊情况下Ⅰ类变更设计文件完成时间由建设单位协商勘察设计单位确定。

(4)初审变更设计文件。建设单位应对Ⅰ类变更设计文件进行初审,涉及环保水保的重大问题的变更设计,应先向国铁集团环保水保主管部门报告,经同意后,再形成初审意见连同Ⅰ类变更设计文件一并报送国铁集团。

(5)批准变更设计文件。初步设计审查部门收到Ⅰ类变更设计文件后,应尽快组织现场核实,提出明确要求。对符合审批条件的,一般在30个工作日内完成批复;需要补充资料的部分,应及时提出补充要求,并在资料补充后20个工作日内另行批复。

(6)审核下发变更施工图。建设单位根据Ⅰ类变更涉及批复组织勘察设计单位完成施工图并组织对施工图进行审核,将审核合格的施工图随同《变更设计通知单》下发施工及监理单位,并就非施工单位责任的部分与施工单位签订施工补充协议。

4. Ⅱ类变更设计程序

Ⅱ类变更设计程序分为提出变更设计建议、进行现场核实、确定变更设计方案、审核下发变更施工图等。

(1)提出变更设计建议。施工图审核合格并交付使用后需进行Ⅱ类变更设计的,建设、施工、监理以及勘察设计单位等均可提出变更设计建议,填写《变更设计建议书》,并详细说明Ⅱ类变更设计理由。

(2)进行现场核实。建设单位收到《变更设计建议书》后.应组织现场核实确认,对现场现状进行照相摄影,对照变更设计建议客观提出核实确认意见,确认人在确认意见上签名。签名后的确认意见和影像资料纳入变更设计档案保管。

(3)确定变更设计方案。建设单位应组织勘察设计、施工、监理等单位对变更设计建议及现场确认结果进行会审,详细分析变更设计原因,研究确定变更设计方案并确认变更设计分类,确定责任单位及费用处理意见,形成由参审人员签字的《变更设计会审纪要》。建设单位应履行内部程序,对《变更设计